Bibliothèque de Philosophie scientifique

H. GUILLEMINOT

Chef des Travaux
de Physique biologique à la Faculté de Médecine de Paris

La Matière et la Vie

PARIS
ERNEST FLAMMARION, ÉDITEUR
26, RUE RACINE, 26

Bibliothèque de Philosophie scientifique

DIRIGÉE PAR LE Dr GUSTAVE LE BON

1° SCIENCES PHYSIQUES ET NATURELLES

AVENEL (Vicomte Georges d'). **L'Évolution des Moyens de Transport.**

BACHELIER (Louis), Docteur ès sciences. **Le Jeu, la Chance et le Hasard** (4e mille).

BELLET (Daniel), profr à l'École des Sciences politiques. **L'Évolution de l'Industrie.**

BERGET (A.), professeur à l'Institut océanographique. **La Vie et la Mort du Globe** (7e m.).

BERGET (A.). **Les problèmes de l'Atmosphère** (27 figures) (4e mille).

BERTIN (L.-E.), de l'Institut. **La Marine moderne** (66 figures) (5e mille).

BIGOURDAN, de l'Institut. **L'Astronomie** (50 figures) (6e mille).

BLARINGHEM (L.). **Les Transformations brusques des êtres vivants** (49 figures) (5e mille).

BOINET (Dr), profr de Clinique médicale. **Les Doctrines médicales** (7e mille).

BONNIER (Gaston), de l'Institut. **Le Monde végétal** (230 figures) (11e mille).

BONNIER (Dr Pierre). **Défense organique et Centres nerveux.**

BOUTY (E.), de l'Institut. **La Vérité scientifique, sa poursuite** (5e mille).

BOUVIER (E.-L.), de l'Institut. **La Vie Psychique des Insectes** (5e mille).

BRUNHES (B.), professeur de physique. **La Dégradation de l'Énergie** (8e mille).

BURNET (Dr Etienne), de l'Institut Pasteur. **Microbes et Toxines** (71 fig.) (7e mille).

CAULLERY (Maurice), professeur à la Sorbonne. **Les Problèmes de la Sexualité** (6e m.)

COLSON (Albert), professeur à l'Ecole Polytechnique. **L'Essor de la Chimie** (6e m.)

COMBARIEU (J.), chargé de cours au collège de France. **La Musique** (14e mille).

DASTRE (Dr A.), de l'Institut, professeur à la Sorbonne. **La Vie et la Mort** (16e mille).

DELAGE (Y.), de l'Institut et GOLDSMITH (M.). **Les Théories de l'Evolution** (8e mille).

DELAGE (Y.), de l'Institut et GOLDSMITH (M.). **La Parthénogénèse** (4e mille).

DELBET (P.), professeur à la Fé de Médecine Paris. **La Science et la Réalité** (4e m.).

DEPÉRET (C.), de l'Institut. **Les Transformations du Monde animal** (8e mille).

ENRIQUES (F.). **Les Concepts fondamentaux de la Science** (4e mille).

GRASSET (Dr). **La Biologie humaine** (7e m.).

GUIART (Dr). **Les Parasites inoculateurs de maladies** (107 figures) (5e mille).

GUILLEMINOT (H.). **La Matière et la Vie.**

HERICOURT (Dr J.). **Les Frontières de la Maladie** (9e mille).

HERICOURT (Dr J.). **L'Hygiène moderne** (13e mille).

HERICOURT (Dr J.). **Les Maladies des Sociétés.**

HOUSSAY (F.), professeur à la Sorbonne. **Nature et Sciences naturelles** (7e mille).

JOUBIN (Dr L.), professeur au Muséum. **La Vie dans les Océans** (45 figures) (7e mille).

LAUNAY (L. de), de l'Institut. **L'Histoire de la Terre** (12e mille).

LAUNAY (L. de), de l'Institut. **La Conquête minérale** (5e mille).

LE BON (Dr Gustave). **L'Évolution de la Matière**, avec 63 figures (33e mille).

LE BON (Dr Gustave). **L'Évolution des Forces** (42 figures) (18e mille).

LECLERC DU SABLON (M.). **Les Incertitudes de la Biologie** (24 figures) (4e mille).

LECORNU (Léon), de l'Institut. **La Mécanique.**

LE DANTEC (F.). **Les Influences Ancestrales** (13e mille).

LE DANTEC (F.). **La Lutte universelle** (10e m.)

LE DANTEC (F.). **De l'Homme à la Science** (9e mille).

MARTEL, directeur de *La Nature*. **L'Évolution souterraine** (80 figures) (7e mille).

MEUNIER (S.), professeur au Muséum. **Les Convulsions de la Terre** (35 fig.) (5e m.).

MEUNIER (S.), professeur au Muséum. **Histoire géologique de la Mer.**

OSTWALD (W.). **L'Evolution d'une Science, la Chimie** (9e mille).

PERRIER (Edm.), de l'Institut, directeur du Muséum. **A Travers le Monde vivant.** (6e m.).

PERRIER (Edm.), de l'Institut, directeur du Muséum. **La Vie en action** (4e m.).

PICARD (Emile), de l'Institut, professeur à la Sorbonne. **La Science moderne** (12e mille).

POINCARÉ (H.), de l'Institut, profr à la Sorbonne. **La Science et l'Hypothèse** (31e mille).

POINCARÉ (H.). **La Valeur de la Science** (24e mille.)

POINCARÉ (H.). **Science et Méthode** (15e m.).

POINCARÉ (H.). **Dernières Pensées** (12e m.)

POINCARÉ (Lucien), dr au Mre de l'Instruction publique. **La Physique moderne** (18e m.).

POINCARÉ (Lucien). **L'Électricité** (14e mille).

RENARD (Cel). **L'Aéronautique** (68 figures) (6e mille).

RENARD (Cel). **Le Vol mécanique. Les Aéroplanes** (121 figures).

TISSIÉ (Dr). **L'Éducation physique et la Race** (24 figures).

ZOLLA (Daniel), professeur à l'Ecole de Grignon. **L'Agriculture moderne** (6e m.).

PSYCHOLOGIE, PHILOSOPHIE ET HISTOIRE

Voir la liste des ouvrages parus pages 2 et 3 de la couverture.

5964 — Paris. — Imp. Hemmerlé et Cie. — 8-19.

3° HISTOIRE GÉNÉRALE

ALEXINSKY (Grégoire), ancien député à la Douma La Russie moderne (8e mille).

ALEXINSKY (Grég.). La Russie et l'Europe (5e mille).

AVENEL (Vicomte Georges d') Découvertes d'Histoire sociale (6e mille)

BIOTTOT (Colonel). Les Grands Inspirés devant la Science. Jeanne d'Arc.

BOUCHE-LECLERCQ (A.), de l'Institut. L'intolérance religieuse et la politique (4e m.).

BRUYSSEL (E. van), consul général de Belgique. La Vie sociale (6e mille).

CAZAMIAN (Louis). La Grande-Bretagne et la guerre (5e mille).

CHARRIAUT (Henri) et M.-L. AMICI-GROSSI. L'Italie en guerre.

COLIN (J.), Général. Les Transformations de la Guerre (6e mille).

COLIN (J.), Général. Les Grandes Batailles de l'Histoire. *De l'antiquité à 1913.* (7e m.)

DIEHL (Ch.), de l'Institut. Byzance, grandeur et décadence.

GENNEP. Formation des Légendes (5e m.

HARMAND (J.), ambassadeur. Domination et Colonisation (4e mille)

HILL, ancien ambassadeur. L'Etat moderne (4e mille).

LEGER (Louis), de l'Institut. Le Panslavisme (4e mille).

LICHTENBERGER (H.), professeur adjoint à la Sorbonne L'Allemagne moderne (14e m.)

LICHTENBERGER (H.) et Paul PETIT. L'Impérialisme économique allemand (7e m.).

MEYNIER (Commandant O.), pr à l'École militaire de Saint-Cyr. L'Afrique noire (5e mille).

MICHELS (Robert). Professeur à l'Université de Turin. Les Partis Politiques (4e m.).

MUZET (A.). Le Monde balkanique (5e m.).

NAUDEAU (Ludovic). Le Japon moderne, son Evolution (11e mille).

OLLIVIER (E.), de l'Académie française Philosophie d'une Guerre (1870) (6e mille)

OSTWALD (W.). professeur à l'Université de Leipzig. Les Grands Hommes (4e mille)

4° HISTOIRE DES DÉMOCRATIES

AURIAC (Jules d'). La Nationalité française, sa formation.

BATIFFOL (Louis). Les Anciennes Républiques alsaciennes (5e mille).

BLOCH (G.), professeur à la Sorbonne. La République romaine (4e mille)

BORGHÈSE (Prince G.). L'Italie moderne (4e mille).

CAZAMIAN (Louis), me de Conférences à la Sorbonne. L'Angleterre moderne (7e m.)

CHARRIAUT. La Belgique moderne (8e m.).

COLSON (C.), de l'Institut. Organisme économique et Désordre social (5e mille).

CROISET (A.), de l'Institut. Les Démocraties antiques (9e mille).

DIEHL (Charles), de l'Institut. Une République patricienne. Venise (6e mille).

GARCIA-CALDERON (F.). Les Démocraties latines de l'Amérique (5e mille).

HANOTAUX (Gabriel), de l'Académie française. La Démocratie et le Travail (7e mille)

LE BON (Dr Gustave). La Révolution Française et la Psychologie des Révolutions (13e mille).

LUCHAIRE J.) Dr de l'Institut de Florence Les anciennes Démocraties italiennes.

PIRENNE (H.), Profr à l'Université de Gand. Les anciennes Démocraties des Pays-Bas (4e mille).

ROZ (Firmin) L'Energie américaine (9e m.).

La Matière et la Vie

PRINCIPAUX OUVRAGES DU MÊME AUTEUR

Radioscopie et radiographie cliniques de précision. 1 vol. in-16, 1900. — *Couronné par l'Académie des Sciences.*

Electricité médicale. 1 vol. in-16, 1905. — 2e édit., 1907. G. Steinheil, édit. Masson Succr. — Traduction anglaise, 1906. Rebman, édit., Londres. — *Couronné par l'Académie de Médecine.*

Manipulations de Physique biologique. 1 vol. in-16, 1910. G. Steinheil, édit. Masson Succr.

Radiométrie fluoroscopique. 1 vol. in-16, 1910. G. Steinheil, édit. Masson Succr. — *Couronné par l'Académie des Sciences.*

Rayons X et Radiations diverses. Actions sur l'Organisme. 1 vol. *Encyclopédie scientifique,* Doin, édit., Paris, 1910.

Les Nouveaux horizons de la Science. 4 vol. in-8o, 1913-1916. G. Steinheil, édit. Masson Succr. — *Couronné par l'Académie des Sciences.*

Tome I. *La matière, la molécule, l'atome.*

Tome II. *L'électricité. Les Radiations. L'éther. Origine et fin de la matière.*

Tome III. *La matière vivante. Sa chimie. Sa morphologie.*

Tome IV. *La vie, ses fonctions, ses origines, sa fin.*

Bibliothèque de Philosophie scientifique

H. GUILLEMINOT

CHEF DES TRAVAUX DE PHYSIQUE BIOLOGIQUE
A LA FACULTÉ DE MÉDECINE DE PARIS

La Matière et la Vie

PARIS

ERNEST FLAMMARION, ÉDITEUR

26, RUE RACINE, 26

1919

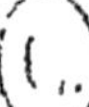

INTRODUCTION

BUT DE CET OUVRAGE

La science contemporaine a fait faire un pas de géant à la pensée humaine. En moins d'un siècle l'utilisation industrielle de la vapeur, de l'électricité, des essences explosives, la rapidité des transports par chemins de fer, par paquebots à vapeur, par automobiles, la récente conquête de l'air par l'aviation, la production de la chaleur, de la lumière par l'électricité, le transfert de la force à distance, l'emploi de l'énergie électromagnétique pour la transmission de la pensée, le télégraphe, le téléphone avec ou sans fil, toutes ces choses nouvelles ont bouleversé le domaine de la vie pratique. Pendant ce temps les sciences pures subissaient un remaniement profond avec la découverte de l'électromagnétisme, des phénomènes magnéto-optiques, des radiations ultraviolettes, des rayons X, des rayons des corps radio-actifs, avec la conception atomique et moléculaire de la matière, avec l'explication particulaire de l'électricité, avec la théorie cinétique de la chaleur, avec l'hypothèse de la constitution électronique de l'atome materiel et de sa désintégration lente dans le temps, avec l'énergétique nouvelle, qui sortait claire et précise des conclusions de la science d'observation et des calculs de la physique mathématique.

Emporté par ce courant vertigineux, à travers des

pays jusque-là inexplorés, l'homme, grisé par ses conquêtes, peut, fier de son butin et confiant dans sa puissance, élever un monument à la science triomphatrice et inscrire pour devise sur son piédestal la fameuse devise de Fouquet : *Quo non ascendam?*

Oui, l'homme peut se demander, les yeux tournés vers l'avenir, jusqu'où ne montera pas sa pensée et jusqu'à quels mystères insoupçonnés ne s'étendront pas les révélations de la nature dévoilée. Il a le droit, quand par hasard, dans ses moments perdus, il se retourne en arrière et contemple les balbutiements de l'humanité ancestrale édifiant ses hypothèses et ses croyances puériles pour s'expliquer le monde, de sentir naître en lui un légitime orgueil.

Maître de l'énergie et de la matière, n'est-il pas en effet le maître du monde, du monde tout entier, puisqu'en dehors de l'énergie et en dehors de la matière, il n'est rien qui sollicite sa curiosité!

Rien? Et cependant parfois, sorti de l'usine, de l'atelier ou du laboratoire, l'ingénieur, le physicien, le chimiste, se pose une question que des philosophes, vieux de plusieurs millénaires, se sont posée aussi et que des siècles d'angoisse n'ont pas résolue.

Rien? Et pourtant quelquefois, à la veillée, au cours des causeries familiales, à l'occasion d'une lecture, ou simplement en regardant la nuit allumer les étoiles dans les profondeurs du ciel infini, l'homme du peuple, celui qui fait la foule, celui qui est tout le monde, songe à un « pourquoi » qui l'étonne et souvent l'effraie.

C'est que l'être humain, quel que soit son degré intellectuel, est hanté par une pensée troublante, celle de la finalité suprême de son effort et de sa vie, et jusqu'ici les formules de la science positive n'ont pas donné une solution indiscutable à ses préoccupations d'avenir.

Or, pendant que l'humanité interroge, il y a, dans certains laboratoires silencieux, isolés du tourbillon de l'industrie et du mouvement fiévreux des sociétés courant à leur progrès, des savants dont l'activité est tournée vers un autre objet et qui laissent passer le défilé triomphal des conquêtes de l'intelligence avec quelque réserve dans leur joie et quelque tristesse dans leur enthousiasme. Ceux-là s'occupent de la vie et de son évolution.

Oh ! certes, ils ont eux aussi leur part de gloire. La matière vivante comme la matière inerte s'est laissé disséquer. Les lois des mutations matérielles de l'organisme, comme celles des mutations énergétiques du monde inerte, se sont laissé dévoiler et mettre en formules. La science a fabriqué de la matière organique, comme elle fabriquait des composés du monde étranger à la vie. Et, s'il n'est pas interdit à la Physique d'espérer faire un jour la synthèse de l'atome avec son inertie et sa gravité, à partir de ses éléments constituants et de l'énergie pure, il n'est pas plus interdit à la biologie expérimentale d'espérer faire surgir. de la combinaison des molécules appropriées, la cellule vivante avec son irritabilité et ses caractères stationnaires.

Mais si, malgré les espérances de l'avenir et les promesses de l'inconnu, les savants qui s'occupent de la vie demeurent soucieux et inquiets, c'est qu'ils n'ignorent pas que c'est de leur côté que l'humanité tourne ses regards anxieux quand, à la nature en marche vers son destin, elle pose un *quo vadis*, auquel ils sont impuissants à fournir une réponse formelle.

C'est de leur côté qu'elle tourne ses regards parce que, dans son mal de finalité suprême, dans sa fièvre qui la pousse à vouloir regarder par-dessus le mur de l'au-delà, dans son angoisse de connaître le demain des univers qu'elle contemple, ce qui la préoccupe le plus ce n'est pas la fin de la matière, ce n'est pas l'origine et le terme des cycles de l'énergie, ce n'est pas la genèse ou la désintégration des mondes, ce qui l'obsède, ce qui l'agite, ce qui la trouble au point d'altérer sa raison et la logique de son jugement, c'est le spectre de la vanité de son effort et de l'inutilité de son œuvre volontaire, c'est le problème de la finalité de sa vie consciente.

Il fut un temps où la philosophie pensait devoir discuter ces problèmes uniquement par la raison pure, parce que leurs données étaient tellement étrangères à la science positive qu'elles excluaient toute induction expérimentale. La conception de la pensée, les raisons de la conduite humaine, les bases de la morale, la notion d'une finalité servant d'objectif à nos efforts, étaient des sujets tellement différents des questions étudiées par la science, que la philosophie n'avait que faire de la physique, de la géologie, ou des cosmogonies, pour édifier ses doctrines.

Ce temps n'est plus.

Aujourd'hui, la biologie a sa physique, sa chimie, sa mécanique, ses formules mathématiques, ses lois positives. Chaque découverte des sciences précises retentit profondément sur elle. Les origines et la fin de l'épopée terrestre qui aura fait éclore la matière vivante sur notre planète, qui l'aura fait évoluer à travers ses formes et ses individualités variées, qui l'aura conduite à son épanouissement actuel et qui la poussera lentement vers son déclin et vers son anéantissement, sont accessibles aux prévisions de nos connaissances générales. Une conjonction intime s'établit entre ces conceptions et celles qui touchent la finalité humaine. La biologie, la sociologie même, ne se conçoivent plus en dehors des enseignements fondamentaux de toutes les autres sciences.

Cette conjonction devient chaque jour plus effective. Notre siècle est le siècle de la philosophie scientifique.

Toutefois la vulgarisation scientifique a l'habitude de ne pas dépasser certaines limites au delà desquelles le public aimerait à jeter un coup d'œil curieux : le problème de la finalité suprême est un de ceux qui demeurent soigneusement enfermés dans le domaine de la pensée intime du savant. La peur de l'erreur, le risque de n'être pas compris, la crainte de paraître occupé de questions discréditées, détournent le vulgarisateur, soucieux de sa renommée scientifique, d'aborder ces sujets délicats.

Pourtant des connaissances certaines, aujourd'hui bien établies, sont susceptibles d'apporter à l'homme des enseignements qui l'éclairent sur l'utilité de son labeur et sur la grandeur du but poursuivi. Le moment est venu pour lui de connaître toutes les notions propres à asseoir une doctrine solide, une doctrine capable de fournir à la conduite de sa vie la directive qui lui manque depuis que les morales religieuses ont atteint dans l'esprit des foules leur heure crépusculaire.

Il doit connaître les lois qui conduisent l'évolution des mondes dans l'espace, l'évolution de notre terre dans le système solaire, l'évolution de la vie sur cette terre, l'évolution de l'espèce humaine vers le progrès. Il doit comprendre la loi morale comme une face particulière de ces lois générales et il doit posséder toutes les lumières qui lui permettent d'entrevoir un objectif suprême à l'exercice de ces lois.

Le problème de la finalité humaine n'est qu'un corollaire des grandes lois qui se dégagent des multiples branches de nos connaissances. Sa solution est liée à la notion parfaite de ces lois et de leur raison d'être, à leur synthèse et à leur conjonction.

Vulgariser cette conjonction est l'une des raisons qui m'ont poussé à écrire le présent ouvrage.

Je crois qu'il vient à son heure, au moment où la France et les peuples qui travaillent pour la liberté sortent du conflit mondial dans lequel ont failli sombrer, pour de longues années, les progrès de la pensée humaine. Il vient à son heure parce qu'il reste une tâche imposante et difficile à accomplir par ceux qui auront la charge de préparer l'avenir. Pour cette tâche, une directive solide est indispensable, un idéal certain est nécessaire, car la lutte sera chaude et les controverses nombreuses.

En effet, un mouvement social commun à la plupart des nations civilisées se développait avant la guerre, sous des aspects variés, mais partout envahissant. Ce mouvement, issu des idées collectivistes, faisait en France, en particulier, des progrès rapides et alarmants. C'est sous son impulsion que, durant les premières années du xxe siècle, s'élaboraient des lois sociales en opposition formelle avec les lois naturelles qui ont présidé aux progrès de nos sociétés et qui ont dirigé le développement de l'intelligence humaine par la culture de l'initiative individuelle et du sentiment de la responsabilité.

Aujourd'hui, la France renaissante, les Alliés victorieux du militarisme allemand doivent prendre conscience de leur tâche. Il y a une œuvre modificatrice profonde à accomplir dans la mentalité des couches moyennes et inférieures de la société.

Nous pouvons atteindre le but, non pas par la force, mais par la lumière versée sans compter et par l'énergie d'une direction sociale qui sait ce qu'elle veut.

Ceux qui préparent l'esprit des foules par l'éducation de l'enfance, ceux qui impriment une direction à l'âme des peuples par l'administration des collectivités, par la préparation des lois économiques et sociales, doivent être guidés non pas par les courants variés qui emportent les foules et qui font les majorités éphémères et factices, mais par la conscience claire et assurée d'un idéal rationnel capable de donner à leur programme la force de la conviction sincère et de la vérité démontrée.

Dans un précédent ouvrage « Les nouveaux horizons de la Science »[1] je me suis efforcé de montrer de quelles lueurs nouvelles chaque branche de nos connaissances éclaire la pensée humaine. Appuyé sur toutes les données de la physique, de la chimie et des sciences naturelles en général, j'ai montré comment il était possible, pour expliquer l'évolution du monde organique sur notre globe, de juxtaposer à la loi de Carnot ou loi de dégradation de l'énergie, qui régit l'évolution de la matière inerte, une loi propre aux êtres vivants, particulière à l'irritabilité de la matière organisée et qui met en défaut les formules de probabilité dans les actes indifférents caractéristiques de la vie : cette loi vitale, je l'ai développée sous le nom de *loi d'option*. J'ai montré que la spontanéité des êtres animés, l'impulsion instinctive des animaux supérieurs, les facteurs de volition de l'homme, y compris le sens moral, ne s'offraient à nous que comme une manifestation subjective de cette loi. J'ai fait entrevoir comme conclusion qu'une morale positive et un certain idéal de finalité pouvaient être tirés de ces conceptions et apporter à l'humanité hésitante une lumière directrice dans la nuit qui l'enveloppe.

Cet ouvrage s'adressait surtout aux esprits entraînés par leurs études ou leurs habitudes professionnelles à l'assimilation rapide des progrès de la science.

Mon but en écrivant celui-ci est un peu différent. Me proposant surtout d'exposer les données de la science positive susceptibles de répondre aux préoccupations de l'âme humaine touchant la finalité de ses efforts et la conduite de sa vie, je tâcherai

1. *Les Nouveaux Horizons de la Science*, 1 volumes in 8°, Steinheil, édit Masson successeur.

d'abord de mettre à la portée de tout le monde les grandes lois qui président à l'évolution des mondes et de la vie et de faire comprendre l'importance de la loi d'option vitale. Je m'efforcerai ensuite de dégager de cet exposé des conclusions à la fois philosophiques et pratiques, capables de préparer pour chacun l'élaboration d'un idéal solide et d'une ligne d'action rationnelle.

Pour cela, je consacrerai une première partie de l'ouvrage à l'étude des deux grandes lois d'évolution des phénomènes de la nature. La première, la loi de conservation de l'énergie, nous amènera à la conception de quelque chose de durable au moins dans les limites de nos connaissances. La deuxième, la loi de dégradation de l'énergie, nous révélera le sens, la direction de l'évolution des phénomènes de l'univers.

Dans une seconde partie, je développerai la loi propre aux phénomènes de la vie, la loi d'option vitale, loi qui explique les progrès de la matière vivante à travers ses formes successives et qui se surajoute au principe de la dégradation de l'énergie, impuissant à justifier ces progrès. Je l'envisagerai successivement dans les fonctions chimiques de la vie et dans les fonctions de relation, puis dans la vie consciente, ce qui nous amènera à considérer les manifestations de cette loi dans la conduite humaine et dans la conception d'une finalité suprême.

Pour terminer, je montrerai l'intérêt pratique de la vulgarisation de ces connaissances, d'abord l'utilité de leur enseignement pour la formation de l'esprit de l'enfant au cours de l'éducation primaire ou secondaire, ensuite la nécessité pour ceux dont la mission est d'élaborer les lois sociales et économiques, de connaître au moins sommairement les notions fondamentales de la biologie et les conditions du progrès humain.

La Matière et la Vie

PREMIÈRE PARTIE

LES LOIS D'ÉVOLUTION DES PHÉNOMÈNES DE LA NATURE.

CHAPITRE PREMIER

La conservation de l'énergie, première loi de l'énergétique.

§ 1.— Tout évolue. La constance n'existe ni dans le mouvement, ni dans le repos

« Tout change. Toi-même tu changes continuellement et tu te détruis dans quelque partie. Il en est de même du monde entier. Bientôt la terre nous couvrira tous. Elle-même changera. Tout prendra d'autres formes et puis d'autres a l'infini... La course universelle est un torrent qui entraine toutes choses ».

Cette pensée est de l'empereur philosophe Marc-Aurèle. D'autres l'ont exprimée avant lui. Cinquante générations l'ont redite depuis sous des formes variées.

L'homme, devant l'instabilité des choses de l'univers, est toujours demeuré étonné et inquiet. Cet étonnement et cette inquiétude n'ont fait que s'accroître à mesure que l'observation et l'étude lui ont fait mieux apercevoir que la permanence dans le *statu quo* n'existe nulle part.

Chaque fois en effet qu'il a cru la trouver il a été le jouet d'une illusion et sa conscience a été profondément impressionnée quand il a reconnu son erreur.

Il a regardé le ciel. Il a cru y voir la fixité éternelle des astres éloignés, immuables dans leur état, immobiles à leur place.

Apparence doublement trompeuse.

Les étoiles changent. Elles ont leur naissance, leur vie et leur mort. Celles qui aujourd'hui peuplent la voûte céleste nous donnent l'image des étapes qu'elles parcourent. Il y en a de naissantes, il y en a de jeunes, il y en a qui rayonnent au maximum de leur éclat et de leur température, il y en a qui vont vers leur déclin.

Les étoiles voyagent. En tous sens elles parcourent l'espace. Quelques-unes nous fuient à 40 kilomètres à la seconde. Nous courons vers d'autres dans une course folle, mille fois plus rapide que celle des meilleurs chauffeurs en terrain plat.

Si la carte du ciel était imprimée sur un film, de dix siècles en dix siècles et pendant des milliards et des milliards de siècles et si ce film, en quelques minutes se déroulait sur la toile cinématographique, les astres, comme les molécules gazeuses agitées dans un tube à vide par leurs mouvements thermiques, danseraient une sarabande effrénée. Et il est bien probable que cette agitation dans chaque univers lactéen serait sujette à de lentes variations dans le temps, avec l'âge de ces univers. En même temps, de-ci, de-là, apercevrait-on dans le champ étoilé quelque *nova* qui soudain commence à briller, quelque étoile blanche bientôt en voie de refroidissement, descendant la gamme du spectre, ou quelque étoile rouge s'éteignant pour toujours.

L'homme a regardé plus près de lui les planètes de son monde solaire. Il a cru, sur la foi d'observations précises et de calculs rigoureux, à la constance éternelle de leurs révolutions. Erreur. Leur force vive s'amortit. Leur vitesse diminue.

Il a regardé la Terre. Il a cru à l'invariabilité de la matière, à l'indestructibilité de ses atomes. Il a pesé les éléments chimiques entraînés dans leurs réactions, il a cru les reconnaître immuables dans leur masse. Il a suivi leurs transformations, leurs vicissitudes physiques, il a cru les retrouver indéfiniment pareils à eux-mêmes. Un chimiste, dont le nom illustrera à jamais la science française, a formulé, il y a moins d'un siècle et demi, comme l'une des lois fondamentales de la connaissance humaine, le principe de la conservation de la matière.

Illusion. Si la matière ne se détruit pas du fait de ses réactions chimiques, ni au cours de ses transformations physiques, *si rien ne se perd et rien ne se crée* dans la cornue du laboratoire, les atomes meurent quand ils ont atteint l'âge caduc, l'âge où sans doute chancelle l'équilibre de leurs mouvements intérieurs. L'uranium, le radium, le thorium, l'actinium, sont arrivés à cette sénilité.

Ainsi la matière elle-même n'apparaît-elle plus à l'homme du vingtième siècle que comme une chose instable et périssable, glissant sans cesse entre ses mains pour s'évanouir dans l'impondérable.

§ 2. — L'énergie seule paraît indestructible, mais elle est variable dans ses formes qui évoluent sans cesse. Principe de la conservation de l'énergie.

Ni les objets du ciel, ni les atomes de la terre n'ont donc offert à l'homme, anxieux de fixer l'ancre dans le tourbillon universel, une seule image d'éternelle stabilité. Est-ce pour cela qu'il a accueilli avec un intérêt avide les travaux des savants qui, après Robert Mayer, ont établi le fait de l'indestructibilité de l'énergie à travers les phénomènes de notre monde? Peut-être, tant est grand son besoin de trouver quelque chose qui dure et qui survive à l'anéantissement contre lequel il se débat.

L'energie se conserve en quantité invariable au cours des mutations continuelles qui affectent la nature, voilà la loi très générale, qui, sous le nom de loi de la *conservation de l'energie*, s'est imposée à l'esprit comme la plus absolue des formules de la science.

Pour comprendre cette loi si importante, la seule loi de fixité de notre monde, il faut qu'on aperçoive bien ce que c'est que cette chose qui se conserve et dont la notion envahit de plus en plus tout le domaine de la physique et de la chimie.

Qu'est-ce que l'énergie ?

L'énergie est, au fond, une chose difficile à définir, impossible a se représenter, mais qui se manifeste a nous sous des apparences très variées et parfaitement accessibles a la connaissance humaine. Connaître ces manifestations, c'est connaître ce que nous pouvons saisir d'elle. Nulle part d'ailleurs nous n'accédons à l'absolu, ni à la cause première des phénomènes dont nous sommes témoins. Mais la notion claire des manifestations tangibles d'entités inaccessibles est tellement satisfaisante pour l'esprit humain qu'elle lui donne l'illusion de posséder ces entités elles-mêmes. « Je vois l'énergie », disait Curie. D'autres ont vu l'éther et ont cru pouvoir « penser en éther ».

Essayons donc de mettre en lumière les manifestations qui vont nous permettre d'apercevoir l'énergie.

Voici une pierre qui tombe. Elle prend une vitesse

croissante. Si on l'arrête brusquement, elle peut briser l'obstacle qu'on lui oppose, déformer une barre de fer, enfoncer un pieu dans la terre, bander un ressort, en un mot produire, en annulant sa vitesse, un travail mecanique. Cette pierre, du fait de son mouvement, possédait ce qu'on a dénommé de l'énergie cinétique ou énergie de mouvement.

Les projectiles lancés par les armes a feu, l'eau qui coule dans les fleuves, le vent qui agite les feuilles, les astres qui tournent autour du soleil ou qui se transportent dans l'espace possèdent de même de l'*énergie cinetique* et la physique démontre que cette énergie cinetique est proportionnelle à leur masse et au carre de leur vitesse, lui assignant pour formule le symbole $\frac{1}{2} mv^2$ dans lequel m représente la masse et v la vitesse acquise au moment considéré. Le produit mv^2 est ce qu'on appelle la force vive.

Mais la force vive des projectiles, des masses d'eau qui suivent la pente des fleuves, des molécules d'air qui font tourner l'aile des moulins, ne nait pas de rien : ici c'est l'expansion d'un gaz ou la détente d'un ressort qui, triomphant de l'inertie du projectile, exerce sur lui un travail et le lance dans une direction donnée ; la, c'est la pesanteur qui, déplaçant les masses d'eau vers des régions plus basses, provoque un travail à l'encontre de leur inertie et leur fait acquérir leur vitesse d'écoulement ; la encore c'est la pression atmosphérique qui, poussant les masses gazeuses vers des régions deprimees par la chaleur solaire, engendre un travail de déplacement dont le résultat est la production de la force vive des vents.

Ainsi en général, a l'origine de l'énergie cinetique, nous trouvons un travail mécanique qui s'est dépense pour vaincre une inertie.

Inversement, quand cette énergie cinétique s'annule,

les déplacements matériels qu'elle provoque, les résistances qu'elle force, les inerties dont elle triomphe, les bris qu'elle produit, représentent un travail final.

En un mot, le travail peut se transformer en énergie cinétique et l'énergie cinétique peut se transformer en travail. *Travail* et *énergie cinétique* sont des *manifestations de l'énergie*. Ce sont des *modalités énergétiques*.

Supposons à présent que notre masse matérielle animée d'une certaine vitesse rencontre un obstacle non élastique, mais résistant au déplacement, ou bien un obstacle qui annule sa force vive par frottement. Le travail mécanique produit pourra être minime. Par contre, si nous prenons la température du corps arrêté dans sa course et celle du corps qui a provoqué l'arrêt, nous voyons que ces températures se sont élevées.

Les plaques de blindage frappées par les obus peuvent être chauffées au rouge par le choc et les étoiles filantes que nous voyons briller dans le ciel durant les nuits d'été ne sont autre chose que des fragments de roches lancés à des vitesses fantastiques dans l'espace et soudain portés à l'incandescence quand ils pénètrent dans notre atmosphère où ils subissent le frottement des molécules gazeuses. Une partie de leur force vive s'amortit par ce frottement et se transforme en chaleur.

La chaleur est une *troisième manifestation de l'énergie*.

Voici maintenant un corps chaud, un corps incandescent, placé comme les soleils qui peuplent l'univers lactéen, au milieu des espaces vides. Autour de lui, pas de matière, pas de gaz ; le vide absolu. Seul l'éther des physiciens, ce milieu impondérable et insaisissable que la science est obligée d'admettre sans le définir, le baigne et l'enveloppe de toutes parts.

Ce corps incandescent se refroidit. Il se refroidit non pas parce que son énergie calorique s'annule peu à peu, mais parce que sa chaleur peu à peu s'emploie à produire, dans ce milieu éthéré, des ondulations, des vagues concentriques qui se propagent au loin, comme autour du bouchon du pêcheur, quand le poisson secoue l'hameçon, se propagent à la surface de l'eau les rides circulaires qui courent en divergeant jusqu'à la rive.

Ces ondulations, ces vagues éthérées, ne sont pas de la chaleur, bien qu'on les qualifie du nom de chaleur radiante. Il est vrai qu'elles sont capables de se transformer à nouveau en chaleur quand elles sont arrêtées par la matière. Mais elles ne sont pas de la chaleur parce que la chaleur est un état de la matière et que là où il n'y a pas de matière, il ne saurait y avoir de la chaleur. Elles constituent donc une quatrième modalité de l'énergie.

D'ailleurs, ces vagues de l'éther forment une gamme remarquable. De même qu'en musique existe une série de sons caractérisés par la fréquence de leurs vibrations, de même les ondulations de l'éther ont leurs gammes : les notes graves sont des ondulations lentes, les notes aigues sont des ondulations rapides.

Chaleur radiante est le nom qu'on donne plus spécialement à quelques octaves seulement du clavier. Au-dessus il y a des ondulations dites lumineuses, parce que quand elles s'amortissent dans le fond de notre œil, elles donnent des sensations de lumière ou de couleur depuis le rouge jusqu'au violet.

Plus haut, c'est l'ultraviolet.

Plus haut encore, ce sont les rayons X, ces ondulations rapides produites à l'occasion de l'arrêt brusque des électrons ou grains d'électricité en vitesse.

Tout en haut, ce sont les rayons γ du radium,

ébranlements éthérés engendrés par les corps radio-actifs quand ils se détruisent, par les atomes séniles quand ils explosent.

En dessous au contraire, il y a des ondulations plus lentes, les radiations hertziennes de la télégraphie sans fil.

Cette diversité très étendue des vagues éthérées met en évidence ce que nous disions tout à l'heure : les radiations de l'éther ne sont pas de la chaleur, elles constituent *une manifestation spéciale de l'énergie.*

Regardons maintenant rayonner le foyer d'une machine à vapeur. Les radiations qui partent du charbon incandescent, arrêtées par les tôles de la chaudière, s'y amortissent et s'y éteignent en échauffant ces tôles. Une action physique se produit dans l'eau qu'elles renferment. Certains liens moléculaires qui caractérisent l'état liquide sont rompus. L'eau liquide devient vapeur. La tension de vapeur créée est capable en agissant sur le piston de la machine de fournir à son tour du travail mécanique. L'énergie de tension gazeuse est encore *un aspect de l'énergie* intimement liée à l'état thermique de la matière.

Suivons plus loin le travail de la machine à vapeur. Supposons qu'elle fasse tourner un disque de dynamo. Voilà ce travail de source thermique qui, à son tour, en s'annulant, va créer et entretenir une tension électrique, donner lieu à un courant. Ce courant lui-même se transformera en chaleur s'il parcourt un fil résistant. Il pourra, s'il traverse une solution de sels chimiques. détruire certains liens atomiques et en établir d'autres. Les molécules nouvellement formées posséderont une énergie chimique interne supérieure à celle des précédentes. Elles pourront, quand le courant n'agira plus, restituer cette énergie sous forme de courant électrique : c'est tout le secret du fonctionnement des accumulateurs.

Energie électrique, énergie chimique, ce sont encore des *manifestations de l'énergie.*

Arrêtons là cette énumération. Les exemples cités suffisent pour montrer ce qu'on entend par *modalités énergétiques.* Ils suffisent pour indiquer le sens de cette proposition : *les modalités de l'énergie peuvent se transformer les unes dans les autres.*

Cela étant posé, la loi de fixité si importante que nous énoncions tout à l'heure se résume à ceci : elle nous apprend que, dans un système supposé tout à fait isolé dans l'espace, ne perdant ni ne recevant aucune parcelle d'énergie, quelles que soient les mutations qui se produisent entre les modalités variées mises en jeu, la *quantité totale d'energie reste la même.*

Cela veut dire encore, pour ceux que gênerait la conception d'un système isolé, que si une quantité W de travail mécanique est capable de donner 100 unités d'énergie thermique, 100 calories par une transformation directe, cette même quantité W, si elle est employée à des mutations variées, si elle donne de l'énergie électrique, chimique, cinétique, etc., devra après transformation ultérieure de toutes ses fractions en chaleur, produire invariablement 100 calories. L'énergie ne se perd ni ne s'accroît en chemin, quelque tortueuse que soit la route prise pour l'amener sur la balance, c'est-à-dire pour la mesurer au moyen d'une unité déterminée.

L'énergie est donc, malgré ses mutations incessantes, une chose fixe, indestructible, tout au moins dans les limites de notre observation.

La constatation de l'indestructibilité de l'énergie à travers ses mutations variées a invinciblement poussé l'homme à chercher une représentation du phénomène intime de ces métamorphoses et c'est la représentation mécanique seule qui a su satisfaire sa curiosité.

En effet, lorsque l'homme arrive à se représenter mécaniquement un phénomène, le but de ses préoccupations est atteint et il n'éprouve qu'à un degré très faible le désir d'aller plus loin dans l'analyse de la nature. C'est là ce qui a fait le succès du cartésianisme.

Concevoir un « modèle mécanique » d'un phénomène, pour employer l'expression de lord Kelvin, c'est comprendre le phénomène. Le regretté directeur de l'Observatoire du Puy-de-Dôme, Bernard Brunhes, analysant le conflit du mécanisme cartésien avec l'énergétique nouvelle, née des travaux de Carnot, de Clausius et des thermodynamistes anglais, apôtres de la dégradation de l'énergie, s'est appliqué à démontrer que cet effort vers la conception d'un modèle mécanique des phénomènes de la nature n'est pas un effort stérile. Et cela est vrai parce que de cette conception sont sorties de nombreuses découvertes et parce que d'autre part elle marque un acheminement vers la notion des causes premières.

Nous allons consacrer quelques pages à chercher l'explication mécanique, le « *modèle mécanique* » des mutations les plus ordinaires de l'énergie. Ces pages nous faciliteront la compréhension nette de l'évolution des formes de l'énergie qui est à la base de la vie des choses et des êtres.

§ 3. — Mécanisme des mutations de l'énergie.

THÉORIE CINÉTIQUE DE LA CHALEUR.
THÉORIE ÉLECTRONIQUE DE L'ÉLECTRICITÉ.
MODÈLE MÉCANIQUE DES TRANSFORMATIONS ÉNERGÉTIQUES.

Quand nous changeons un billet de 100 francs contre vingt écus, nous faisons une opération qui conserve entier notre avoir.

A volonté, avec ces vingt écus, nous pourrons

acquérir un autre billet semblable. Seulement cette opération n'évoque en nous d'autre idée que celle du remplacement d'un objet par un autre objet équivalent, mais sans qu'il existe un lien réel entre les deux.

Au contraire, quand nous transformons 425 kilogrammètres de travail ou 4.180 joules d'énergie électrique en une grande calorie de chaleur, il y a un lien objectif tel entre ces quantités qu'elles nous apparaissent chacune comme un aspect particulier d'une même chose ou comme des formes successives prises par un même objet. C'est ce lien qu'il s'agit de définir.

1. Les modalités mécaniques de l'énergie et leurs mutations.

Nous n'éprouvons aucune peine à concevoir qu'un corps matériel animé d'une certaine vitesse, comme une pierre qui tombe, une balle de fusil qui suit sa trajectoire, possède une certaine énergie, parce que nous nous représentons mentalement l'effort actif qu'il nous faut faire pour lancer un projectile et l'effort résistant nécessaire pour l'arrêter.

Nous n'éprouvons pas plus de difficulté à nous représenter le travail mécanique comme une modalité de l'énergie, grâce à la pensée de cet effort volontaire perçu par notre sens musculaire et mis en jeu dans le travail de la machine humaine. Voici un meuble, une table, nous voulons la pousser d'une place vers une autre place. Il nous faut un effort. Cet effort sera d'autant plus grand ou prolongé que nous voudrons produire un plus grand déplacement et que la résistance sera plus grande. Nous fournirons ainsi un travail proportionnel à notre effort et à la longueur sur laquelle nous aurons dû l'exercer. Ce travail représente donc bien une forme de l'énergie, l'énergie mécanique que la physique définit comme le produit de la force mise en jeu multipliée par la longueur du déplacement de son point d'application.

Grâce à cette notion parfaitement accessible de l'effort perçu par un de nos sens, nous arrivons tout aussi facilement à concevoir la transformation du travail mécanique en force vive. En effet, quand nous lançons une pierre, le travail que nous accomplissons en vainquant son inertie, est précisément la seule cause qui, d'une pierre inerte, a fait une pierre en mouvement, c'est-à-dire la seule cause qui a donné naissance à la force vive.

La transformation de l'énergie cinétique ou du travail mécanique en énergie potentielle tombe aussi naturellement sous notre sens : soulevons un poids de 20 kilos depuis le sol jusqu'à une hauteur de 1 mètre, qui est celle d'une table où nous le posons. Ce poids va demeurer là sans mouvement, sans force vive. Il ne parait pas avoir en lui plus d'énergie qu'il n'en avait quand il était à terre. Pourtant nous aurons dépensé un effort, une énergie de 20 kilogrammètres pour l'amener à sa nouvelle position.

En réalité, notre poids de 20 kilos possède quelque chose qu'il n'avait pas tout à l'heure. Il a la possibilité de tomber de un mètre de hauteur et de fournir en tombant un travail actif de 20 kilogrammètres, qu'on pourra récupérer en l'attachant à une corde enroulée sur un treuil de machine.

Ainsi, du fait que nous avons élevé ce poids de un mètre au-dessus du niveau du sol, nous lui avons donné le pouvoir de produire, en tombant de cette hauteur, un travail égal à celui que nous avons dépensé. Pendant qu'il est au repos, sur la table, il possède donc une énergie non manifeste, une énergie qui n'existe qu'en puissance, mais qui peut se révéler dès que l'occasion se présente. C'est là ce qu'on appelle l'énergie potentielle.

Jusqu'ici tout s'enchaîne donc simplement. Les

formes mécaniques de l'énergie, travail, force vive, énergie potentielle, nous semblent parfaitement accessibles et leurs mutations réciproques s'imposent à nous dans un enchaînement naturel.

2. Les modalités d'agitation thermique élémentaire de l'énergie et le mécanisme de leurs mutations.

Voici un projectile qui s'écrase contre un obstacle, contre une plaque de blindage. Son énergie cinétique en s'annulant se transforme en chaleur. Comment expliquer cette transformation?

La chaleur disparaît en rayonnant dans l'espace. Comment expliquer la transformation de la chaleur en énergie radiante?

Les gaz chauffés prennent une pression capable de produire du travail mécanique, comment concevoir cette énergie de tension gazeuse, sa genèse par la chaleur, sa transformation en travail?

Toutes ces modalités de l'énergie peuvent être rapprochées les unes des autres dans un même groupe, que nous appelons les modalités d'agitation thermique élémentaire.

Cette appellation implique l'acceptation sans réserve d'une théorie qui cependant a été discutée. Mais cette théorie est aujourd'hui tellement étayée par l'observation, l'expérimentation et le calcul qu'elle a à peu près acquis la force de chose jugée. C'est la théorie cinétique de la chaleur.

Voici ses données essentielles.

Les molécules matérielles ne sont pas immobiles. Les molécules gazeuses en particulier sont agitées de mouvements d'oscillation, translation, giration, bondissements et rebondissements. Sans cesse elles s'entre-choquent ou décrivent des orbes elliptiques allongés les unes autour des autres. Sans cesse elles se heurtent contre les parois des vases qui les contiennent. Ces mouvements sont d'autant plus rapides que la température est plus élevée.

Nuls, si l'on suppose la température nulle, c'est-à-dire si l'on se place au zéro absolu, à 273° au-dessous du zéro centigrade, ils croissent de degré en degré à mesure que s'élève le degré thermique.

Chaque degré thermique est ainsi caractérisé par un certain mouvement d'agitation et toute molécule gazeuse possède à une température donnée une certaine énergie de mouvement, ou énergie cinétique. Bien plus, c'est cette énergie cinétique qui est à elle seule ce que nous appelons la chaleur. Elle n'est pas un épiphénomène de l'état thermique, elle est tout l'état thermique, qui ne serait pas sans elle.

Cette énergie cinétique comme celle d'un projectile est proportionnelle à la masse m du mobile et au carré de sa vitesse v. Elle peut être exprimée aussi par le symbole $\frac{1}{2} mv^2$. Seulement ici, c'est la vitesse moyenne des particules matérielles qu'on doit considérer.

Toutes les molécules gazeuses, de quelque gaz qu'il s'agisse, ont à une même température la même force vive, la même énergie cinétique. Voilà le point capital de la théorie.

Cela implique que, à cette température, la vitesse moyenne des molécules est d'autant plus faible que la masse moléculaire est plus grande, ou, si l'on veut, le poids moléculaire plus élevé. Les molécules légères comme celles d'hydrogène s'agitent plus vite que les molécules plus lourdes comme les molécules d'oxygène. D'une façon plus précise, si la vitesse moyenne de la molécule d'oxygène est à la température de la glace fondante de 435 mètres par seconde, selon les évaluations les plus rationnelles, celle de la molécule d'hydrogène, 16 fois plus légère, est de 1.740 mètres, c'est-à-dire qu'elle est 4 fois plus grande, les carrés des vitesses étant inversement proportionnels aux masses moléculaires.

D'ailleurs, quand nous disons que la vitesse de la molécule d'oxygène est de 435 mètres ou celle de la molécule d'hydrogène de 1.740 mètres, cela ne signifie nullement que ces molécules parcourent en ligne droite 435 mètres ou 1.740 mètres en une seconde. Bien au contraire le chemin parcouru entre deux changements de direction, entre deux rebondissements est minime. Ce chemin qu'on appelle le *libre parcours* varie avec le degré de vide et la température. Il parait être pour l'oxygène à la température et à la pression ordinaires, voisin de un dix-millième de millimètre. Il diminue forcément avec la compression qui, dans un même espace, concentre un plus grand nombre de molécules.

Si l'on s'en rapporte aux calculs des physiciens qui ont, par des voies très différentes, cherché à déterminer les grandeurs moléculaires, il faut évaluer à quelque trente mille trillions le nombre de molécules d'un gaz quelconque occupant à la pression ordinaire un volume de un millimètre cube. C'est dans ces conditions qu'une molécule d'oxygène, dont le diamètre parait être à peu près le quart d'un millionième de millimètre, peut avoir un libre parcours moyen de 0µ1, c'est-à-dire de un dix-millième de millimètre.

Il est évident que si, par un moyen quelconque, on presse davantage ces molécules les unes contre les autres, leurs mouvements d'agitation sont de plus en plus étouffés.

Elles finissent même, semble-t-il, par s'agiter sur place, perdant toute autonomie, bridées, serrées par leurs voisines, comme dans les liquides et les solides. C'est ce qui arrive pour les gaz très comprimés, comme ceux de la photosphère solaire, que le spectroscope nous montre comparables aux liquides.

Les molécules gazeuses ne sont pas seules à posséder une énergie cinétique croissant avec la température.

Les molécules ou les atomes des liquides et des solides eux aussi ont leur agitation thermique. Seulement cette agitation se conforme aux conditions imposées par les liens interparticulaires, par les liens de cohésion en particulier.

La molécule qui ne peut s'agiter en liberté s'agite sur place. Elle n'en possède pas moins une force vive sans qu'il nous soit permis de préciser exactement les conditions de son mouvement.

Toutefois, il est un cas très intéressant où nous voyons l'agitation particulière aux gaz se manifester dans les liquides. Ce cas est très frappant, très propre à étayer notre conviction scientifique. Il concerne les solutions et les pseudo-solutions :

Quand on dissout un corps dans un liquide, par exemple un morceau de sucre dans un verre d'eau, les molécules de sucre réparties dans tout le volume occupé par le liquide, s'y comportent comme des molécules gazeuses. Nous en avons une preuve tangible, dans ce fait que ces molécules dissoutes ont une énergie de pression osmotique qui est absolument semblable à l'énergie de pression gazeuse et qui est, comme elle, une fonction de l'énergie d'agitation thermique des molécules.

Mais si j'ai dit que le cas visé est frappant pour nous, ce n'est pas à cause de la pression osmotique des corps dissous, c'est parce que si, des solutions, nous passons aux pseudo-solutions et aux suspensions de grains de matière finement pulvérisés dans les liquides, nous voyons alors de nos yeux les mouvements que la déduction scientifique nous faisait pressentir.

Quand nous regardons à l'aide de l'ultra-microscope une pseudo-solution colloïdale, ou à l'aide d'un microscope ordinaire les fines poussières en suspension dans une goutte d'eau, nous voyons une agitation fantastique parmi ces infiniment petits. Ils se heurtent, s'entre-choquent, tournent sur eux-mêmes, oscillent, bondissent en zig-zag dans tous les sens. Ce sont les *mouvements browniens*, d'autant plus rapides que la température est plus élevée.

D'ailleurs, quand nous observons de la même façon à l'état gazeux les grains de fumée opaque, nous les voyons agités des mêmes mouvements.

Ainsi, dans l'infiniment petit, tout remue avec une vitesse qui croît en fonction du degré thermométrique. Le raisonnement scientifique nous démontre que plus rapidement encore remue tout ce que nous ne pouvons pas apercevoir.

La chaleur est la manifestation sensible pour nous de l'énergie d'agitation moléculaire. Elle n'est pas la seule. Laissons nous conduire par la simple réflexion aux autres manifestations.

Voici un vase de un litre de capacité rempli d'un gaz quelconque, oxygène, hydrogène, azote, peu importe, à la pression atmosphérique ordinaire et au zéro centigrade. Ce vase renferme dans ces conditions quelque trente milliards de trillions de molécules possédant chacune la même force vive, la force vive caractéristique du degré thermique 0 centigrade ou 273° absolus.

Or, parmi ces trente milliards de trillions de molécules, il y en a qui sont immédiatement voisines des parois et qui à chaque oscillation heurtent ces parois et rebondissent contre elles. Il n'est pas besoin de posséder une connaissance approfondie de la mécanique pour concevoir que la sommation de tous ces chocs particulaires doit produire contre ces parois un effet répulsif comparable à celui d'une pression continue.

Supposons que le vase ait la forme d'un corps de

pompe et que l'une des parois soit un piston, le piston sera forcément repoussé et reculera, si de l'autre côté une contre-pression ne s'oppose pas à son mouvement. C'est ce qui arrive dans la réalité : si notre vase était placé dans le vide, c'est-à-dire si on supprimait la contre-pression atmosphérique sur la face externe du piston, ce piston serait repoussé par les chocs des milliards de molécules qui le frappent. Il serait repoussé avec d'autant plus d'énergie que la température de ces molécules serait plus élevée, leur force vive croissant en raison du degré thermique absolu.

Son mouvement de recul pourrait, en agissant sur une bielle, produire un travail mécanique aux dépens de la chaleur de la masse gazeuse qui se refroidirait d'autant.

L'énergie ainsi transformée en travail est l'énergie de pression gazeuse engendrée par la force vive d'agitation thermique. L'industrie a mis à profit cette transformation dans les machines à vapeur, à air comprimé, à gaz, à pétrole, etc.

Dans les liquides, la pression osmotique des molécules dissoutes a exactement la même cause : elle s'exerce sur les surfaces limitantes du liquide solvant et en particulier sur la surface libre qu'elle tend à soulever comme le ferait un piston aspirant. C'est par suite de cette pression que l'eau sucrée, placée dans un vase poreux immergé lui-même dans l'eau pure, paraît appeler, attirer vers elle l'eau pure à travers les pores du vase. La pression osmotique est exactement égale à la pression gazeuse que développerait, dans le même espace, le même nombre de molécules gazeuses à la même température.

Voilà donc deux nouvelles manifestations de l'énergie : la chaleur et la pression gazeuse (ou osmotique) qui sont pour nous parfaitement compréhensibles et nous accédons très simplement à la notion de la transformation de ces modalités en travail mécanique.

Inversement, il nous est facile de comprendre que le travail mécanique ou la force vive puissent produire de la chaleur. En effet, il tombe sous le sens qu'un corps matériel, tel qu'un projectile, venant frapper un autre corps matériel, imprime à ses molécules, déjà agitées, une agitation plus rapide, comme une pierre amortissant sa force vive dans les feuilles et les ramilles d'un arbre sur lequel elle est projetée leur imprime des oscillations variées.

Il nous reste à parler du mécanisme de la mutation de la chaleur en énergie radiante et de la mutation inverse.

Nous savons qu'un corps chaud même placé dans le vide se refroidit en émettant autour de lui des ondulations éthérées et qu'un corps matériel placé dans le champ d'irradiation s'échauffe : le soleil émet de l'énergie radiante, la terre en capte une partie et la transforme en chaleur.

Comment se fait-il qu'une particule matérielle, un atome chaud, un atome de fer à 100°, par exemple, produise autour de lui une ondulation ethérée? Pour expliquer cela, il nous faudrait exposer la théorie électronique de la matière, telle qu'elle est conçue aujourd'hui. Cet exposé est hors de notre sujet. Sachons seulement qu'il y a dans tout atome de matière, des infiniment petits, encore plus petits que lui-même, les électrons ou grains d'électricité. Ces électrons ont ceci de particulier, qu'ils paraissent accrochés à l'éther ambiant, comme si autour d'eux rayonnait une luxuriante chevelure de fils ténus divergeant radialement dans l'espace. Ces fils ténus sont ce qu'on appelle des lignes de force électromagnétiques. Quand on agite un de ces grains d'électricité, tout se passe comme s'il secouait cette luxuriante chevelure d'ondulations rythmiques, synchrones à sa propre période d'agitation : ce sont les vagues éthérées qui constituent les radiations.

Mais à ce jeu, il dépense de l'énergie et c'est ainsi que l'atome chaud se refroidit en rayonnant. Les vagues concentriques qui partent de lui, transportent l'énergie qu'il a perdue, sous une forme d'ailleurs toute différente; et, quand elles rencontrent d'autres corps, elles s'amortissent et échauffent ces corps en accélérant par influence électromagnétique les mouvements d'agitation de leurs particules

Cette explication électromagnétique de la trans mission de la lumière et de la chaleur est d'ailleurs confirmée par ce fait que toutes les fois qu'un électron oscille, il provoque des vagues éthérées semblables aux vagues thermiques.

Les électrons animés d'un mouvement de va-et-vient par une cause électrique le long des fils métalliques, provoquent des oscillations éthérées qui ne diffèrent des précédentes que par leur fréquence bien inférieure : en effet, tandis que la fréquence des oscillations thermiques et lumineuses est de l'ordre de la centaine de trillions par seconde, elle peut descendre à quelques centaines de mille dans les radiations hertziennes.

Les électrons lancés à des vitesses de une ou deux centaines de mille kilomètres à la seconde et arrêtés brusquement, produisent en perdant leur force vive une perturbation éthérée qui n'est autre que la radiation X et les rayons γ des corps radioactifs paraissent dus au départ brusque des particules β expulsées par les atomes lourds à des vitesses voisines de celle de la lumière.

3. Les modalités électriques de l'énergie et le mécanisme de leurs mutations (1).

On admet en général aujourd'hui que l'électricité comme la matière est formée de grains excessivement petits. Le grain d'électricité ou électron a une masse deux mille fois plus petite que le plus petit atome matériel.

Les électrons se comportent, sur un conducteur où on les accumule, comme s'ils se repoussaient.

Pour charger un conducteur en lui apportant des quantités successives d'électrons il faut dépenser du travail. Le travail nécessaire pour apporter une nouvelle charge unité d'électricité sur un conducteur déjà chargé, en triomphant de la répulsion exercée, mesure son potentiel électrique ou sa tension électrostatique. La somme de tous les travaux élémentaires dépensés pour arriver à la charge finale mesure son énergie électrique totale. Ainsi le travail mécanique peut se muter en énergie électrostatique.

Inversement, si un pendule électrique est placé en regard du conducteur chargé, il prend une charge à son contact, est repoussé par lui, est capable au cours de ce mouvement de produire du travail, puis se décharge au bout de sa course, revient de nouveau à son contact et oscille ainsi jusqu'à ce que le conducteur soit déchargé. A chaque oscillation une petite quantité d'électricité quitte le conducteur diminuant d'autant l'énergie emmagasinée lors de la charge. L'énergie de tension électrique se transforme en travail mécanique.

Lorsque l'électricité circule dans un fil, dans une

1. Les lecteurs qui voudront prendre un aperçu de la théorie électronique de l'électricité et de la matière pour comprendre les modalités électriques et atomiques de l'énergie pourront trouver cet exposé dans les *Nouveaux Horizons de la Science*, Steinheil, édit.

bobine à noyau de fer en particulier, elle détermine des phénomènes magnétiques et inversement, quand une bobine à noyau de fer tourne entre deux pôles d'aimant, un courant prend naissance dans son fil. Les attractions et répulsions des pôles magnétiques permettent ainsi de transformer par une autre voie de l'électricité en travail mécanique ou de l'énergie mécanique en courant électrique.

Lorsque de l'électricité oscille le long d'un fil, elle donne lieu dans l'éther ambiant à des ondulations analogues aux vibrations lumineuses. Ces ondulations éthérées, quand elles rencontrent d'autres conducteurs métalliques convenablement disposés, provoquent des oscillations d'électrons dans ces conducteurs : c'est là l'induction électro-magnétique qui nous offre le tableau de la mutation de l'énergie de mouvement électrique en énergie radiante et de l'énergie radiante en énergie de mouvement électrique.

La mutation directe de l'énergie électrique en énergie thermique est très facile à comprendre aussi, si l'on accepte la conception actuelle de la conductibilité métallique. Tout atome de métal serait le siège d'un phénomène cinétique très particulier : un électron au moins tendrait sans cesse à s'échapper de lui, le laissant à l'état d'ion positif fixe. Cet électron libre vibrerait comme lui d'oscillations thermiques. Sans cesse ions et électrons se réuniraient et se dissocieraient, le même électron libre passant sans cesse d'un ion à l'autre. Le courant résultant de la création d'un champ électrique serait simplement une inflexion de la direction moyenne des oscillations électroniques. Rien de plus naturel que de se représenter cette inflexion comme l'origine de chocs des électrons contre les atomes fixes, chocs accélérant les oscillations thermiques, augmentant la force vive d'agitation calorique de toutes les particules qui forment la matière du conducteur. Une partie du courant s'emploie ainsi à échauffer le fil de métal dans lequel il circule.

4 Les modalités interatomiques de l'énergie et le mécanisme des mutations énergétiques d'ordre chimique

Les atomes ordinairement ne vivent pas isolés. Ils agissent comme s'ils avaient de l'affinité les uns pour les autres et comme si une force les poussait à se conjoindre. Les nouvelles théories de la matière ont fourni des explications variées à cette affinité. Nous n'avons pas à les envisager ici. Mais nous pouvons, du point de vue énergétique où nous nous plaçons, considérer que la jonction de deux atomes qui ont de l'affinité l'un pour l'autre représente une mutation énergétique au même titre que la jonction de deux aimants poussés par la force magnétique, la collision de deux astres poussés par la force gravide, ou plus simplement la chute contre le sol d'une pierre attirée vers lui par la pesanteur.

Quand nous séparons cette pierre du sol, quand nous l'élevons au-dessus de lui, nous effectuons un certain travail à l'encontre de la force gravide et quand nous l'immobilisons à une certaine hauteur, nous laissons en elle une énergie potentielle équivalente à ce travail. De même, quand nous dissocions une molécule chimique, une molécule d'acide chlorhydrique H Cl par exemple, quand nous écartons l'atome H de l'atome Cl, nous effectuons un certain travail à l'encontre de l'affinité chimique qui les réunissait et quand nous les fixons dans leur isolement nous laissons en eux une certaine énergie potentielle équivalente à ce travail : c'est l'énergie potentielle d'affinité chimique.

Si nous permettons à nouveau qu'ils se réunissent, ils perdent cette énergie potentielle, comme la pierre tombant de la hauteur à laquelle nous l'avions élevée perd son energie potentielle mécanique.

L'énergie potentielle d'affinité chimique, comme l'énergie potentielle mécanique, lorsqu'elle disparait, se transforme en une autre modalité de l'énergie. Ici cette autre modalité est ordinairement la chaleur.

Inversement l'énergie thermique peut se transformer en énergie d'affinité chimique. La chaleur fournie à un composé chimique peut provoquer la dissociation de ses molécules à un certain degré thermométrique, avec absorption de calories pour le travail de dissociation.

On donne le nom de chaleur de formation d'un composé chimique, à la chaleur dégagée par la formation d'une molécule-gramme[1] de ce composé à partir de ses éléments : elle est égale en principe à la chaleur absorbée lors de la dissociation ramenée aux mêmes conditions de chaleur et de pression.

Ainsi 12 grammes de diamant C, se combinant avec 32 grammes d'oxygène O^2 pour former 44 grammes d'acide carbonique CO^2 dégagent 94.300 calories à la température 0 centigrade; c'est-à-dire que la chaleur de formation de l'acide carbonique est 94.300 calories.

La chaleur de formation est d'ailleurs très variable.

Non seulement, elle varie dans des proportions con-

1. On appelle molécule gramme d'un corps la quantité de ce corps pesant son poids moléculaire affectee du mot gramme ; ainsi la molécule d'eau H^2O a pour poids moleculaire figuratif par rapport à l'atome d'H, le nombre 18 La molécule-gramme d'eau est 18 grammes. L'usage de la molécule-gramme est des plus utiles Cette unité représente en effet une masse de chaque corps proportionnelle à la masse de chaque molecule Autrement dit, une molécule-gramme d'un corps quelconque sous quelque état qu'il soit, mais en particulier et plus rigoureusement a l'etat gazeux, renferme le même nombre de molécules. Ce nombre constant est désigné en physico-chimie par la lettre N et porte le nom de constante d'Avogadro Il parait égal à 60 ou 70×10^{22}, c'est-à-dire à six ou sept cent milliards de trillions.

sidérables quand on passe d'un composé chimique à un autre composé voisin de lui par ses propriétés générales, mais elle varie pour le même composé suivant la température et suivant la pression auxquelles il se forme.

Ainsi, d'après les calculs de Berthelot, la chaleur de formation de la vapeur d'eau ($H^2O = 18$ gr.) à partir de ses éléments serait de 3.228 calories à 15 degrés centigrades, de 2.800 calories à 2.000° et seulement de 2.001 calories à 4.000°.

Il y a des corps dont la chaleur de formation est nulle à un certain degré thermométrique.

Bien plus, il arrive que cette chaleur de formation est négative, c'est-à-dire que la conjonction de deux atomes nécessite une fourniture de chaleur, leur dissociation rendant au contraire cette chaleur absorbée.

Ainsi l'oxyde azotique ($AzO = 30$ gr.) absorbe 21.850 calories pour se former; l'oxyde azoteux ($Az^2O = 44$ gr.) absorbe 20.600 calories; l'acétylène ($C^2H^2 = 26$ gr.) exige pour sa formation 57.300 calories.

Ces réactions sont dites endothermiques dans le langage de la chimie par opposition aux réactions exothermiques qui nous avaient conduits à comparer l'affinité chimique aux forces attractives. Et si nous réfléchissons à ce qui se passe dans la formation d'une molécule par conjonction endothermique des atomes constituants, nous devons considérer que l'affinité de ces atomes les uns pour les autres est, elle aussi, négative, c'est-à-dire qu'elle est l'inverse de l'affinité prise au sens que nous lui avons attribué tout à l'heure.

De fait la chimie nous apprend que les réactions endothermiques ne se font pas comme les autres. Elle ne se font pas sans qu'un autre phénomène connexe se produise. Ordinairement, il faut les forcer à se produire en les liant à une réaction dont le caractère exothermique l'emporte sur le caractère endothermique.

Cette remarque touche, on le voit, à un problème qui est l'un des plus passionnants de la science : le problème de la direction des phénomènes de la nature, du sens suivant lequel ils s'accomplissent et de l'évolution générale de l'univers.

Pour le moment, nous écartons complètement ce problème. Mais de constater que des atomes se conjoignent avec l'apparence d'une affinité négative et comme répulsive, cela n'est pas sans apporter quelque trouble à la conception si simple que les réactions exothermiques avaient suggérée de l'énergie potentielle d'affinité chimique.

Quelque interprétation que l'on donne à l'existence de molécules formées d'atomes dont l'affinité est négative ou au moins inférieure à l'affinité mutuelle des atomes unis dans les molécules d'éléments simples, l'endothermie fait présumer, dans le mécanisme intime des mutations réciproques des énergies thermiques et chimiques, plus de complexité que ne le laissait entendre l'image un peu simpliste donnée tout d'abord.

Il est un ordre de réactions chimiques qui a jeté une lumière inattendue sur cette question. Ce sont les réactions d'équilibre.

Voici un exemple de ce que, en chimie, on appelle une réaction d'équilibre.

Mettons en présence, à la température ordinaire, une solution d'une molécule-gramme d'acétate de strontium et une solution de deux molécules-grammes d'azotate de potassium. Un chassé-croisé partiel se produit. Il se forme $\frac{2}{3}$ de molécule-gramme d'acétate de potassium et $\frac{1}{3}$ de molécule-gramme d'azotate de strontium, pendant que persistent encore $\frac{2}{3}$ de molécule-gramme d'acétate de strontium et $\frac{4}{3}$ de molécule gramme d'azotate de potassium.

Le résultat final serait le même si l'on mettait en présence une solution d'acétate de potassium et une solution d'azotate de strontium.

Dans beaucoup de cas deux systèmes de sels restent ainsi en présence et ce qu'il y a de particulièrement intéressant, c'est que, quand la température ou la pression varient, l'un des systèmes s'accroît pendant que l'autre diminue ; autrement dit, l'équilibre se déplace d'un côté ou de l'autre suivant que la température augmente ou diminue, suivant que la pression devient plus forte ou plus faible. C'est ainsi qu'on voit les composés endothermiques augmenter et les exothermiques diminuer quand la température s'abaisse, tandis que l'inverse se produit quand elle s'élève.

Voilà donc des réactions incomplètes, limitées, et qui diffèrent profondément à première vue de celles que connaissait la vieille chimie. Autrefois on pensait que quand deux corps capables de réagir sont mis en présence, la réaction devait être complète, illimitée, se poursuivant tant qu'il y avait des réactifs en présence. Quand par exemple on mettait de l'hydrogène H et du chlore Cl en présence, on savait que la réaction se poursuivait jusqu'à l'épuisement au moins apparent de l'un des deux gaz, c'est-à-dire tant que pouvaient prendre naissance les molécules d'acide chlorhydrique HCl. Quand on mettait du zinc en présence d'acide sulfurique dilué, la réaction se poursuivait tant qu'il y avait du zinc et de l'acide libres.

Cette totalité de la réaction répondait bien à l'idée de l'affinité chimique telle que nous l'avons donnée ci-dessus et les rares réactions d'équilibre que l'on connaissait étaient considérées comme des exceptions, des bizarreries.

Or, il est arrivé ceci dans l'histoire de la chimie, c'est que le nombre des réactions d'équilibre connues s'est augmenté chaque jour; c'est que toute la chimie de la matière organique s'est révélée comme la chimie des états d'équilibre; c'est, chose plus grave, que beaucoup de réactions, dites illimitées, se sont révélées comme incomplètes à un examen plus approfondi, une infime proportion des corps réagissants restant encore libre, alors que la réaction est terminée.

Ainsi la notion de l'équilibre chimique envahissait-elle de plus en plus le domaine de la science atomique, pendant que celle de l'équilibre physique s'imposait dans un grand nombre de phénomènes propres aux liens intermoléculaires.

Ces notions nouvelles ont entraîné une modification profonde dans la conception des mutations chimiophysiques de l'énergie.

En effet, dans tous les cas d'équilibre, aussi bien en physique qu'en chimie, équilibre des phases chimiques, équilibre d'un liquide avec sa vapeur, équilibre d'un soluble avec son précipité, etc., une explication très simple, corollaire naturel de la théorie cinétique de la chaleur et de l'électricité, s'est offerte, qui rendait compte de tous les faits observés. En même temps, elle faisait apercevoir sous un nouveau jour le mécanisme des mutations énergétiques propres à l'accomplissement du phénomène.

Voici en particulier comment à la suite de Williamson, Guldberg et Waage, au milieu du XIXe siècle, on a conçu l'équilibre chimique.

Les composés chimiques en présence, quand l'équilibre est atteint, ne sont pas inertes. Sans cesse leurs molécules se dissocient, rendant libres les atomes qui les constituent. Sans cesse les atomes de l'un se recombinent avec les atomes de l'autre pour former les molécules des composés en phase, qui de leur côté dissocient sans cesse leurs propres molécules.

D'autres fois, les atomes d'un même élément, rendus libres, s'associent entre eux, pour reformer des molécules de l'un des composants simples, pendant que d'autres molécules de ce composant simple se dissocient et que les atomes rendus libres entrent en combinaison avec les atomes partenaires pour former le composé en équilibre avec ses éléments. C'est ce qui arrive dans les dissociations de la vapeur d'eau aux températures élevées : une phase H^2O est en équilibre avec les phases H et O de ses éléments dissociés. Il en est de même de CO^2 et en général des diverses dissociations. Il en est de même aussi, quand on pousse assez loin l'analyse, des réactions dites illimitées d'élements en présence, telles que celles dont nous parlions plus haut : une proportion infinitésimale d'éléments libres sans cesse renouvelés, sans cesse disparaissant, demeure en présence du corps formé.

En un mot, l'équilibre constaté n'est pas un équilibre de repos, mais un équilibre de mouvement, un équilibre de choses changeantes dans leurs parties quoique constantes dans leur quantité, ou, si l'on veut, un équilibre statistique résultant de l'égalité du nombre des dissociations et des recombinaisons moléculaires des corps en présence.

A la faveur de cette conception on a dû forcément modifier un peu l'image que l'on s'était faite de l'énergie potentielle d'affinité chimique et du mécanisme de sa mutation en chaleur.

En effet, la théorie cinétique de l'équilibre chimique fait voir les molécules de tous les composés présents en perpétuelle mutation. Dans la masse constante de chacun d'eux, pendant que les uns se dissocient en leurs éléments, d'autres se forment en nombre égal.

Si le composé est exothermique, la quantité de chaleur produite par la formation des molécules naissantes est égale à la quantité de chaleur absorbée par la dissociation des molécules qui disparaissent. Si le composé est endothermique, la quantité de chaleur produite par les dissociations est égale à la quantité de chaleur absorbée par les conjonctions atomiques.

Ainsi pendant que les infiniment petits d'un système chimique en équilibre sont en mutation constante, il se produit une continuelle transformation d'énergie potentielle chimique en énergie d'agitation thermique et une continuelle transformation inverse, de même que dans un pendule qui oscille, s'opère une continuelle mutation de forces vives, de travail et d'énergie potentielle. Si le pendule est supposé sans frottement ou si le système chimique est supposé isolé dans l'espace, ne pouvant recevoir, ni abandonner d'énergie par conduction thermique, ces mutations doivent se reproduire indéfiniment.

Dès lors, il est facile de concevoir que la définition d'un équilibre chimique se ramène à un calcul de probabilités, de conjonctions et de disjonctions atomiques, et que ce calcul doit inévitablement faire entrer en ligne de compte les conditions de température et de pression qui font varier. par la variation des vitesses d'agitation et la fréquence des rencontres particulaires, les probabilités des conjonctions et des séparations.

Quand l'équilibre se déplace sous une influence quelconque, quand, par exemple, les composés exothermiques augmentent pendant que les endothermiques diminuent, la chaleur de formation des premiers s'ajoute à la chaleur de disjonction des seconds tendant a augmenter la température du système. Inversement l'accélération des mouvements d'oscillation thermique est corrélative d'un déplacement de l'équilibre en faveur de l'accroissement des exothermiques et de la diminution des endothermiques (Loi de Van t'Hoff). C'est là un autre aspect de la mutation d'énergie chimique en chaleur et de la mutation de la chaleur en énergie chimique.

Ces considérations sur la cinétique des équilibres chimiques ne nous fixent évidemment pas sur le phénomène intime de la mutation de l'énergie d'oscillations thermiques en énergie potentielle d'affinité chimique, ni sur le phénomène inverse. Nous ne pourrons l'être que quand nous saurons exactement ce qu'est l'affinité chimique. Jusqu'ici, malgré les progrès réalisés dans cette voie par la théorie électronique de l'atome et par la conception de l'unité magnétique élémentaire (magnéton de P. Weiss) nous ne faisons qu'entrevoir la nature réelle de cette propriété spéciale de la matière.

Il n'en est pas moins vrai que l'explication proposée nous fait reporter sur la cinétique atomique l'attention que l'ancienne physique accordait à ces choses indéterminées : le fluide calorique, l'affinité des corps simples. C'est là un grand pas en avant.

En effet, attachons-nous un moment à la contemplation de l'atome. Voici une petite masse m de matière, animée de mouvements thermiques de vitesse moyenne v et possédant de ce fait une certaine énergie cinétique $\frac{1}{2} mv^2$ Tous les atomes de tous les corps simples possèdent à la même température la même énergie cinétique ; quelle que soit leur masse, la quantité de chaleur nécessaire pour augmenter leur température de 1° est la même pour tous.

Quand deux atomes se réunissent, ce sont deux forces vives égales qui tendent à se conjoindre comme si deux balles de fusil, de poids différent et de vitesse différente, mais possédant la même force vive s'accolaient l'une à l'autre. Et cela est si vrai que la quantité de chaleur nécessaire pour élever de 1° la température d'une molécule donnée est à peu près double, triple, quadruple de celle qui est nécessaire pour élever de ce même degré la température d'un atome quelconque, suivant que cette molécule est composée de 1, 2, 3... atomes (loi de Wœstyn).

Cela étant bien compris, on conçoit que la conjonction de deux atomes possédant la même énergie cinétique thermique $\frac{1}{2} m v^2 = \frac{1}{2} m' v'^2$, puisse par le fait même de la différence des vitesses v et v' et suivant les particularités de l'accrochage dans lequel entre en jeu l'énergie d'affinité chimique, modifier, en l'accroissant ordinairement, la vitesse moyenne d'agitation thermique de la molécule formée, c'est-à-dire modifier la force vive prévue par la sommation simple des forces vives élémentaires.

La transformation de l'énergie potentielle d'affinité atomique en énergie de forces vives thermiques, ou inversement, s'éclaire ainsi d'un jour remarquable et nous avons l'impression, grâce à la théorie cinétique, de toucher du doigt le mécanisme de la mutation. Nous approchons, grâce à elle, du « modèle mécanique » du phénomène étudié.

5. Les modalités intermoléculaires de l'énergie et le mécanisme des mutations énergétiques relatives à ces modalités

Pour faire passer un corps de l'état solide à l'état liquide, sans changer d'ailleurs sa température, il faut ordinairement lui fournir de la chaleur.

Ainsi pour faire passer un gramme de glace à zéro, à l'état d'eau liquide à zéro, il faut fournir 80 calories environ. C'est ce qu'on appelle la chaleur de fusion de la glace.

Ce gramme d'eau liquide possède ainsi, toutes

choses égales d'ailleurs, une énergie interne supérieure à celle de un gramme de glace a la même température. Il rend cette énergie interne, ces 80 calories, si on opère la transformation inverse, en le faisant passer a l'état de glace.

On peut donc dire, si l'on donne le nom de cohésion à la force qui unit entre elles les molécules des solides, que les molécules d'eau liquide, ou que en général toutes les molécules liquides, possedent en elles une énergie potentielle d'affinité cohésive, comme nous avons dit que les atomes isolés les uns des autres possèdent une énergie potentielle d'affinité chimique ou que les corps gravides placés a distance les uns des autres possèdent une énergie potentielle gravifique.

Cette énergie potentielle d'affinité cohésive se mesure par l'effort qu'il faut faire pour rompre par fusion les liens cohésifs des molecules a l'état solide ou si l'on veut par l'énergie thermique qu'il faut fournir pour briser ces liens

Le même raisonnement nous amène a concevoir que les gaz ont une energie interne supérieure à celle des liquides, toutes choses égales d'ailleurs, parce que pour passer de l'etat liquide a l'etat gazeux, il faut rompre encore les liens de cohésion moléculaire particuliers à l'état liquide et il faut pour cela fournir de l'énergie. Ainsi pour faire passer 1 gramme d'eau liquide a 100° a l'état de vapeur a 100° il faut, a la pression ordinaire, fournir 537 calories environ. C'est la chaleur de vaporisation de l'eau.

Les molécules de vapeur s'offrent donc a nous comme possédant une énergie potentielle d'affinité cohésive a deux degrés

Le premier degré correspond a l'affinité cohesive des molécules liquides : cette cohésion qui se manifeste par la tension superficielle, la capillarité, etc., correspond à une attraction *normale* des molécules voisines, attraction qui permet le glissement des molécules les unes par rapport aux autres, c'est-à-dire qui est compatible avec la fluidité.

Le deuxième degré correspond à la cohésion normale augmentée de la cohésion *tangentielle*, c'est-à-dire à la fixation complète des molécules les unes par rapport aux autres, sans fluidité, sans glissement moléculaire, comme cela a lieu dans les solides.

Ces notions, tirées de la thermodynamique pure, se trouvent complétées et éclairées ici encore par les données de la physique et en particulier par la théorie cinétique appliquée aux équilibres des états physiques.

On sait, en effet, que la plupart des corps liquides et même solides émettent des vapeurs bien au-dessous de leur point d'ébullition. L'eau par exemple émet des vapeurs à 50°, a 10°, à 0°, et en dessous de zéro à l'état de glace.

Or, pour chaque température, il existe une tension de vapeur caractéristique et toujours la même pour chaque espèce chimique. Tout se passe comme si un corps placé à une température donnée dans un espace clos pouvait émettre des molécules à l'état gazeux jusqu'à ce que ces molécules aient atteint une certaine pression gazeuse. A ce moment, il semble que la tension gazeuse limite l'émission de nouvelles molécules par le corps considéré ou que cette tension annule la tendance à l'évaporation : le corps solide ou liquide est dit en équilibre avec sa vapeur. L'équilibre se déplace quand on change le degré thermique.

La théorie cinétique a donné de ces phénomènes une explication aussi lumineuse que celle qu'a apportée l'hypothèse de Guldberg et Waage à l'équilibre chimique.

D'après cette théorie, le corps solide ou liquide émet, à une température donnée et grâce à l'état cinétique de ses molécules considérées à cette température, un certain nombre de molécules gazeuses dans l'unité de temps. Ce nombre est le même quel que soit le nombre de molécules déjà émises en espace clos, quelle que soit la tension gazeuse. En même temps, les molécules de vapeur, à la faveur des rencontres d'oscillations thermiques et grace à leur énergie potentielle d'affinité cohésive, tendent à se réunir pour passer à la phase liquide ou solide. Seulement aux températures élevées, supérieures au point d'ébullition, l'état liquide se détruit au fur et à mesure qu'il se forme. Au contraire, en dessous de ce point, un équilibre statistique s'établit entre la phase liquide qui tend à se former et la phase gazeuse qui tend à se refaire. Tout se passe comme dans une ruche d'abeilles ou le nombre moyen des absentes varie suivant les heures ou le temps. Le rapport du nombre des abeilles présentes dans la ruche et des abeilles réparties dans la campagne est un rapport statistique entre celles qui sortent et celles qui rentrent dans l'unité de temps : lorsque ce rapport reste fixe pendant une certaine durée, il y a équilibre entre la population du dedans et celle du dehors, malgré le va-et-vient continuel de la ruche.

Chaque molécule qui perd son énergie potentielle d'affinité cohésive en se liquéfiant ou en se solidifiant émet de la chaleur. Chaque molécule qui rompt ses liens de cohésion absorbe de la chaleur pour reconstituer son énergie potentielle d'affinité cohésive. Il y a ainsi mutation continuelle de chaleur en énergie potentielle d'affinité cohésive et inversement.

Le même raisonnement s'applique à l'équilibre des phases solides et liquides a la température de fusion et à l'équilibre d'un soluble avec son précipité dans les solutions à des degrés variables de température.

Ainsi dans tous ces phénomènes atomiques ou moléculaires, en même temps que varie la masse des phases matérielles en présence, se produisent des mutations énergétiques qui font apparaître ou disparaître de l'énergie cinétique d'agitation thermique pendant que s'annulent ou naissent des quantités correspondantes d'énergie potentielle engendrée par le travail des forces interatomiques ou intermoléculaires.

Jamais au cours de ces mutations on ne peut constater la création ou la disparition d'une seule parcelle d'énergie : toutes les fois que les quantités d'énergie mises en jeu sont dosables, on les retrouve toujours les mêmes au cours des mutations observées. D'ailleurs nous devons ajouter que ces mutations sont beaucoup plus complexes dans la nature que ne le laisserait croire l'exposé qui vient d'en être fait. Des phénomènes électriques sont ordinairement connexes des phénomènes thermiques. Des variations d'équilibre de phases physiques sont souvent connexes des variations de phases chimiques et inversement. Néanmoins cet aperçu sur le mécanisme des mutations de l'énergie interatomique et intermoléculaire suffit a montrer que le voile qui enveloppait ces transformations n'est pas impénétrable. Une figuration mécanique de ces phénomènes est possible et la loi de la conservation de l'énergie, à la lumière de cette figuration, prend une signification tellement claire qu'elle s'impose presque d'elle-même a l'esprit humain.

6. Les modalités intra atomiques de l'énergie et le mécanisme des mutations énergétiques relatives à ces modalités.

La découverte de la radio-activité de certains corps tels que l'uranium, le radium, le thorium, a montré que les atomes les plus lourds subissent une désagrégation sur notre globe.

Cette désagrégation consiste dans l'émission d'électrons négatifs (particules β) et d'ions positifs (particules α). Quand elle s'est produite, il reste un gros atome, un peu moins pesant que l'atome initial et qui ordinairement ne présente pas une grande stabilité. Au bout de quelques minutes, quelques heures ou quelques jours, suivant les cas, il se désagrège à son tour, laissant encore pour résidu un gros atome un peu moins pesant et ainsi de suite. Chaque fois qu'il y a rétrocession des poids atomiques, la chute de poids est la même, comme si l'ion positif émis était une petite unité atomique, toujours la même. De fait l'expérience a prouvé qu'il s'agit ordinairement d'un atome d'hélium.

Prenons un exemple.

L'atome de radium pèse 226.5. Quand il se désagrège, il émet un ion α (atome d'hélium) qui pèse 4. Il laisse comme résidu un atome d'émanation qui pèse 222,5.

L'atome d'émanation qui pèse 222,5 ne vit pas longtemps : 4 jours en moyenne; il subit à son tour une désagrégation semblable : après avoir émis une particule α, atome d'hélium, il laisse un atome résiduel qui pèse 218,5 et qu'on appelle le Radium A.

Cet atome A vit moins longtemps encore, trois minutes en moyenne, après quoi il se désagrège en atome de Radium B et atome d'hélium et ainsi de suite, pour arriver au polonium ou radium F qui ne pèse plus que 210,5 et qui lui-même, après une vie moyenne de 143 jours, se désagrège encore une fois pour donner peut-être l'atome de plomb qui pèse 206.5.

Toutes les transformations ne se font pas par émission de particules α avec chute de poids atomique. Il y en a qui se font seulement avec émission d'électrons sans chute de poids : ainsi le radium E en se transformant en polonium ne change pas de poids atomique, il émet seulement le rayonnement β. Tout se passe comme si l'édifice atomique, lançant au loin une de ses pierres (électrons β) à la vitesse de 10.000, 100.000, 200.000 kilomètres à la seconde, remaniait à cette occasion son équilibre cinétique intérieur pour former un atome nouveau.

Il peut même arriver que le remaniement intérieur se fasse sans émission d'aucun corpuscule. Ainsi le radium D se transformant en radium E le fait sans manifestation extérieure de cet ordre.

Les découvertes de la science contemporaine tendent à établir que tous les atomes matériels sont uniquement constitués par une agglomération d'électrons en révolution. La stabilité d'un atome, sa fixité dans le temps aurait pour condition l'équilibre cinétique des mouvements de ses électrons. Tout ralentissement, toute modification dans cette cinétique électronique serait ainsi susceptible de produire un cataclysme intérieur et la rééquilibration ne pourrait se faire en général ensuite qu'avec un nombre un peu inférieur d'éléments constituants. Tantôt ce seraient seulement quelques pierres de l'édifice qui seraient lancées dans l'espace, les corpuscules β; tantôt ce seraient de petits agglomérats électroniques tout entiers qui seraient expulsés, les corpuscules α, eux-mêmes réductibles en électrons.

Il est vraisemblable d'admettre que, si, à l'époque actuelle de notre monde, les atomes les plus pesants seuls se désagrègent, tous les atomes, dans la suite indéfinie des siècles, se désagrégeront à leur tour, émettant, étape par étape, tous les électrons qui les forment, et descendant par degré la chaîne des poids atomiques.

En considérant ces phénomènes remarquables du seul point de vue énergétique auquel nous nous plaçons ici, nous devons constater que l'atome matériel en se désagrégeant abandonne au monde extérieur de l'énergie et des électrons. L'énergie abandonnée est représentée surtout par la force vive des projectiles β, par la force vive des projectiles α, par l'ondulation éthérée qui sous le nom de rayons γ accompagne ordinairement l'émission électronique et par la chaleur produite. Rutherford a évalué à 1.600.000 grandes calories la chaleur totale émise par un gramme de radium durant sa vie. Cela donne une idée de la quantité colossale d'énergie incluse dans l'atome matériel.

Quant aux électrons, les pierres de l'édifice émiettées une à une au cours de la désintégration progressive de l'atome, ils paraissent eux aussi être réductibles à de l'énergie pure, dont ils ne seraient qu'une modalité. En effet, la masse matérielle de l'électron paraît inexistante quand on le surprend en vitesse ; son inertie quand il chemine à des vitesses voisines de celle de la lumière est d'origine exclusivement électromagnétique. L'électron est, si l'on veut, un intermédiaire entre l'énergie pure et la matière.

Ainsi en dernière analyse, l'atome nous apparaît comme formé par un assemblage d'éléments plus énergétiques que matériels, édifié grâce à une fourniture énorme d'énergie. Le nombre d'électrons et la somme d'énergie interne propre à chacun d'eux sont d'ailleurs d'autant plus considérables que l'on passe des atomes les plus légers aux atomes les plus lourds.

Il paraît assez logique de supposer, sous toutes réserves d'ailleurs, que lors de la formation d'un monde les atomes les plus simples seraient engendrés les premiers, les autres naissant peu à peu en même temps que s'accroîtrait la température du nouveau système. Toute l'énergie fournie pour cette édification atomique et pour cette élévation thermique trouverait son origine dans les forces vives de translation et de giration des nuages cosmiques dont la rencontre semble marquer l'origine des systèmes sidéraux. Ces nuages eux-mêmes seraient sans doute composés d'atomes légers ou seulement de particules électroniques, réductibles, d'après les hypothèses les plus hardies, à des tourbillons d'éther immatériel.

Nous touchons là assurément à la limite de la connaissance humaine ; toutefois ces suppositions se trouvent en partie confirmées par les recherches de la spectroscopie sidérale[1]. En effet, nous savons aujourd'hui qu'il y a des étoiles à hydrogène et hélium, des étoiles à atomes métalliques, des étoiles à atomes lourds. Leurs températures, variables depuis 2 à 3.000° jusqu'à 40.000°, si l'on s'en rapporte aux calculs de Nordmann, semblent indiquer une phase ascensionnelle de chaleur croissante, une phase d'éclat maximum et une phase de refroidissement.

Ce qu'il importe d'en retenir, c'est que la matière nous apparaît aujourd'hui comme une phase de l'énergie, qu'elle s'offre à nous comme susceptible de recevoir son équivalent énergétique et que, par suite, entre sa naissance et sa mort, elle peut figurer parmi les anneaux de la chaine des transformations de l'énergie.

La vue d'ensemble que nous venons de donner des mutations les plus ordinaires des modalités énergétiques nous permet donc d'arriver à une représentation mécanique des principaux phénomènes de notre monde, de nous faire un « modèle mécanique » de ces métamorphoses et en même temps de concevoir sous un jour satisfaisant pour l'esprit, la nature objective de chacune de ces modalités.

Elle nous permet en outre d'arriver à la notion de l'énergie totale d'un système matériel quelconque, notion qui soulève un problème d'un grand intérêt

1. *Les Nouveaux Horizons de la Science*, t, II. Hypothèses cosmogoniques.

philosophique, c'est celui de savoir jusqu'à quelles limites nous pouvons affirmer le principe de la conservation de l'énergie dans l'analyse de cette énergie totale et par suite jusqu'à quelles limites ce principe est applicable à l'univers tout entier.

§ 4. — Énergie totale d'un système. Limites d'application du principe de la conservation de l'énergie.

Considérons un système quelconque de corps. Certains de ces corps peuvent être en mouvement, c'est-à-dire posséder de l'énergie cinétique. Tous ont leur degré thermique, c'est-à-dire qu'ils possèdent une quantité définie d'énergie d'agitation thermique. Tous sont formés d'atomes matériels qui possèdent de l'énergie d'affinité chimique, de l'énergie interparticulaire et gravifique, de l'énergie intra-atomique, etc.

Le système considéré renferme en un mot la série des modalités énergétiques que nous avons énumérées plus haut, d'autres que nous avons passées sous silence, d'autres enfin que nous ne connaissons pas. Il est donc permis de parler de la somme globale d'énergie d'un système et cette *energie globale* peut être définie : le travail qu'il faudrait dépenser pour accumuler dans l'espace occupé par le système, supposé préalablement au zéro énergétique, toutes les modalités connues et inconnues de l'énergie qu'il renferme, ou bien le travail que rendrait ce système *si l'on pouvait tirer de lui sous forme d'énergie mécanique* toutes les énergies cinétiques, potentielles, thermiques, électriques, intermoléculaires, chimiques, intra-atomiques, etc., accumulées en lui.

Seulement cette définition suppose que chacune de toutes les modalités visées possède son équivalent mécanique, c'est-à-dire que le principe de la conservation de l'énergie s'applique à toutes les modalités connues et inconnues de l'énergie et jusqu'aux modalités originelles de la matière, les plus hypothétiques.

Or, la thermodynamique est bien loin de ces prétentions. Science expérimentale précise, elle ignore l'énergie totale d'un système. C'est là une quantité absolue inaccessible. Elle se borne à constater ses variations lorsque ce système parcourt une série de phénomènes qui ne constituent pas un cycle fermé, c'est-à-dire qui ne le ramènent pas exactement à son point de départ.

Lorsque, par exemple, on se borne à considérer les mutations d'énergie mécanique et thermique et qu'on mesure à l'aide d'une même unité la quantité de chaleur absorbée (ou émise) par le système et la quantité de travail fournie (ou encaissée), la différence indique la variation de ce que, en thermodynamique, on appelle *l'energie interne* du système. L'énergie interne, abstraction faite de la force vive du système, s'il est en mouvement, est un aspect de l'énergie totale.

Cette variation est mathématiquement définissable. Elle répond à une formule précise.

Mais il faut se garder, imbu de cette précision, d'étendre d'emblée à l'énergie totale les formules qui régissent les variations de l'énergie interne accessible à la thermodynamique. C'est là un risque qui n'est pas exempt de danger, car il peut entraîner à des conclusions philosophiques dépassant de beaucoup les limites de la science positive. Voici pourquoi :

Le monde où nous vivons peut être regardé comme un système de corps possédant une certaine énergie totale. Qu'on le suppose limité aux confins de l'univers lactéen, c'est-à-dire qu'on fasse de lui, comme le pensent certains auteurs, « une bulle d'éther » isolée dans l'immensité, ou bien qu'on le suppose sans bornes, le milieu éthéré occupant l'espace infini, rien ne s'oppose à la conception d'une énergie totale de cet univers. En effet, on peut toujours considérer un système infini comme la sommation d'un nombre illimité de systèmes finis ayant chacun leur énergie totale. Dès lors, même dans l'hypothèse d'un monde infini, étendre le principe de la conservation de l'énergie à toutes les modalités énergétiques connues ou hypothétiques entrant en ligne de compte dans l'énergie totale d'un système, c'est affirmer que dans l'univers tout entier pas une parcelle d'énergie ne se perd, ni ne se crée.

Certains philosophes mécanistes, descendant en ligne directe des mécanistes cartesiens, ont accueilli sans retenue cette affirmation, parce qu'elle répond à un besoin de leur mentalité. Le cartésianisme a dès le début été dominé par l'idée de la stabilité indéfinie de l'univers. Tous les phénomènes qui affectent cet univers constituaient pour lui des cycles à plus ou moins longue période, se renouvelant sans fin. La chiquenaude initiale étant donnée, l'horloge n'avait aucune raison pour s'arrêter jamais. On ne parlait pas de conservation de l'énergie, mais de conservation du mouvement ou des forces qui l'engendrent. Avec les données de l'énergétique nouvelle, la chose stable a pris corps et l'indestructibilité de l'énergie a paru restaurer avec un regain de vitalité la doctrine des cycles éternels.

Si nous voulons rester dans la rigueur de l'affirmation scientifique, nous devons nous borner a reconnaitre que la conservation de l'énergie est constante dans tous les phénomènes accessibles a l'analyse, qu'elle parait vraie aussi dans ceux qui échappent encore aux mesures expérimentales, mais que, au dela de ces limites et notamment en ce qui concerne les mutations énergétiques que nous entrevoyons comme probables à l'origine d'un monde, c'est-a-dire a l'origine même de la matière et de l'électricité, son application ne peut être que présumée.

Encore doit-on, si l'on accepte ces présomptions, faire des réserves capitales imposées par la thermodynamique elle-même.

Ces réserves sont tellement importantes, que devançant l'ordre des matières, je dois tout de suite faire comprendre leur objet.

La théorie des cycles, aussi bien que toute théorie réduisant la vie des mondes à des mutations énergétiques, doit supposer que l'énergie des systèmes matériels, au moment où elle échappe à notre observation, c'est-à-dire à la mort de ces systèmes, quand l'électron lui-même s'évanouit, prend une forme différente, une forme éthérée. Elle doit supposer que, au moment où cette énergie rentre dans un nouveau système matériel, c'est-à-dire au moment où nous nous représentons l'électron, puis l'atome, prenant naissance à partir de l'éther, il y a transformation de la modalité éthérée en énergie intra-électronique, puis intra-atomique. Ainsi un maillon éthéré du cycle énergétique nous apparait comme possible, sinon nécessaire, et les mutations qui le précèdent et qui le suivent peuvent être supposées tributaires du principe de la conservation de l'énergie.

Cette hypothèse d'un maillon éthéré de la chaîne des mutations énergétiques n'est pas. sachons-le bien, du domaine de la métaphysique littéraire et de l'imagination extra-scientifique. Certains physiciens et non des moindres ont cherché dans la mécanique expérimentale des confirmations de ces vues. L'électron et l'atome tourbillonnaires ont fait l'objet d'analyses et de calculs intéressants. Bjerknes fils n'a-t-il pas cherché à démontrer expérimentalement les attractions atomiques et la gravidité en montrant que deux tourbillons disposés de certaine façon dans un milieu fluide s'attirent? Et lord Kelvin n'a-t-il pas défini mathématiquement les conditions de stabilité de l'atome tourbillonnaire en fonction du nombre des électrons en révolution autour d'un point central ?

Eh bien, dans cette hypothèse, on est contraint, disons-nous, d'apporter des réserves capitales à l'extension du premier principe de l'énergétique au maillon éthéré de l'énergie, et ces réserves sont imposées par la thermodynamique elle-même, qui nous oblige au moins à regarder ce maillon éthéré comme un maillon très spécial, tout différent des autres.

En effet l'énergie qui entre en jeu à l'origine d'un monde est très différente de l'énergie rendue par ce monde à son déclin. Quoique demeurant toujours égale en quantité, à travers les phénomènes matériels, elle perd sans cesse quelque chose en cours de route, quelque chose que la mécanique de Descartes ne soupçonnait pas et dont jusqu'ici nous n'avons pas encore parlé, elle perd de *son grade*, de *ses différences de niveau* ; elle estompe ses contrastes ; elle égalise ses tensions. Nous comprendrons mieux cette chute progressive de grade quand, au chapitre II, nous aurons étudié la loi qui conduit les phénomènes du monde matériel, mais dès à présent nous apercevons que si, durant la partie matérielle de son cycle, l'énergie perd du grade, il faut admettre que durant sa phase éthérée, elle doit récupérer ce qu'elle a perdu : c'est là un corollaire qui s'impose à la doctrine des cycles sans fin.

Ces considérations, jointes à notre ignorance de tout ce qui concerne l'ether, doivent nous rendre très prudents lorsque des déductions spécieuses nous entraînent à vouloir fermer, à travers le mystère du milieu éthéré, les cycles de transformation de l'énergie de notre monde.

Quelles que soient nos préférences mécanistes il nous faut reconnaître que si l'enchaînement des phénomènes matériels évoque l'idée de cycles sans fin, il se passe durant la phase éthérée de l'énergie des choses tellement spéciales que cela équivaut à peu près à admettre une génération de l'énergie à partir de l'éther au commencement de la chaîne et un évanouissement dans l'éther à sa fin.

Ainsi, voyons-nous, à l'analyse, s'opérer presque fatalement la conjonction de deux théories en apparence diamétralement opposées : l'une affirmant la conservation éternelle de l'énergie et la succession de cycles sans fin ; l'autre affirmant que l'énergie peut avoir une origine et une fin dans un milieu générateur capable, en vertu de propriétés inaccessibles à notre entendement, de lui donner naissance au premier maillon des chaînes et de la récupérer à la dissolution du dernier maillon.

Cette discussion à allure métaphysique a été complètement écartée, il est vrai, par quelques thermodynamistes et physiciens néo-mécanistes qui ont cru pouvoir fermer les chaînes sans passer par l'éther et constituer des cycles avec une énergie indestructible dans ses formes connues et mesurables. Nous verrons dans le deuxième chapitre de cet ouvrage que, parmi ceux-là, les uns comme Arrhénius, Macquorn Rankine, ont été obligés d'imaginer que dans quelque partie de l'univers l'énergie pouvait reprendre du grade, tandis que d'autres, comme Mouret, ont dû supposer que durant quelque période de l'éternité la marche des phénomènes de la nature est inverse de ce qu'elle est de nos jours. Nous retrouverons ces hypothèses en étudiant le deuxième principe de l'énergétique, mais dès à présent nous voyons qu'en voulant éviter l'écueil du rôle actif de l'éther, ces auteurs ont dû recourir à des hypothèses difficiles à justifier et auxquelles la science d'observation est impuissante à fournir un commencement de preuve.

Trouvons-nous par contre quelque commencement de preuve à la théorie qui nous paraît la plus rationnelle et qui fait jouer à l'éther un rôle primordial à l'origine et à la fin des chaînes matérielles ?

Il serait téméraire, je crois, de l'affirmer. Toutefois, nous avons le droit de nous poser quelques questions qui, loin d'exclure ces commencements de preuve, laissent en leur faveur au moins quelques facteurs de probabilité.

Tout d'abord c'est la question d'un très faible amortissement de l'énergie radiante dans l'éther. De fait en physique avec nos procédés de mesure, nous ne constatons pas cet amortissement : l'énergie radiante émise par un corps chaud se retrouve entière dans les corps qui l'enveloppent à quelque distance que ce soit. Il en est de même de l'énergie radiante lumineuse, hertzienne, etc. Cependant il est un fait qui paraît démentir la rigueur de ces mesures pour les fractions infinitésimales de l'énergie en jeu, c'est le fait que le ciel ne nous paraît pas uniformément lumineux. Si aucune parcelle de l'énergie radiante ne se perd, tout rayon visuel aboutissant à notre œil doit forcément, prolongé jusqu'à l'infini, rencontrer un astre lumineux, et nous donner par suite la sensation que le point du ciel correspondant à ce rayon est lumineux. Or, il n'en est rien. Il y a des vides entre les étoiles.

Il est vrai qu'on a donné de ce fait des explications variées ; l'une des plus radicales consiste à supposer que notre univers lactéen est une « bulle d'éther » isolée dans le vide. Dès lors, qu'il y ait ou qu'il n'y ait pas d'autres univers semblables dans l'immensité, nous ne saurions voir que les étoiles lactéennes, dont le nombre est limité, puisque les radiations ne sauraient franchir un milieu vide d'éther.

Cette explication implique une hypothèse, on en a proposé d'autres, notamment celle d'une absorption des radiations par des poussières cosmiques.

Quoi qu'il en soit, il reste là un point d'interrogation et nous ne pouvons pas affirmer qu'en tout temps une fraction infinitésimale de l'énergie mise en jeu dans la chaîne des phénomènes observables ne fait pas retour au milieu éthéré.

Citons en second lieu la question de l'amortissement possible des mouvements électroniques dans l'atome. Si l'image mécanique donnée par lord Kelvin, Lorentz, Larmor, etc., est exacte, si l'atome est bien fait d'un petit monde d'électrons en révolution autour d'un centre et si l'équilibre stable du système implique la constance des mouvements de révolution, on est naturellement porté à admettre que la désagrégation atomique des corps radio-actifs est due à une rupture de cet équilibre par ralentissement de ces mouvements. Il y aurait donc un amortissement possible de l'énergie cinétique intra-atomique au cours de la vie stable des atomes et cet amortissement très lent serait la cause des cataclysmes que nous observons lors de la désagrégation brusque et de la transmutation atomique.

Or, si nous constatons une libération considérable d'énergie au moment de ces cataclysmes, nous ne trouvons aucune trace d'énergie libérée par les atomes stables, aucun remploi de la part de cette énergie lentement amortie au cours des siècles. Il n'y a pas là, comme dans les systèmes sidéraux, des marées, des déplacements de masse fluide, du travail mécanique produit à la surface des satellites ou de l'astre central, pour expliquer la perte d'énergie cinétique dans les révolutions du système. On peut dire, il est vrai, que ces quantités infimes d'énergie échappent à nos moyens de mesure. mais on peut supposer avec non moins de vraisemblance que la cause du ralentissement serait de nature électro magnétique et que l'énergie amortie s'amortirait dans l'éther.

Arrêtons-nous là dans ces digressions métaphysiques qui montrent combien est vaste le champ laissé aux hypothèses et aux imaginations les plus fantaisistes, et concluons simplement que si le principe de la conservation de l'énergie est rigoureusement applicable à toutes les mutations énergétiques qui tombent sous notre contrôle, il ne faut pas vouloir s'autoriser de lui pour affirmer telle ou telle doctrine philosophique sur les origines et la fin des modalités énergétiques qui entrent en jeu dans l'évolution de notre monde.

CHAPITRE II

La dégradation de l'énergie. — Deuxième loi de l'énergétique.

---

§ 1. — La dégradation de l'énergie dans la vie de l'univers et les cycles réversibles de la mécanique rationnelle.

Si toutes les modalités de l'energie avaient la même valeur, la même qualité, si indifféremment l'énergie mécanique, l'énergie thermique, l'énergie d'affinité chimique, l'énergie électrique, l'énergie intermoléculaire, l'énergie radiante, etc., se transmutaient entre elles, si les différences de tension propres à certaines modalités énergétiques, et en particulier à la chaleur, ne tendaient pas à s'effacer, les phénomènes de la nature n'auraient aucune raison pour évoluer dans un sens déterminé. Indéfiniment le monde pourrait repasser par les mêmes phases. Des cycles de phénomènes pourraient indéfiniment se renouveler toujours identiques. L'énergie pourrait se conserver indéfiniment pareille à elle-même.

Il n'en est pas ainsi dans la réalité.

L'énergie se conserve au cours des phénomènes de la nature, mais elle ne se conserve pas pareille à elle-même. Ses différentes formes n'ont pas la même qualité et certaines d'entre elles présentent des degrés variés de tension ou d'hétérogénéité qui influent sur leur valeur. Au cours de ses mutations, l'énergie tend à déprécier peu à peu sa qualité. Elle se dégrade. Ses formes supérieures telles que l'énergie mécanique, électrique, etc., tendent à se muter en modalités inférieures telles que la chaleur, l'énergie radiante, etc.[1]. Ces dernières tendent à devenir homogènes.

La nature nous fournit bien des apparences de cycles perpétuels. Elle nous laisse bien concevoir une physique idéale dans laquelle ces cycles pourraient se reproduire sans fin; mais toujours, à l'étude, le monde réel nous fait voir une condition qui manque à ce renouvellement sans fin.

Quelque chose s'use sans cesse dans la nature et la constance n'existe pas plus dans ses cycles que la stabilité dans ses formes. Jamais elle ne repasse exactement par les phases du passé, jamais ses cycles ne la ramènent exactement à quelqu'un de ses états antérieurs.

Parce que quelque chose s'use, parce que le monde d'aujourd'hui ne saurait être le monde d'hier, et parce que jamais dans l'avenir le monde ne retrouvera sa phase d'aujourd'hui, on peut dire que le monde *a sa vie*.

Un monde qui subirait ses mutations sous le seul règne de la loi de conservation de l'énergie, à partir de la « chiquenaude initiale », pourrait certes avoir une mécanique des plus compliquées, offrir un tableau sans cesse changeant, une diversité remarquable d'un moment à l'autre, mais *il n'aurait pas sa vie*. Il n'évoluerait pas à partir d'un point initial dans une direction donnée, s'acheminant d'étape en étape vers

1 Cette tendance résulte de ce fait que quand de l'énergie supérieure se transforme en inférieure, elle peut le faire totalement, sans déchet, tandis que l'inférieure ne peut subir que partiellement la mutation inverse, si bien que la quantité d'énergie inférieure va croissant C'est d'ailleurs la seule raison qui lui fait attribuer ce qualificatif d'inférieure

des états de plus en plus dissemblables de son état originel. Il n'aurait pas sa naissance, sa jeunesse, son évolution vers la vieillesse et la mort.

Cette vie du monde, où nous nous agitons nous-mêmes, n'a évidemment rien de semblable à la vie des êtres, des animaux et des plantes de notre Terre, et, si nous disons que le monde vit, ce n'est pas pour établir des analogies factices entre ces vies si différentes, mais c'est pour mettre en relief la contradiction qui existe entre deux conceptions incompatibles : celle d'un monde idéal soumis au seul principe de la conservation de l'énergie et aux formules de la mécanique abstraite, et celle du monde réel, assujetti, lui, à une loi bien autrement importante, capable d'imposer un sens à son évolution et d'assigner un point de direction à chacune des chaines de phénomènes qui l'affectent, la loi de *dégradation de l'énergie*.

La plupart des phénomènes de la nature s'offrent à nous comme s'ils étaient faits chacun de deux hémi-phénomènes juxtaposés. L'un a reçu le qualificatif de *réversible*, le second celui d'*irréversible*.

Le premier, le phénomène réversible, est capable, quand on le considère isolément, de nous donner l'illusion de la marche indifférente de la nature telle que pourrait la concevoir la physique idéale dont nous parlions tout à l'heure. En effet, il nous fait voir non seulement des modalités énergétiques de même qualité, comme l'énergie potentielle mécanique et l'énergie cinétique, se transmuter dans les deux sens, mais des modalités inférieures, comme la chaleur, se transformer en modalités supérieures comme le travail mécanique.

Ce qui le caractérise, c'est qu'il est possible, en faisant varier infiniment peu les variables dont dépend l'état du système intéressé, de produire la mutation énergétique en jeu soit dans un sens, soit dans l'autre sens. C'est d'ailleurs par ce caractère qu'il est défini en physique.

Le deuxième phénomène, le phénomène irréversible, est essentiellement caractérisé par une dépréciation de l'énergie mise en jeu dans sa production et par l'impossibilité dans laquelle on se trouve de le faire se produire à rebours.

On comprendra mieux cette distinction à la lecture des exemples cités au paragraphe 2.

Il existe dans la nature des phénomènes où la partie réversible est nulle et où tout est irréversible, comme l'égalisation des températures de deux corps par conduction; tandis qu'il n'existe pas de phénomènes où tout est réversible et où les modalités énergétiques, même de qualité égale, se transmutent dans les deux sens sans que cette mutation soit accompagnée d'une dégradation irréversible connexe.

Pour que cela se produise, pour qu'un phénomène naturel soit totalement réversible sans adjonction d'un phénomène connexe irréversible et dégradateur, il faudrait, je le répète pour bien préciser cette idée :

1° que toutes les modalités énergétiques soient de même qualité et que par suite ni dans un sens, ni dans l'autre, ne se produise aucune dégradation au cours des mutations irréversibles;

2° que la tendance à la nivellation des formes inférieures de l'énergie soit compensée par une tendance égale à la dénivellation.

Mais si ces deux conditions étaient remplies, le monde serait fait d'équilibres stables que rien ne tendrait à déplacer et de mouvements cycliques, de mutations périodiques dont rien ne tendrait à modifier le régime indéfiniment constant à partir de l'impulsion initiale. Le monde serait invariant et ses phénomènes seraient des phases de cycles perpétuels.

Il est utile de préciser ces notions si importantes par quelques exemples.

§ 2. — Quelques exemples montrant la nécessité de la dégradation énergétique dans tous les phénomènes de l'univers.

I. Voici un balancier, un pendule, qui oscille dans le vide, sous la cloche d'une machine pneumatique, autour d'un axe à couteau, précautions destinées à réduire les frottements solides ou fluides au minimum.

Longtemps, très longtemps, nous le voyons se balancer de droite à gauche et de gauche à droite dans un mouvement que, d'instant en instant, nous trouvons pareil à lui-même.

A partir d'une extrémité de sa course, l'énergie potentielle qu'il vient d'emmagasiner commence à se transformer en force vive et *progressivement* lui fait acquérir, en disparaissant elle-même, une énergie cinétique croissante, qui atteint son maximum a la verticale. A ce moment, l'énergie potentielle est annulée, et l'énergie cinétique du pendule est égale à cette énergie disparue. A partir de la verticale, l'énergie cinétique, produisant un travail à l'encontre de la pesanteur, se transforme peu à peu en énergie potentielle et de nouveau, à l'extrémité de la course, la force vive étant annulée, on retrouve une énergie potentielle égale à celle qui était entrée en jeu tout à l'heure.

Travail mécanique, énergie cinétique, énergie potentielle se transforment sans cesse par une suite ininterrompue de mutations élémentaires, infinitésimales, et si l'on considère un point quelconque de la course du pendule, on voit qu'en ce point la mutation de retour est juste l'inverse de la mutation d'aller. Indifféremment dans un sens ou dans l'autre, les modalités mécaniques de l'énergie se substituent les unes aux autres.

Pourtant peu à peu l'amplitude du mouvement

oscillatoire diminuera. Finalement le pendule s'arrêtera dans la verticale. C'est que, malgré toute la perfection du couteau d'axe, malgré le degré de vide poussé très loin dans la cloche, des frottements sont inévitables et ces frottements nécessitent qu'un peu de l'énergie mécanique en jeu dans le cycle se transforme en chaleur. Par aucun procédé on ne peut récupérer entièrement cette chaleur sous forme de travail mécanique. Par aucun artifice on ne peut la muter en une énergie mécanique équivalente avec laquelle on conserverait au mouvement oscillatoire son amplitude initiale.

Le phénomène réversible, ici, est l'oscillation du pendule supposé sans frottement, tel que peut le concevoir la physique idéale. Théoriquement cette oscillation doit se poursuivre sans fin conformément aux formules de la mécanique abstraite.

Le phénomène dégradateur irréversible, inévitablement juxtaposé au premier dans la nature, est la mutation d'énergie mécanique en chaleur, par frottement.

Le premier, s'il pouvait exister seul, se traduirait donc à nous par la perpétuité du mouvement oscillatoire, par la *constance idéale du cycle parcouru*. Le second se révèle par l'amortissement progressif de ce mouvement, par le *changement réel qui se produit dans son régime* d'un cycle au cycle suivant. Plus la mutation de travail en chaleur est grande, plus l'amortissement est rapide. *La production de chaleur est la mesure de l'intensité du phénomène réel de l'amortissement.*

II. Voici à présent un système composé d'un corps à une température de quelques degrés au-dessus du zéro centigrade, d'un second corps à une température de quelques degrés au-dessous de zéro et d'un vase renfermant de la glace fondante, c'est-à-dire un mélange de glace et d'eau à zéro. Ce mélange réalise ce qu'on appelle en physique un équilibre des phases d'un même corps pris sous deux états différents, l'état solide et l'état liquide. Suivant que la glace, phase solide, augmente ou diminue par rapport à l'eau, phase liquide, on dit que l'équilibre se déplace du côté solide ou du côté liquide.

Si le vase était absolument isolé dans l'espace, s'il ne pouvait rayonner ni recevoir de chaleur, si ce vase, absolument étanche, maintenait rigoureusement constante la pression intérieure, l'équilibre des deux phases en présence serait stable. La même quantité de glace et la même quantité d'eau demeureraient en présence indéfiniment.

Cela posé, voici le phénomène que nous choisissons comme second exemple. Nous supposons que, alternativement, par un artifice d'ailleurs quelconque et que nous ne prenons pas en considération, le vase isolé dans l'espace reçoive le contact du corps chaud, puis celui du corps froid.

Quand, au contact du premier, il reçoit des calories, ces calories s'emploient à fondre de la glace, à diminuer la phase solide et augmenter la phase liquide, sans pour cela changer la température du mélange qui reste à zéro, tant qu'il y a de la glace. Le système eau-glace encaisse des calories dans son énergie interne, sous forme d'énergie de changement d'état physique, ou, pour employer l'expression que nous avons choisie plus haut, sous forme d'énergie potentielle de cohésion moléculaire.

Quand, au contact du second, il perd des calories, de l'eau se transforme en glace, l'équilibre se déplace au profit de la phase solide et au détriment de la phase liquide, la température du mélange restant toujours à zéro, tant qu'il y a de l'eau liquide.

On peut donc à volonté et autant de fois qu'on le voudra transformer de l'énergie thermique en énergie potentielle de cohésion moléculaire ou opérer la transformation inverse. Au cours de ces transformations, indifféremment, soit dans un sens, soit dans le sens opposé, les deux modalités énergétiques se transmutent l'une dans l'autre, par déplacement insensible de l'equilibre, par une série de mutations infinitésimales qui s'ajoutent les unes aux autres, le système présentant toujours un état voisin de l'équilibre.

A première vue, nous pourrions croire que ce phénomène est totalement réversible; que si alternativement le corps chaud et le corps froid renouvellent leur contact avec le mélange, des cycles indéfinis de transformation de chaleur en énergie potentielle de cohésion et de transformation inverse pourront se produire.

Mais qu'on réfléchisse un moment.

Chaque fois que le mélange encaisse des calories, il les prend au corps chaud. Chaque fois qu'il rend ces calories, il les donne non pas au corps chaud, qui ne saurait les lui reprendre, mais au corps froid.

Ainsi à chaque cycle les calories prises au corps chaud passent au corps froid. A chaque cycle, le corps chaud se refroidit un peu, le corps froid s'échauffe un peu et finalement leurs températures s'égaliseront, sans que par aucun procédé, à moins d'avoir recours à une énergie étrangère, on puisse rétablir la différence initiale de température.

Cette tendance à l'égalisation thermique de deux corps par l'intermédiaire de l'agent de transformation constitue un phénomène éminemment irréversible.

Pour que la mutation d'énergie thermique en énergie potentielle d'affinité cohésive fût un phénomène totalement réversible, il faudrait que la chaleur employée pût être empruntée à un corps présentant la température zéro comme l'agent de transformation. Le fait qu'une chute de degré thermique, si petite soit-elle, est nécessaire pour déplacer l'équilibre, suffit à imposer au phénomène son irréversibilité.

De même pour que la mutation d'énergie de changement d'état physique en chaleur fût un phénomène totalement réversible, il faudrait que la chaleur libérée par l'agent de transformation pût être encaissée par un corps à la même température de zéro centigrade.

Il est clair que si le vase renfermant le mélange eau-glace n'était jamais mis en contact qu'avec deux corps, tous les deux à zéro, quelle que soit la quantité de calories renfermées par ces corps dans leur énergie interne, jamais l'équilibre des phases solide et liquide ne se déplacerait : le phénomène réversible imaginé par la physique idéale ne se produirait pas. Pour que ce phénomène réversible devienne réel, il faut qu'il s'adjoigne un phénomène irréversible : une nivellation de degrés thermiques.

Ce deuxième exemple est des plus instructifs en ce qu'il montre que la réversibilité réelle ne saurait être atteinte par diminution graduelle de l'hémiphénomène irréversible, qu'au moment où la production du phénomène étudié devient impossible.

III. Prenons comme troisième exemple un exemple célèbre, celui qui a conduit le grand physicien français Carnot à formuler la loi relative à la transformation de la chaleur en travail mécanique, loi qui, légèrement modifiée et beaucoup étendue, est devenue la deuxième loi fondamentale de l'énergétique, la loi de la dégradation de l'énergie.

Cet exemple est relatif au fonctionnement de la machine à vapeur. Pour le comprendre facilement, il faut réduire la machine à sa plus simple expression, c'est-à-dire à un corps de pompe ou cylindre sans soupape, muni d'un piston produisant un travail lorsqu'il est chassé par la tension intérieure du cylindre. Il faut encore admettre que par un moyen quelconque on peut porter ce cylindre à une température élevée, 150° par exemple, en l'entourant d'un milieu chaud, et le refroidir ensuite, en l'entourant d'un milieu froid, à 20° par exemple, les parois étant supposées parfaitement conductrices de la chaleur.

Dans le cylindre, sous le piston, est placée une petite quantité d'eau. Comme il n'y a pas d'échappement, comme la vapeur est supposée ne se perdre par aucun orifice, l'agent de transformation est constitué par cette seule petite masse d'eau placée dans le cylindre et non renouvelée. Supposons donc que le cylindre soit tout d'abord entouré du milieu froid à 20° et plaçons-le alors dans le milieu chaud à 150°. L'eau se transforme en vapeur, le piston accomplit un travail. Les calories qui passent du milieu chaud à l'agent de transformation sont employées, d'une part à augmenter la température de l'eau et à opérer son changement d'état physique, d'autre part à produire le travail du piston.

La part de chaleur qui produit le travail ne contribue en rien à l'accroissement du degré thermique, ni au changement d'état physique de l'eau. Si le piston développe un travail de 425 kilogrammètres, c'est une calorie qui est dépensée exclusivement pour ce travail. On sait d'ailleurs que tout gaz ou toute vapeur qui se dilate en produisant du travail et qui ne reçoit pas de chaleur extérieure, se refroidit, et nous avons trouvé une explication simple de ce fait dans la théorie cinétique : la chaleur perdue est transformée en travail. Ici, cette perte de chaleur est couverte à chaque instant par la fourniture de calorique faite par le milieu chaud.

Plaçons ensuite le cylindre dans le milieu froid. L'eau se condense, les calories fournies pour son échauffement et pour son changement d'état physique sont intégralement rendues au milieu froid. Au contraire, la chaleur transformée en travail n'est pas rendue. Nous négligeons à dessein le petit travail de retour du piston pour ne pas compliquer le schéma, comme nous négligeons le frottement, les pertes par conduction, etc.

Lorsque le piston est ainsi revenu en arrière, un cycle complet a été décrit au cours duquel deux hémi-phénomènes conjoints se sont produits : l'un irréversible et dégradateur, c'est le passage d'une certaine quantité de chaleur du milieu chaud au milieu froid ; le deuxième, réversible et hypergradateur, la transformation de chaleur en travail. Il est hypergradateur parce que la chaleur est une forme de l'énergie inférieure par rapport à l'énergie mécanique. Il est réversible parce que nous pouvons toujours supposer que le piston est en équilibre et que si nous le considérons à un moment quelconque de sa course, sa position est à ce moment précis, déterminée par l'équivalence de la chaleur fournie d'un côté et du travail produit de l'autre. Si on arrêtait le phénomène à ce moment, il y aurait équilibre entre la pression du cylindre et la résistance supposée élastique sur laquelle s'exerce le travail du piston. Toute petite augmentation de la chaleur et par suite de la pression, ferait avancer le piston et produirait un petit travail positif. Toute petite augmentation de la résistance élastique ferait reculer le piston en accomplissant un petit travail négatif qui se transformerait en chaleur dissipée dans l'agent de transformation et dans le milieu qui l'entoure. On sait en effet que si l'on comprime un gaz ou une vapeur, ce gaz, cette vapeur s'échauffe. La théorie cinétique nous a rendu compte de ce phénomène.

Carnot n'a pas vu, à la vérité, l'ensemble de ces deux phénomènes. Dans le premier tiers du XIXe siècle, époque à laquelle ont été publiés ses travaux, on ne connaissait pas le principe de l'équivalence du travail et de la chaleur et l'on ne se figurait pas que, dans la production du travail par les machines a vapeur, de la chaleur se consommait pour produire du travail. Carnot croyait que le « fluide calorique » tombant de la source chaude, du milieu chaud, de la chaudière, à la source froide, au milieu froid, au condenseur, produisait du travail, comme l'eau, tombant de 5 mètres de haut au niveau du sol, pourrait faire tourner une roue du moulin arrosée dans sa chute.

L'erreur a été corrigée et Carnot a conservé la gloire d'avoir affirmé que pour produire du travail par la chaleur, il fallait faire passer de l'énergie thermique d'un corps chaud à un corps froid et échauffer ce corps froid en pure perte.

Ce qu'on a rectifié dans la démonstration de Carnot, c'est que le corps chaud fournit un peu plus de chaleur que n'en reçoit le corps froid, le surplus étant utilisé à fournir le travail produit.

Ce qui est resté de son théorème, c'est que la condition *sine qua non* de la production du travail par la chaleur, c'est le passage de chaleur d'un corps chaud à un corps froid, une tendance à la nivellation de degrés thermiques par conduction, une dégradation d'énergie thermique par chute de tension ou mieux par diminution de la différence de température absolue des deux milieux en présence.

Il en a été déduit aussi une formule qui domine toute la thermodynamique, c'est l'expression numérique de la part de chaleur transformable en travail quand la source chaude est à la température absolue T et le corps froid a la température T'. Cette fraction est égale à $\frac{T - T'}{T}$. Ainsi, quand dans une machine thermique la vapeur est à 120° C (soit 393° absolus) et le condenseur à 20° (soit 293° absolus) la fraction transformable est $\frac{100}{393}$.

Qu'on veuille bien remarquer encore ici que le phénomène réversible, la mutation de chaleur en travail, ne peut s'accomplir qu'à la condition formelle qu'une quantité de chaleur importante, bien plus importante que celle qui est mutée en travail, passe par conduction de la source chaude à la source froide. Cette conduction est dégradatrice. Pour qu'elle cesse de l'être, il faudrait que les deux sources ne tendent pas à égaliser leur température à chaque cycle du piston, circonstance qui ne saurait être remplie que si ces deux sources étaient à la même température, mais alors l'agent de transformation ne pourrait plus s'échauffer au contact de l'une, se refroidir au contact de l'autre; tout phénomène s'arrêterait. Ainsi si l'on supprimait la part irréversible du phénomène propre aux machines à vapeur, le cycle réversible ne saurait se produire.

Cet exemple, encore, confirme ce que nous disions tout à l'heure : pour que les phénomènes du monde soient uniquement réversibles et que des cycles de mutations puissent s'opérer sans fin entre les différentes formes de l'énergie, il faudrait que les diverses modalités de l'énergie soient de qualité égale et que toutes les mutations soient isogrades.

§ 3. — Utilité qu'il y aurait à pouvoir mesurer en toutes circonstances la dégradation énergétique.

Ce que nous venons de dire pour les trois types de phénomènes choisis pourrait être répété pour presque tous les phénomènes de la nature. Presque tous sont décomposables en un hémi-phénomène irréversible et dégradateur qui, comme Ostwald s'est efforcé de le démontrer, se réduit d'une façon générale à une conduction de chaleur, et en un hémi-phénomène réversible qui est soit isograde, soit hypergradateur, soit dégradateur.

Quelle que soit la mutation considérée, toujours la dégradation énergétique globale produite par les deux hémi-phénomènes réunis est positive, toujours le phénomène total est dégradateur. Nulle part on ne trouve de phénomène réel qui soit, quand on l'envisage dans sa totalité, isograde ou hypergradateur. Si parfois on croit le trouver dans un système, c'est que l'on oublie telle ou telle partie de ce système ou tel ou tel système connexe où se produit une dégradation qui impose à l'ensemble de la transformation *sa valeur dégradatrice positive.*

Toujours positive aussi est la valeur dégradatrice d'un phénomène où rien n'est réversible quelle que soit la complexité de ce phénomène. Il se peut que parmi la multiplicité des mutations irréversibles liées les unes aux autres et dont l'ensemble constitue le phénomène étudié, quelques-unes soient hypergradatrices, toujours la prise de grade constatée dans une partie du système est compensée et au delà par la valeur dégradatrice des autres phénomènes conjoints.

La notion de la valeur dégradatrice d'une transformation se dresse ainsi devant nous avec l'aspect d'un facteur mesurable. Plus elle est importante, plus le système intéressé par cette transformation subit un déficit. Ce n'est pas d'un déficit de quantité d'énergie qu'il s'agit ici, bien entendu. Le déficit en question vise l'une des qualités les plus importantes de l'énergie mise en jeu. Cette qualité, c'est le grade énergétique du système, ou, si l'on préfère, la valeur qualitative de l'énergie de ce système, sa valeur utilitaire, ou simplement *sa valeur*, pour employer l'expression du physicien anglais Tait.

La valeur qualitative de l'énergie d'un système est donc elle aussi, comme la valeur dégradatrice d'une mutation, une grandeur mesurable et sa notion nous apparaît d'une importance capitale.

Ainsi tout système étudié par la thermodynamique

présente à considérer une *quantité* globale d'énergie, que le premier principe de l'énergétique nous montre comme se conservant constante à travers les phénomènes de la nature, et un *facteur qualitatif*, une *valeur* de cette énergie, que le deuxième principe de l'énergénétique nous fait voir comme se dépréciant, comme diminuant à l'occasion de chaque phénomène.

Si l'énergie totale est conçue par nous, théoriquement au moins, comme dosable, nous apercevons bien moins clairement *a priori* le moyen d'exprimer en chiffres la valeur qualitative de cette énergie. A peine nous est-il possible d'exprimer mathématiquement l'effet dégradateur ou la valeur dégradatrice d'une mutation.

Certains auteurs ont cru pouvoir faire un pas dans cette voie en considérant sous un angle un peu différent cette valeur qualitative. Ainsi le thermodynamiste anglais Maxwell a distingué dans l'énergie d'un système l' « available energy » ou énergie utilisable, capable de provoquer des phénomènes réels, et l'énergie dégradée ou inutilisable. La quantité d'énergie utilisable diminue sans cesse au cours des transformations subies par le système, tandis que la quantité d'énergie inutilisable, d'énergie de rebut, augmente sans cesse.

Mais cette façon d'apprécier le grade énergétique n'est pas sans laisser quelque malaise dans l'esprit. Il serait à peu près aussi choquant d'apprécier la bonification progressive d'un Pommard vieillissant dans une bouteille cachetée en disant que la quantité de vin de bouquet inférieur y diminue pendant que s'accroît la quantité de vin de bouquet supérieur. A peine ce mode d'appréciation donnerait-il satisfaction si le seul procédé de dégradation consistait dans la mutation des modalités supérieures de l'énergie, comme l'énergie mécanique ou électrique, en modalités inférieures, comme la chaleur ou les radiations, si en un mot toute chute de grade impliquait une métamorphose d'énergie supérieure en énergie inférieure, *d'énergie libre en energie liée*, comme disait Helmholtz.

Il n'en est pas ainsi dans la réalité. La chaleur par exemple abaisse sa valeur qualitative, son utilisabilité, chaque fois que se produit une égalisation de degré thermique par conduction et pourtant la chaleur d'avant la mutation est bien la même que celle d'après, un de ses caractères seulement a changé.

D'ailleurs cette façon de matérialiser, si je puis ainsi dire, un facteur qualitatif est une entrave à la mesure de ce facteur.

Un grand effort a été fait dans la recherche de cette mesure par le thermodynamiste allemand Clausius.

Clausius a eu dans l'histoire des sciences physiques et naturelles la gloire d'avoir su dégager de l'œuvre trop ignorée alors du physicien français Carnot, ce qu'elle renfermait de profondément original et exact, c'est l'affirmation de ce fait constant que dans toute production de travail par la chaleur une dépréciation qualitative de la chaleur mise en jeu est nécessaire, une égalisation de niveaux thermiques est indispensable, ce qui revient à dire qu'il est nécessaire de conjoindre au phénomène de production de travail un second phénomène pratiquement inutile : une conduction de chaleur entre deux corps à des niveaux thermiques différents.

Il n'a pas fait que cela. Il a insisté sur l'importance qu'il y a à considérer dans le calcul de la production du travail par la chaleur un facteur qui figurait toujours dans les calculs de Carnot et qui était une fonction de la température T, le facteur $\frac{1}{T}$. L'emploi de ce facteur est l'une des conditions qui lui a permis d'arriver, au moins dans certains cas, à l'expression numérique des variations de la valeur qualitative de l'énergie.

Malheureusement Clausius a envisagé cette valeur qualitative sous une forme si abstraite, si difficilement accessible, si incompatible avec toute représentation physique, que l'énergétique ainsi habillée se présente avec l'aspect le plus rébarbatif qui se puisse concevoir.

L'une des principales raisons qui éloignent de l'exposé de Clausius ceux qui n'ont pas subi un entraînement mathématique suffisant est que son point de départ implique une ambiguïté de terme. Il a donné le nom de *valeur de transformation* d'une mutation à un facteur qui, envisagé sous un certain angle, dans le monde de la réversibilité, équivaut à peu près à ce que nous appellerions la valeur hypergradatrice de cette mutation et qui, regardé d'un autre point de vue dans le monde réel, évoque plutôt l'idée d'une dégradation caractéristique du phénomène accompli.

La seconde des raisons, c'est que Clausius s'est servi de cette *valeur de transformation* pour définir un facteur qualitatif de l'énergie qui change à chaque phénomène réel d'une façon telle qu'il est à peu près l'inverse de ce que nous avons appelé la valeur qualitative de l'énergie. Clausius a donné à ce facteur le nom d'*entropie*.

On a si peu compris au début l'enchaînement des idées qui ont conduit Clausius à la notion de cette grandeur, que certains auteurs ont employé le mot entropie dans un sens exactement opposé. Tait, en particulier, voit croître l'entropie là où elle diminue d'après Clausius. Aussi les thermodynamistes anglais, à la suite de W. Thomson, de Balfour Stewart, de Maxwell, de Tait, etc., ont laissé complètement de côté cette notion abstraite, comme une conception inutile à la science de l'énergie.

Mon but n'étant pas ici de développer le second principe de la thermodynamique, mais seulement de donner de lui la connaissance nécessaire pour voir son rôle dans l'évolution de la vie des êtres et montrer son insuffisance quand il s'agit d'expliquer les phénomènes biologiques, je crois inutile d'entraîner bien loin le lecteur dans l'étude de l'entropie et de la valeur de transformation telles que les a conçues Clausius.

Toutefois, je voudrais lui faire entrevoir comment, en suivant jusqu'à un certain point le raisonnement de Clausius, on peut arriver à exprimer en chiffres les variations de la valeur qualitative de l'énergie d'un système, parce que ces variations sont capables de nous donner une mesure exacte de la tendance qu'ont les phénomènes naturels à se produire.

§ 4. — Les essais de mesures. Les variations d'entropie

Considérons un moment un système possédant une énergie totale constante et dans lequel se déroule un de ces demi-phénomènes qualifiés de réversibles, qui dans la nature ne savent pas s'effectuer sans être solidaires d'un autre demi-phénomène irréversible conjoint. Séparons par la pensée ces deux hémi-phénomènes et ne considérons que la partie réversible tout en laissant aux diverses modalités énergétiques qui entrent en jeu, les différences de valeur qualitative que les phénomènes réels nous ont appris à leur attribuer.

Cela fait, supposons pour simplifier, que ce système soit toujours à la même température T (température comptée à partir du zéro absolu). S'il tend à s'échauffer, il déversera dans le milieu extérieur une certaine quantité de chaleur Q pour se maintenir à son degré initial. S'il tend à se refroidir, il encaissera la quantité de chaleur Q nécessaire à compenser le refroidissement, en l'empruntant au milieu.

Un exemple concret fixera les idées d'une façon plus précise.

Plaçons une petite masse de gaz dans un cylindre parfaitement conducteur de la chaleur et muni d'un piston. Nous pouvons nous servir de ce gaz comme agent de transformation pour muter l'une dans l'autre par voie réversible deux des modalités énergétiques les plus étudiées : l'énergie mécanique (travail) et la chaleur. En effet, on sait que lorsqu'on comprime un gaz sous un piston en dépensant du travail extérieur, le gaz s'échauffe et rend par suite de la chaleur au milieu extérieur, si comme dans notre exemple le cylindre est placé dans un milieu à température constante. Au cours de cette opération le gaz, agent de transformation, a reçu une certaine quantité d'énergie mécanique et a rendu une quantité équivalente de chaleur. S'il a reçu 425 kilogrammètres de travail, il a rendu une calorie, en négligeant les pertes de frottement et autres.

On sait aussi que, inversement, un gaz comprimé sous un piston peut, en se détendant, repousser le piston et produire du travail extérieur. Cette détente, avec travail produit, s'accompagne d'un refroidissement du gaz. Pour rétablir sa température initiale, il emprunte de la chaleur au milieu extérieur. Au cours de cette opération, le gaz, agent de transformation, a fourni une certaine quantité d'énergie mécanique par sa détente et a reçu une quantité équivalente de chaleur. S'il a fourni un kilogrammètre de travail, il a reçu 425 calories, en négligeant les pertes par frottement et autres.

Notons bien que cette petite masse gazeuse maintenue a une température constante conserve au cours de ces deux mutations exactement la même quantité d'énergie interne ou d'énergie totale. Ce qui signifie qu'une même masse de gaz, quel que soit son volume ou son état de compression, a la même énergie totale à un degré thermique donné. En effet, quand elle perd 425 kilogrammètres de travail, elle reçoit une calorie et, inversement, quand elle perd T travail, elle reçoit Q chaleur. T est égal à EQ, le coefficient E représentant l'équivalent mécanique de la chaleur.

D'ailleurs, la théorie cinétique nous rend compte de ce fait, choquant à première vue. En effet, elle nous a appris que l'énergie d'agitation thermique d'un gaz ne dépend que de la température absolue. Une masse de gaz renfermant un nombre N de molécules possède à une température donnée une énergie d'agitation thermique égale à $\frac{Nmv^2}{2}$, m étant la masse de chaque molécule, v^2, la vitesse moyenne et la fraction $\frac{mv^2}{2}$ représentant l'énergie cinétique moléculaire. Il en résulte que cette masse de gaz possède la même énergie d'agitation thermique, quel que soit le volume occupé par elle, pourvu que sa température soit la même. En conséquence, un gaz qui double son volume et qui, par un moyen quelconque, reprend après cette opération sa température initiale, conserve sa même énergie interne.

Notre exemple choisi répond donc bien au cas général énoncé : le système considéré subit des mutations de chaleur en travail et de travail en chaleur par voie réversible en conservant constante son énergie interne.

On se rend bien compte d'ailleurs que ce gaz, lorsqu'il produit du travail en doublant de volume et en encaissant de la chaleur extérieure pour rétablir le bilan de son énergie interne, fait un mauvais marché. En se décomprimant il perd de sa capacité de produire de nouveau du travail. Son énergie se dégrade. Par contre, quand on le comprime, quand on réduit son volume de moitié et qu'il paie cette fourniture de travail en chaleur, il fait un excellent marché. Son avoir n'augmente pas, c'est vrai, son énergie interne demeure la même, mais la qualité de cette énergie s'est améliorée.

Cela posé, passons au raisonnement de Clausius.

Il est entendu que nous considérerons seulement, dans le système total où se déroule notre phénomène, le gaz qui par voie réversible[1] tantôt encaisse du travail pour rendre de la chaleur, tantôt encaisse de la chaleur pour rendre du travail. Nous ne nous occuperons pas du tout des phénomènes dégradateurs (conduction de chaleur) qui, à côté de ces mutations réversibles, se déroulent en dehors du système transformateur.

Considérons donc d'abord la compression : voici le gaz qui, par cette compression, a encaissé de l'énergie mécanique et émis une quantité de chaleur Q équivalente. Clausius appelle valeur de transformation de cette modification subie par le gaz, la fraction $\frac{Q}{T}$ dont le numérateur est la *quantité de chaleur émise* et T la *température absolue*. Ici la valeur de transformation est positive et, de fait, le gaz a fait une bonne affaire, nous venons de le voir : il a augmenté la qualité de son énergie interne.

Considérons ensuite la production de travail par détente ; le gaz fournit du travail, il encaisse de la chaleur ; la valeur de transformation $\frac{Q}{T}$ est négative et, de fait, le gaz a fait une opération défavorable qui a dégradé son énergie interne.

1. Le raisonnement porte sur des phénomènes réversibles parce que la voie réversible a un avantage énorme en physique : en effet par quelque voie réversible qu'un système passe d'un état initial à un état final, la valeur hypergradatrice ou dégradatrice de la mutation est la même.

Rien ne peut donc nous choquer jusqu'ici dans l'appellation donnée par Clausius à ce fameux facteur $\frac{Q}{T}$ qui doit nous conduire à la conception de l'entropie et qui a suscité tant de discussions et de critiques.

Voyons maintenant pourquoi cette fraction $\frac{Q}{T}$, dans les conditions où nous nous sommes placés, exprime bien *la valeur de la transformation*, pourquoi en un mot cette valeur de la transformation est proportionnelle à Q et inversement proportionnelle à T. Proportionnelle à Q, c'est là une relation qui s'impose d'elle-même. Plus Q, quantité de chaleur émise, est grand, plus importante est la bonne opération de change effectuée par le gaz. Mais pourquoi inversement proportionnelle à T ? Que vient faire ce facteur surajouté $\frac{1}{T}$, que tout à l'heure nous avons énoncé comme l'un des plus heureux emprunts faits par Clausius à l'œuvre de Carnot? On va le comprendre facilement.

Quand notre agent de transformation encaisse du travail, de l'énergie supérieure, et qu'il paie en mauvaise monnaie, en chaleur, son opération est d'autant meilleure qu'il a pu écouler de la plus mauvaise monnaie. Or la chaleur est une monnaie dont la valeur nominale, mesurée en calories, est constante à tous les degrés du thermomètre, mais dont la valeur intrinsèque, la qualité, le titre, varie avec la température absolue.

Excellente de qualité si l'on suppose la température excessivement élevée, elle devient de plus en plus dépréciée à mesure que ce degré s'abaisse, pour la bonne raison qu'à une température infinie elle pourrait se transformer tout entière en travail, tandis que plus son degré s'abaisse, plus il faut en perdre une fraction élevée par conduction pour en transformer une petite fraction en travail.

Cela posé, l'opération effectuée sera donc d'autant meilleure, 1° — qu'elle aura porté sur une mutation plus considérable, c'est-à-dire que Q aura été plus grand, et 2° — que la monnaie déboursée aura été plus mauvaise, c'est-à-dire que T, température absolue à laquelle s'est opéré le change aura été plus faible, ou, ce qui revient au même, que $\frac{1}{T}$ aura été plus grand.

Finalement on voit que l'agent de transformation aura réalisé un gain qualitatif proportionnel à $\frac{Q}{T}$, et $\frac{Q}{T}$ peut être pris pour *la valeur de transformation de la mutation.*

Le même raisonnement peut s'appliquer à l'opération inverse. Quand le gaz se détend en produisant du travail et en encaissant de la chaleur, quand l'agent de change donne de la marchandise de qualité supérieure et est payé en mauvaise monnaie, il fait une opération d'autant plus mauvaise que l'importance de l'échange est plus grande, c'est-à-dire Q plus élevé, et la monnaie plus dépréciée, c'est-à-dire $\frac{1}{T}$ plus grand. Le $\frac{Q}{T}$ négatif émis, c'est-à-dire le $\frac{Q}{T}$ d'encaissement, mesure donc la dégradation qualitative de l'énergie interne.

Si nous arrêtions là notre raisonnement, nous dirions simplement que Clausius mesure à l'aide de la valeur de transformation d'une mutation réversible la variation de la valeur qualitative de l'énergie totale du système intéressé.

Plus la valeur de transformation est grande, plus le système prend du grade ; si elle est nulle, la transformation est isograde ; si elle est négative, le système se dégrade.

Seulement Clausius a préféré introduire dans la science une notion qui est à peu près l'inverse de la valeur qualitative de l'énergie totale.

Au lieu de définir quelque chose qui augmente dans le système avec le $\frac{Q}{T}$ émis par voie réversible, il a défini quelque chose qui diminue : il a donné le nom d'entropie à cette chose qui diminue dans un système, siège d'une mutation réversible isothermique, quand ce système encaissant de l'énergie supérieure émet une quantité équivalente d'énergie inférieure.

Inversement, l'entropie augmente dans ce système, quand, par voie réversible, il encaisse de la chaleur et dépense du travail : le gaz comprimé qui se détend par voie réversible dans un cylindre, en chassant le piston sur une résistance, et qui emprunte au milieu extérieur les calories nécessaires à compenser son refroidissement, augmente son entropie parce que le $\frac{Q}{T}$ émis est négatif. Nous dirions dans notre langage qu'il se dégrade.

L'entropie est donc un facteur qui se présente à nous à peu près comme l'inverse du grade, en nous plaçant toujours dans les conditions particulières où nous l'avons considérée.

Ainsi envisagée, on peut la définir comme la somme des $\frac{Q}{T}$ encaissés par voie réversible par un système, dont l'énergie interne est supposée constante, à partir du moment où toute cette énergie serait censée être au maximum de grade, c'est-à-dire de qualité supérieure parfaite.

Je pense que jusqu'ici, si le lecteur a bien voulu s'astreindre à se placer toujours avec soin dans l'hypothèse de la réversibilité, les notions de valeur de transformation et d'entropie n'ont pas soulevé de confusion dans son esprit. Elles sont presque aussi lucides que celles de valeur dégradatrice d'une mutation et de valeur qualitative d'une modalité énergétique.

Où la confusion commence, c'est quand de la réversibilité on passe aux phénomènes réels, c'est-à-dire quand au lieu de considérer seulement la partie du système où se passe exclusivement un hémi-phénomène réversible, on considère une partie plus étendue du système intéressé, de manière à y comprendre des mutations irréversibles.

Alors le $\frac{Q}{T}$ émis n'a plus aucun sens pour préciser la variation de la valeur qualitative ou l'entropie du système intéressé. Ainsi quand un système mécanique, tel qu'un pendule, parcourt un cycle réel qui le ramène à son point de départ, de manière à retrouver sa même énergie totale, sa même valeur qualitative d'énergie, ce système a dû forcément recevoir de l'énergie de qualité supérieure du dehors et émettre de la chaleur; l'énoncé de cette nécessité est une manière de présenter le principe de l'impossibilité du mouvement perpétuel. Cela revient à dire qu'au cours de ce cycle réel où la dégradation finale ou variation d'entropie finale est égale à zéro, il y a toujours un $\frac{Q}{T}$ positif émis. Ce $\frac{Q}{T}$ émis n'a donc aucune signification capable de nous fixer sur les changements de qualité de l'énergie du système. Eh bien, malgré cela, Clausius a continué d'appeler ce facteur du nom de valeur de transformation. Et comme alors ce $\frac{Q}{T}$ est le témoin d'un phénomène éminemment dégradateur, qui se passe, il est vrai, non pas dans le système auquel on a fait décrire le cycle, mais dans un système connexe, on est porté à considérer ce $\frac{Q}{T}$ comme la mesure d'une dégradation!

La chimie aggrave cette confusion. Les travaux de Berthelot, qui ont abouti à cette formule que les réactions chimiques tendent vers le composé dont la formation émet le plus de chaleur, ont habitué à considérer l'émission de chaleur par un système comme la preuve d'une dégradation énergétique.

Ainsi la valeur de transformation de Clausius ne peut être mise en parallèle avec la valeur dégradatrice (changée de signe) des thermodynamistes anglais, que dans le cas particulier d'un système à quantité énergétique totale constante et siège de phénomènes réversibles.

Par contre l'entropie caractérise aussi bien que le grade (changé de signe) les états successifs d'un système qui, par une voie quelconque, réversible ou non, subit un changement.

Seulement si entropie et grade (changé de signe) se confondent quand il s'agit d'exprimer les états successifs d'un système dont la quantité énergétique totale reste constante, comme ce serait le cas pour un système isolé, il ne semble pas que les mesures puissent coïncider quand le système envisagé change la valeur de son énergie totale au cours des mutations observées. En effet, dans ces cas, Clausius apprécie toujours la variation d'entropie par le $\frac{Q}{T}$ émis au cours d'une chaîne réversible faisant passer le système du premier état au second, tandis que dans la conception anglaise le grade du système ne saurait être envisagé en valeur absolue que comme la moyenne entre la valeur qualitative de chacune des modalités figurant dans le système, moyenne établie d'après la règle des mélanges, comme on calcule le titre d'un mélange de vins par la moyenne proportionnelle des titres particuliers de chaque composant.

Ces divergences de vues très délicates à exposer nuisent considérablement à la vulgarisation de l'énergétique.

Les physiciens français sont assez partagés. Les uns déclarent que la notion de l'entropie, telle que l'a exposée Clausius, est indispensable à toute mesure. Les autres sont tout prêts à ignorer cette notion qui, ne répondant à aucune représentation concrète, ne peut que détourner les débutants de l'étude physique de la nature pour les jeter dans des spéculations abstraites.

Il serait à désirer qu'un effort décisif fût tenté pour introduire dans la conception du grade d'un système, dans la conception de la valeur qualitative des différentes modalités énergétiques prises dans un état donné, un facteur numérique précis et dépouillé des inconvénients offerts par les définitions de Clausius.

§ 5. — La dégradation de l'énergie mesure la tendance qu'ont les phénomènes d'évolution à se produire.

Jusqu'ici nous avons simplement constaté que tout phénomène réel s'accompagne d'une dégradation d'énergie ou d'une augmentation d'entropie, mais nous n'avons établi aucun rapport de cause à effet, ni même aucune proportionnalité entre la valeur de la dégradation et la tendance à la production du phénomène.

Cependant il est facile de se rendre compte que dans un système, l'intensité de production de certains phénomènes est liée à la grandeur du facteur dégradateur.

Quelques exemples feront saisir le sens de cette affirmation.

Premier exemple. — Reprenons le cas du pendule à mouvement non entretenu qui oscille longtemps autour de son axe, dans une succession de mutations énergétiques étudiées par la mécanique rationnelle, et qui lentement diminue l'amplitude de ses oscillations, puis finit par s'arrêter.

Deux choses nous frappent quand nous regardons ce spectacle.

C'est d'abord une succession de phénomènes mécaniques : l'énergie potentielle se mute en énergie cinétique, l'énergie cinétique se mute en énergie potentielle; ces phénomènes se renouvellent sans cesse pareils à eux-mêmes si nous les observons grossièrement, si bien que la série des cycles qu'ils forment constitue un véritable état permanent du système, *un statu quo de mouvement.*

C'est ensuite un phénomène de ralentissement des mouvements pendulaires dû aux frottements, qui transforment à chaque cycle une petite quantité d'énergie mécanique en chaleur. Plus cette transformation est grande par unité de temps, plus l'amortissement est rapide, plus intense est le phénomène qui fait sortir le système de son état cinétique permanent, de son *statu quo de mouvement.*

Ces deux ordres de phénomènes sont tout à fait différents. Leur distinction est fondamentale et se retrouve dans tous les exemples analogues. Il faut bien se pénétrer de la différence d'aspects sous lesquels ils se présentent à nous. Je vais la préciser davantage.

1°) Le premier groupe comprend les changements de phases pendulaires. Ces phénomènes sont frappants pour nous : voici le pendule au bout de sa course; il s'est arrêté; il repart; nous savons que la mutation d'énergie potentielle en force vive est fatale à ce moment-là. Or cette mutation est imposée non pas par la loi de Carnot, mais par les lois de la mécanique. Il en est de même des oscillations de niveau dans les vases communicants. Il en est de même aussi du mouvement d'eau qui va se produire quand on ouvre le robinet de la communication entre deux vases dénivelés, car on peut considérer alors que c'est un cycle pendulaire interrompu et maintenu en état de faux-équilibre par la fermeture du robinet.

2°) Le deuxième groupe comprend les phénomènes qui tendent à rompre le *statu quo de mouvement*, qui tendent à amortir l'oscillation. Ces phénomènes ne font pas partie du cycle pendulaire. Ce sont des phénomènes parasites. Ils nous frappent moins que les premiers dans le pendule bien suspendu, parce que ce n'est qu'à la longue qu'ils nous deviennent perceptibles. Ils nous échappent même, à une observation superficielle, dans la nivellation des vases communicants, où les frottements convertissent de l'énergie cinétique en chaleur, ou dans les cycles de la mécanique sidérale, dans lesquels on a été long à reconnaître l'amortissement dû aux marées, phénomènes irréversibles au cours desquels de la force vive se mute en chaleur.

Le premier groupe est fait de phénomènes isogrades, cycliques, réversibles, qui, s'ils existaient seuls, se poursuivraient indéfiniment dans le même *statu quo*, sans que le système qui en est le siège subisse aucun changement d'un cycle a l'autre. Ce seraient, en un mot, des cycles de mouvement perpétuel. Le deuxième groupe au contraire comprend des phénomènes qui font évoluer le système. Ils le dégradent, ils le *vieillissent*, ils le font sortir à chaque instant du *statu quo* de l'instant précédent. Les phénomènes de ce groupe sont donc des phénomènes d'évolution.

La loi de Carnot commande les *phenomenes d'evolution*, elle règle leur sens. *La dégradation qui les accompagne mesure leur intensite.* Les phénomènes cycliques de la mécanique rationnelle au contraire ne relèvent pas de cette loi.

Ce que nous venons de dire des cycles de la mécanique rationnelle n'est pas spécial aux modalités supérieures de l'énergie. Il y a des phénomènes propres à l'énergie inférieure et qui sont aussi réversibles, isogrades et cycliques et que l'on peut isoler aussi par la pensée de tous autres phénomènes connexes. Nous allons les prendre pour second exemple.

Deuxieme exemple. — Considérons un système de plusieurs corps inertes, isolés du reste de l'univers, c'est-à-dire ne recevant ni n'émettant aucune modalité énergétique, ni énergie gravifique, ni énergie radiante, ni énergie particulaire. Supposons qu'il ne se produise plus dans ce système aucun des phénomènes habituels de notre monde, la matière y étant supposée fixe (ce qui est une hypothèse inexacte), les forces vives nulles et la température égale, ainsi qu'on peut se représenter un système isolé qui aurait atteint son maximum entropique.

Cependant ce système, si l'on veut bien réfléchir, est encore le siège de phénomènes spéciaux et ces phénomènes sont cycliques, réversibles et isogrades comme ceux du cycle pendulaire théorique. C'est la théorie cinétique de la chaleur qui nous les rend accessibles. Voici en quoi ils consistent.

L'espace qui sépare les différents corps du système est sans cesse parcouru en tous sens par des radiations thermiques. Cette énergie radiante provient de la mutation d'énergie thermique d'agitation particulaire matérielle en énergie éthérée électro-magnétique. Quand elle rencontre la matière, elle s'y amortit en provoquant par influence l'agitation particulaire. Quand l'équilibre thermique est établi entre tous les corps du système, chaque parcelle de matière émet et reçoit la même quantité d'énergie radiante, encaisse et débourse la même quantité d'énergie thermique d'agitation particulaire. Sans cesse les mêmes quantités d'énergie thermique se transforment en énergie radiante, les mêmes quantités d'énergie radiante se transforment en énergie thermique. Le cycle est constitué.

Aucune énergie ne se dégrade au cours de ce cycle, les échanges thermiques se faisant entre des corps à la même température absolue. Les phénomènes de ce cycle, que nous qualifierons de réversible et isograde (voulant dire par là que les phénomènes successifs qui le composent sont réversibles et non dégradateurs de l'énergie mise en jeu), ne relèvent pas de la loi de Carnot. Ils peuvent théoriquement se produire indéfiniment à partir du moment où la loi de Carnot a conduit le système isolé considéré le plus loin possible dans son évolution, c'est-à-dire jusqu'à sa dégradation maximum, jusqu'à son maximum entropique.

Dans la réalité, nous ne saurions pas plus constater la perpétuité de ces cycles que la perpétuité des cycles pendulaires, parce que 1°) nous ne connaissons pas de système parfaitement isolé, d'où la nécessité d'un phénomène parasite connexe, le rayonnement hors de ce système, phénomène essentiellement dégradateur. 2°) La matière n'est pas immuable, elle se dégrade, et aucun système matériel ne peut être regardé comme fixé dans un état permanent indéfini.

Quoi qu'il en soit, on constate qu'ici encore la loi de Carnot ne s'applique pas aux phénomènes faisant partie de cycles réversibles et isogrades constituant un *statu quo* pour le système intéressé.

Elle s'applique seulement aux phénomènes parasites, aux chutes de tension thermique par rayonnement hors du système et à la dégradation atomique, c'est-à-dire aux phénomènes d'évolution, toujours conjoints aux phénomènes cycliques dans la réalité. Mais à ces phénomènes d'évolution elle s'applique sans restriction, et elle donne la mesure de leur intensité.

Troisième exemple. — Considérons maintenant le cas, étudié déjà plus haut, de la mutation d'énergie de changement d'état physique en chaleur ou de la mutation inverse et en général tous les cas où la mutation énergétique s'accompagne d'un déplacement d'équilibre.

Ce qui rompt le *statu quo*, ce qui déplace l'équilibre des phases en présence, c'est un phénomène irréversible et dégradateur conjoint à la mutation réversible par laquelle les deux modalités énergétiques en jeu se transforment l'une dans l'autre. Ce phénomène dégradateur consiste essentiellement, nous l'avons vu, dans le passage d'une certaine quantité de chaleur d'un corps plus chaud à un corps plus froid.

Il est de toute évidence que plus le phénomène de conduction de chaleur est intense plus l'équilibre se déplace rapidement. La valeur dégradatrice du phénomène conjoint mesure la tendance qu'a la mutation à se produire.

Quatrième exemple. — Un exemple qui mérite encore bien plus de fixer notre attention au début de cette étude sur le sens des phénomènes de la vie, c'est l'exemple des mutations chimiques.

Nous savons qu'il existe de nombreux cas où deux ou plusieurs composés restent en présence, demeurant en équilibre de phases, tant que ne changent pas les conditions extérieures de chaleur, de pression.

Pour qu'un tel équilibre existe et qu'il soit stable, il suffit, comme l'ont affirmé Horstmann et Gibbs, que pas une modification supposée possible dans cet équilibre ne soit susceptible de provoquer une augmentation entropique, ou, si l'on veut, une dégradation d'énergie dans tout l'ensemble du ou des systèmes intéressés par la modification.

Il faut ici qu'on se rende compte que si l'on provoque un déplacement de l'équilibre par un changement de température, le phénomène total produit se compose d'un hémi-phénomène réversible (mutation réversible de chaleur en énergie chimique ou inversement) et d'un hémi-phénomène irréversible (conduction de chaleur). Il faut d'autre part prendre garde que l'agent transformateur, c'est-à-dire le système chimique, subit une variation dans la quantité de son énergie interne, ce système perdant de l'énergie d'affinité chimique, mutée en chaleur, sans la remplacer.

La chaleur émise au cours du phénomène se compose ainsi d'une part réversible que les thermo-dynamistes, à la suite de Clausius, appellent chaleur compensée, et d'une part irréversible, ou chaleur non compensée.

D'ailleurs la chaleur émise par voie réversible peut être soit positive, soit négative, autrement dit, il peut y avoir chaleur émise ou chaleur absorbée par cette voie, suivant qu'il y a mutation d'énergie chimique en chaleur ou mutation inverse. Par suite, dans le voisinage des états d'équilibre, il peut y avoir au total soit émission, soit absorption de chaleur, parce que la chaleur non compensée, toujours positive, n'impose pas forcément son signe au phénomène, sa quantité n'étant pas forcément supérieure à celle de la chaleur compensée.

Au contraire, loin des états d'équilibre, la chaleur non compensée, celle de la voie irréversible, prend une importance prépondérante. D'où ce résultat que, dans les réactions vives de la chimie, il y a presque toujours émission de chaleur et les réactions qui ne se font pas avec émission de chaleur ne se produisent pas naturellement; elles ne se produiraient jamais si on ne les forçait pas à se produire, en les rendant solidaires d'une réaction très exothermique, ou d'un autre phénomène dégradateur.

L'exothermie ou phénomène d'émission de chaleur au cours d'une réaction est ainsi, dans une certaine mesure, le témoin de la dégradation énergétique qui caractérise cette réaction. Elle donne, de la tendance qu'ont les réactions chimiques à se produire, une mesure, infidèle il est vrai, mais d'autant plus approchée que l'on s'éloigne davantage des états d'équilibre.

Cette approximation, suffisante dans les réactions vives, est la justification de la fameuse loi de la *chaleur maximum* ou du *travail maximum*, énoncée d'abord par le chimiste danois Thomsen, puis affirmée par Berthelot.

Le principe de Thomsen-Berthelot, envisagé avec les restrictions qu'il comporte, est peut-être la démonstration la plus frappante que nous rencontrions dans la nature de ce théorème que la valeur dégradatrice des phénomènes mesure la tendance qu'ils ont à se produire.

En effet, il énonce ce fait remarquable, que, quand une série de corps sont en présence, quand de multiples réactions sont chimiquement possibles, celle-là seule se produira ordinairement qui correspond à la plus grande chute de grade énergétique figurée à peu près par la plus grande émission de chaleur. La vivacité de la réaction, phénomène frappant pour l'observateur, est le témoin immédiat de la grandeur du facteur dégradateur.

De ces quelques exemples ressort, je pense, en toute lumière, une conclusion qui est formulée dans le titre du paragraphe 5 et qui peut être intitulée : « *Énoncé de la relation entre la valeur degradatrice d'un phenomène et la tendance qu'a ce phénomène a se produire*. Précisons cette relation. La formule en serait erronée, si l'on disait simplement, comme on le fait souvent : « *La dégradation énergétique mesure la tendance qu'ont les phénomènes à se produire.* »

Cette formule n'est vraie qu'à une condition, c'est de donner au mot phénomène un sens particulier. Les phénomènes visés ici ne sont pas tous les phénomènes de la nature, il faut en exclure les phénomènes cycliques de la mécanique rationnelle et en général tous les phénomènes réversibles susceptibles de figurer dans des cycles qui pourraient se renouveler indéfiniment à partir d'une impulsion initiale et en vertu du seul principe de la conservation de l'énergie.

Pour compléter et préciser la distinction que je viens de m'efforcer d'établir au cours de ce paragraphe entre les deux groupes de phénomènes si différents vis-à-vis de la loi de Carnot, je crois utile de les caractériser par une dénomination qui ne laisse aucune ambiguïté dans l'esprit.

J'appellerai les phénomènes analogues à ceux de la mécanique rationnelle les *phénomènes cycliques cartésiens*, pour bien spécifier que ces phénomènes sont susceptibles théoriquement de se renouveler indéfiniment suivant des cycles toujours pareils à eux-mêmes et pour indiquer que leur contemplation peut conduire à l'idée d'un monde immuable dans le temps, et soumis seulement à la loi de la conservation de l'énergie, conception qui était à peu près celle de Descartes. On peut ranger avec eux les mutations isogrades cycliques de l'exemple n° 2.

Je donnerai à tous les autres la dénomination, employée déjà dans notre premier exemple pour les frottements pendulaires, de *phénomènes d'évolution*, marquant par là que ces phénomènes ne se présentent pas avec l'aspect de cycles indépendants indéfiniment renouvelables, que sans cesse ils apportent un changement au système intéressé, que dès qu'ils se produisent ils le font passer d'un état précédent à un état suivant tel que jamais il ne pourra repasser exactement par l'état précédent. Ce sont des phénomènes qui font *évoluer* le système, qui le *vieillissent*, qui l'acheminent d'un état initial vers un état final. Ce sont des phénomènes qui nous donnent l'idée d'une certaine *vie* du système.

Il y a bien des phénomènes autres que les *cycliques cartésiens* qui peuvent être mis en cycles réversibles, tels que les changements d'état physique, les équilibres de phase, etc. Le cycle de la machine à vapeur est classique. Mais cet arrangement en cycle d'une série de phases successives n'est pas équivalent à une chaîne fermée de phénomènes indépendants se produisant par eux-mêmes à partir d'une chiquenaude initiale. Les équilibres successifs qui les caractérisent sont des équilibres de repos, et pour qu'un phénomène, apparent à nos yeux, se produise, il faut une intervention étrangère, il faut qu'un phénomène irréversible, tel qu'une conduction de chaleur, le provoque, si bien que ces phénomènes cycliques réversibles sont eux-mêmes commandés par la dégradation énergétique du phénomène irréversible conjugué, et doivent être rangés dans le groupe des phénomènes d'évolution.

Dans la formule énoncée plus haut, les phénomènes visés, ceux dont l'intensité est commandée par la dégradation énergétique, *ce sont les phénomènes d'évolution*. La formule peut dès lors être transformée de la façon suivante : *La dégradation énergétique mesure la tendance qu'ont les phénomènes d'évolution à se produire*. C'est sous cette forme, qui a servi de titre à notre paragraphe 5, que nous la donnerons comme conclusion à l'étude des quelques exemples passés en revue.

§ 6. — Raisons physiques qui expliquent pourquoi la dégradation énergétique commande l'accomplissement des phénomènes d'évolution, mesure leur intensité et détermine leur sens.

Nous aimons lorsque l'observation scientifique nous révèle des phénomènes et les lois de ces phénomènes, à comprendre le mécanisme intime de leur production. Ce mécanisme nous explique ordinairement l'ordre de leur succession et justifie les lois tirées de leur étude.

C'est pour cela que jusqu'ici nous avons toujours cherché à nous représenter le modèle mécanique des mutations de l'énergie que nous avons envisagées.

A présent que nous sommes arrivés à concevoir la loi directrice des *phénomènes d'évolution* de notre monde, et à saisir une mesure de la tendance que ces phénomènes ont à se produire, il devient désirable de voir en toute lumière les raisons physiques qui expliquent cette directive générale et de discerner le modèle mécanique justifiant les relations de cause à effet entre la dégradation d'énergie et l'accomplissement des phénomènes dégradateurs.

Si nous analysons les phénomènes dégradateurs irréversibles de la nature, nous constatons sans peine qu'ils se ramènent tous à deux processus, ordinairement conjoints dans la réalité : 1°) une mutation d'énergie de qualité supérieure telle que l'énergie mécanique, électrique, etc., en énergie inférieure, chaleur, énergie radiante, etc; 2°) une dépréciation qualitative des formes énergétiques inférieures et en particulier une nivellation de tensions thermiques par égalisation de température.

En ce qui concerne le premier de ces processus, aucune difficulté ne saurait nous arrêter dans la recherche du modèle mécanique qui le caractérise. La théorie cinétique de la chaleur nous donne l'image objective satisfaisante de la mutation et de la tendance naturelle à sa production. Qu'il s'agisse de la mutation de la force vive d'un projectile se transmutant à l'arrêt en énergie d'agitation thermique, ou bien d'un courant électrique échauffant son conducteur à cause du choc des électrons contre les atomes ou les ions fixes, nous concevons très aisément que cette mutation d'énergie dirigée en énergie d'agitation particulaire soit logique et même nécessaire et inévitable, tandis que l'inverse n'est pas vrai.

C'est la dégradation qui commande directement, sinon la mutation totale elle-même, qui peut renfermer des phénomènes cycliques cartésiens, du moins son irréversibilité, c'est-à-dire ce qu'elle renferme de phénomènes d'évolution. C'est elle qui est en effet la cause directe de ce fait qu'une partie de l'énergie mutée devient désormais irrécupérable en énergie supérieure et que, au cours des mutations successives et réciproques des modalités supérieures et inférieures, la part d'énergie inférieure ira toujours croissant.

Quant au second processus, il s'impose non moins nécessairement à nous pour peu que nous pénétrions dans son intimité. La théorie cinétique de la chaleur ne nous permet pas de concevoir que des particules de matière agitées d'oscillations thermiques de périodes différentes conservent respectivement ces différences de régime, puisque les mouvements des unes sont tributaires des mouvements des autres. L'uniformisation des mouvements d'agitation thermique est aussi nécessaire que l'uniformisation de la marche de voyageurs pressés dans un couloir aux abords d'un embarcadère. L'égalisation des niveaux thermiques s'impose à nous comme un phénomène nécessaire par les lois mêmes de la cinétique générale.

Si instantanément tous les phénomènes provoqués par la transformation des modalités supérieures de l'énergie en modalités inférieures et par l'égalisation des tensions thermiques se produisaient dans un système, ce système atteindrait immédiatement son état final de repos où seules existeraient encore des oscillations thermiques de même force vive.

Il n'en est pas ainsi dans la réalité. Les phénomènes dégradateurs que la mécanique rationnelle nous montre comme nécessaires mettent un certain temps à s'accomplir et ne s'accomplissent que dans un certain ordre, les uns après les autres, les premiers étant les conditions de production des seconds.

C'est pour cela que la vie d'un monde est faite d'une évolution lente.

Malgré cette lenteur le vieillissement progressif est fatal et inéluctable pour tout système qui n'est pas sans cesse régénéré par l'apport d'énergie de qualité supérieure. Cette conclusion nous amène à envisager la marche des phénomènes de notre monde terrestre et de l'univers dont il fait partie.

§ 7. — Accroissement entropique nécessaire de tout système isolé. L'entropie de l'univers.

L'énoncé de la loi de dégradation de l'énergie, tel qu'il est formulé par l'école des thermodynamistes anglais, contient en lui-même l'affirmation formelle que tout système isolé subit fatalement la dégradation qualitative de son énergie totale, lorsqu'il est le siège de phénomènes naturels.

En effet puisque tout phénomène réel a au moins une part irréversible et puisque la condition primordiale de son accomplissement est que sa valeur dégradatrice soit positive, la dégradation progressive de l'énergie totale du système qui en est le siège est inévitable Elle est inévitable si ce système n'est pas continuellement régénéré par un apport étranger d'énergie susceptible de compenser par sa propre dégradation celle du système considéré, et si, une fois cette compensation faite, le système n'est pas purgé de ses déchets par un départ d'énergie inférieure.

Cet apport d'énergie de grade plus élevé et ce départ des déchets ne sauraient exister dans un système isolé, incapable de recevoir ni d'émettre aucune parcelle d'énergie. La dégradation de son énergie totale est donc fatale.

On peut dire aussi bien que l'entropie d'un tel système isolé tend vers un maximum.

En effet, dire que tout phénomène naturel a au moins une part irréversible revient à affirmer qu'une partie des énergies mises en jeu se transforme en chaleur et que consécutivement s'opère une égalisation de niveaux thermiques, phénomène que les formules de la thermodynamique démontrent clairement comme accroissant l'entropie du système.

Il est facile d'ailleurs de se rendre compte sans calcul, que si deux parties d'un système isolé se trouvent à des températures différentes, l'une T plus élevée, l'autre T′ plus basse, le phénomène de l'égalisation thermique augmente l'entropie du système. En effet ce phénomène peut se décomposer en une série de passages de petites quantités de chaleur q, q', q''... du corps T au corps T′. Chacune de ces petites quantités de chaleur étant choisie assez petite pour ne pas abaisser de façon sensible la température du premier, ni élever de façon sensible la température du second, on peut faire le raisonnement suivant : quand une petite quantité de chaleur q passe du premier corps au second, elle quitte le premier à la température T plus élevée et s'incorpore au second à la température T′ plus basse. C'est dire que la valeur qualitative de q s'abaisse au cours de ce passage, la qualité de la chaleur étant fonction de la température absolue. En un mot le corps T sort de sa caisse des pièces de monnaie qui ont une valeur supérieure à celle qu'elles possèdent quand elles entrent dans la caisse du corps T′. Ces pièces de monnaie ont perdu en route un peu de leur valeur qualitative et elles ne récupéreront jamais la partie perdue, parce que les corps froids gagnent toujours et ne perdent jamais dans leur commerce avec les corps chauds et parce que jamais la présence d'un corps froid ne peut ni par conduction ni par rayonnement ni par convection augmenter la température d'un corps plus chaud.

Tout système isolé, siège du phénomène de conduction thermique, voit donc croître son entropie et cet accroissement est d'autant plus grand que la quantité de chaleur conduite est plus grande, que la différence initiale de température est plus grande, et que les températures absolues sont plus basses.

Pour que l'entropie de notre système isolé demeure constante au cours du passage de Q d'un corps à un autre corps de ce système, il faudrait que les deux corps soient à la même température : c'est ce qui se passe dans un système à température constante quand deux corps en regard l'un de l'autre rayonnent et encaissent sans cesse respectivement de l'énergie thermique en quantité égale. En réalité il y a bien pour chaque corps un $\frac{Q}{T}$ émis et un $\frac{Q}{T}$ encaissé, mais le système total ne subit pas de variation entropique, parce que les températures des corps entre lesquels se font ces échanges sont égales. C'est pour cela aussi que dans l'intimité d'un même corps bon conducteur de la chaleur et maintenu à une température constante, aucune dégradation ne se produit quoique la cinétique moléculaire implique des échanges constants d'énergie de particule à particule.

Ces échanges, comme les mutations d'énergie supérieure dans le pendule idéal sans frottement constituent un *statu quo* de mouvement, qui théoriquement doit se perpétuer indéfiniment. A la vérité, nous avons dit plus haut qu'il n'est pas plus possible d'isoler complètement un corps placé dans un certain état thermique qu'il n'est possible de supprimer toute mutation de travail en chaleur dans le pendule, de sorte que le *statu quo* perpétuel des mouvements inférieurs, des oscillations thermiques non dirigées, échappe lui-même à notre science expérimentale.

Mais à la différence du *statu quo* de mouvement d'un pendule ou en général du *statu quo* de mouvement résultant des mutations des modalités énergétiques supérieures entre elles, le *statu quo* des mouvements thermiques est théoriquement concevable, tout au moins jusqu'aux limites d'application du principe de la conservation de la matière, et il peut être considéré comme l'aboutissant vers lequel notre imagination conduit fatalement un monde isolé lorsqu'elle fait abstraction de la désintégration atomique.

Le principe de la conservation de l'énergie entraîne en effet la conception de la perpétuité des mouvements d'oscillation thermique dans un système isolé et lorsqu'on affirme l'impossibilité du mouvement perpétuel, il faut bien spécifier qu'il s'agit du mouvement dirigé, du domaine de la mécanique et non du mouvement diffus, du mouvement propre aux formes inférieures de l'énergie. Aucune raison ne s'oppose à la perpétuité du mouvement diffus, c'est-à-dire à la conservation de la chaleur dans un système idéalement isolé.

Mais une objection se dresse devant ceux qui croient être arrivés ainsi à la représentation de l'état final d'un système isolé, les nouvelles conceptions sur la constitution de l'atome nous laissant supposer que la matière vieillit et que ses atomes explosent les uns après les autres pour se réduire en électrons et en énergie pure. La dégradation d'un système isolé va beaucoup plus loin que cette phase où l'imagination se le représente comme formé de corps immobiles, stables et isothermes. La matière disparaissant, l'électron lui-même étant sans doute réductible à de l'énergie, l'aboutissant de ces dernières dégradations nous échappe, car on ne peut guère se représenter l'énergie en dehors de la matière, sans se heurter au problème encore insoluble de l'éther de l'espace.

Quoi qu'il en soit, la thermodynamique nous oblige en résumé à conclure que tout système isolé, siège de phénomènes naturels, subit un accroissement entropique ou une dégradation d'énergie qui tend sans cesse vers un maximum. Cette conclusion conduit à un problème gros de conséquences philosophiques et dont il y a lieu de préciser les termes.

A la fin du premier chapitre consacré a l'étude de la loi de la conservation de l'énergie, nous nous sommes demandé, après avoir conclu à la constance de la quantité totale d'énergie d'un système isolé, ce qu'il fallait penser de l'extension de cette loi à l'univers et nous avons fait certaines réserves à cette généralisation.

Le même problème se pose ici relativement au deuxième principe de l'énergétique, à la loi de dégradation de l'énergie.

L'énergie de l'univers et celle de notre monde se dégradent-elles indéfiniment? L'accroissement entropique, reconnu inévitable dans les systèmes isolés, est-il universel?

§ 8 — Le problème de la variation de l'entropie de notre monde et de l'univers

Toutes différentes sont les données du problème, suivant que l'on considère un monde limité mais non isolé comme notre Terre et notre système solaire, ou bien un monde limité et isolé comme le serait l'univers lactéen d'après l'hypothèse qui l'assimile à une bulle d'éther dans l'espace, ou enfin un monde illimité et infini comme le serait l'univers total d'après la théorie qui fait de lui un agglomérat infini d'astres sans nombre baignés dans un océan d'éther sans bornes et sans solution de continuité.

Nous commencerons par envisager le cas le plus simple, celui de l'univers lactéen supposé limité et fermé.

1. Dégradation de l'énergie et évolution d'un monde supposé limité et fermé

Les philosophes et les physiciens qui supposent isolé l'univers lactéen, c'est-à-dire qui croient que l'ensemble des étoiles visibles dans le champ de notre observation et en particulier dans le plan de la Voie lactée forme un système borné avec son océan d'éther limité à ses contours, ceux-là peuvent poser d'une façon précise le problème de la variation entropique universelle.

En effet, qu'il y ait ou qu'il n'y ait pas d'autres univers semblables, dès lors que par hypothèse nous admettons l'isolement de la bulle lactéenne dans l'immensité, cette bulle a sa vie propre, son énergie totale, son entropie globale. Notre passé et notre avenir sont enfermés dans les frontières de son étendue et de sa durée. L'énergie de ce monde fermé, au cours des phénomènes réels connus de nous, ne peut que se dégrader. Partant de là, quelques auteurs, écartant toutes réserves et généralisant sans restriction les deux principes de l'énergétique, ont formulé les deux affirmations suivantes :

« L'énergie totale de l'univers se conserve.

« Son entropie tend vers un maximum.

La discussion relative au premier principe a fait voir que sa généralisation dépasse les limites de la science positive, en raison de ce fait que certains maillons hypothétiques des chaînes de phénomènes nous échappent, ceux qui correspondraient à la phase éthérée de l'énergie, phase initiale et terminale des mutations énergétiques accessibles à notre observation. Nous avons vu qu'il est au moins prématuré d'affirmer que la loi de conservation de l'énergie doive être étendue forcément à ces maillons hypothétiques. Rien ne nous autorise à poser en principe que l'énergie a son équivalent quantitatif dans l'éther, ou qu'elle se conserve à sa traversée pour se retrouver entière lors de la genèse de nouveaux éléments.

Cette conception des maillons éthérés, en limitant la généralisation du principe de la conservation de l'énergie, tend à infirmer du même coup la généralisation du deuxième principe.

En effet, si l'éther est susceptible d'être regardé comme la matrice de l'énergie entrant dans ses cycles matériels et comme l'aboutissant de l'énergie dégradée à la fin de ces cycles, rien ne nous autorise à affirmer que l'œuvre dégradatrice se poursuit à travers l'éther.

Nous sommes bien au contraire portés à supposer que l'énergie soit de cette matrice à l'origine des mondes avec un maximum de grade.

Cette nécessité d'une reprise de grade de l'énergie est tellement impérieuse que les physiciens même qui n'ont pas eu recours à l'hypothèse d'un rôle actif de l'éther ont dû chercher ici ou là des facteurs regénérateurs. C'est dans les nébuleuses que S. Arrhénius a cru pouvoir placer le lieu de régénération de l'énergie. C'est dans la reconcentration en foyers (combien problématiques !) des énergies radiantes dégradées que Macquorn Rankine a cru apercevoir la phase de prise de grade. Et G. Mouret n'a pas hésité a mettre en avant la supposition d'une inversion périodique de la loi de l'augmentation de l'entropie, tant est grande dans le cerveau humain l'intuition que la marche dégradatrice de l'univers n'est ni générale, ni indéfinie et qu'elle ne conduit pas les mondes qui le peuplent vers l'immobilité éternelle.

Avec les progrès de la science, le rôle actif joué par l'éther a l'origine des cycles énergétiques parait s'étayer de jour en jour, parce que plus ils nous permettent d'analyser profondément les phénomènes de la nature, soit dans l'électronique, soit dans l'atomistique, soit dans l'énergétique ou la dynamique générale, plus ils nous obligent à placer les causes premières des faits observés dans le milieu hypothétique.

Si l'éther a un rôle actif et de premier plan dans les propriétés des unités matérielles et dans la genèse des phénomènes de la nature, rien ne s'oppose à ce que nous lui reconnaissions aussi un rôle actif dans la prise de grade de l'énergie à une certaine phase de ces cycles marquant l'origine des mondes.

Cette théorie justifiée en particulier dans l'hypothèse d'un univers lactéen, limité et isolé, s'adapte non moins judicieusement à l'hypothèse d'un univers illimité, hypothèse que nous allons envisager à présent.

2 Dégradation de l'énergie et évolution de l'univers supposé infini.

Considérons donc en second lieu l'univers comme infini et illimité, l'éther étant supposé répandu dans l'immensité sans solution de continuité. Alors l'énergie totale de cet univers doit être regardée comme une quantité infinie.

Certains auteurs estimant qu'il est absurde de parler de conservation en grandeur invariable d'une quantité infinie, trouvent également illogique de considérer un maximum entropique défini comme étant la limite marquée à la production des phénomènes réels. Par suite, ils déclarent simplement que les deux principes de l'énergétique sont inapplicables à l'univers entier. C'est peut-être là un moyen d'écarter un problème philosophique embarrassant au nom d'une raison d'ordre mathématique tout au moins discutable.

S'il est vrai qu'une quantité infinie n'est pas susceptible de plus ou de moins, puisque toute grandeur qui, de degré en degré arrive, à la limite, à devenir infinie, ne peut être qualifiée telle qu'à partir du moment où elle cesse de pouvoir varier par addition ou soustraction de parties finies, il est non moins vrai que l'énoncé des deux principes de l'énergétique peut être fait de telle façon qu'il ne prenne pas en considération la valeur absolue de l'énergie totale du système considéré.

En effet le premier principe, qu'on énonce souvent en affirmant la conservation de l'énergie totale d'un système isolé, peut aussi bien s'exprimer par cette formule que, au cours des phénomènes réels, pas une parcelle d'énergie ne se crée, ni ne se perd. Peu importe dès lors que les modalités énergétiques visées soient des parties d'une quantité finie ou infinie.

Le deuxième principe affirmant l'augmentation entropique du système total isolé peut de même s'exprimer en disant que *l'energie mise en jeu au cours de l'accomplissement de chaque phénomene* subit une dépréciation ou une dégradation qualitative et que son entropie augmente, ce qui réduit la vie d'un univers total à la sommation de phénomènes dégradateurs caractérisés par un accroissement entropique défini.

Par suite la discussion de l'extension de ces deux lois a l'univers total n'est pas justiciable d'une fin de non-recevoir.

Si donc on apporte des restrictions à leur généralisation, ces restrictions procèdent d'autres raisons.

Elles procèdent en particulier des mêmes considérations qui nous ont dicté des réserves formelles lorsque nous avons supposé l'univers limité et isolé, et par suite nous retombons exactement dans les données du premier cas étudié, c'est-à-dire dans l'hypothèse d'un monde limité et fermé.

L'existence possible de maillons éthérés dans les chaînes d'évolution de l'énergie non seulement ne nous permet donc pas d'affirmer la non-existence d'une phase régénératrice ou hypergradatrice, mais nous conduit à l'imaginer comme nécessaire.

Ainsi, quelle que soit l'hypothèse à laquelle on préfère se rallier dans la conception de l'univers total, on doit corriger de la façon suivante l'énoncé de la formule de généralisation des deux principes de l'énergétique.

1° L'énergie totale de l'univers paraît se conserver *durant les chaînes des phénomènes matériels.*

2° Son entropie augmente *au cours de ces mêmes chaînes.*

3° Si, comme tout semble l'indiquer, l'énergie a bien une phase éthérée qui, placée au début et à la fin des chaînes matérielles, ferme leur cycle, cette phase ne peut être affirmée comme étant tributaire du principe de la conservation de l'énergie, et très vraisemblablement elle peut être regardée comme non tributaire du principe de la dégradation, l'énergie au contraire prenant sans doute du grade durant son accomplissement.

Telle est la conclusion à laquelle se trouve entraînée la philosophie scientifique du XXe siècle.

Il est utile ici de faire remarquer que cette philosophie scientifique ne dépasse que très peu le domaine de nos connaissances positives. Ne prétendant nullement prendre position, par des affirmations anticipées, dans les discussions métaphysiques qui divisent si profondément les esprits, elle se borne à énoncer des probabilités que tout esprit libre accepte avec satisfaction.

En effet, lorsque nous formulons comme probable l'hypothèse d'un rôle très spécial de l'éther marquant la fin des cycles matériels de l'énergie et l'origine des cycles nouveaux, nous nous gardons bien de préciser quel est ce rôle.

Ignorants de ce qu'est l'éther, conduits simplement à l'imaginer par l'étude de certains phénomènes et en particulier par celle des phénomènes électromagnétiques de la propagation de la lumière, de la gravitation, des manifestations des forces interparticulaires de la matière, nous ne nous croyons autorisés ni à définir ses caractéristiques, ni à fonder des doctrines sur les représentations plus ou moins fantaisistes que nous pouvons nous en faire.

C'est pour cela que ces probabilités de la philosophie scientifique s'imposent d'une façon si générale aux esprits d'éducation métaphysique très diverse ou d'atavisme traditionnel très varié et c'est pour cela aussi qu'elles sont susceptibles d'être invoquées comme commencement de preuve par les doctrines les plus opposées. Il suffit pour s'en convaincre de regarder l'image de ces maillons éthérés hypothétiques à travers la lunette des matérialistes mécanistes, ou à travers celle des spiritualistes mystiques.

La première nous montre ces maillons comme une phase spéciale de l'énergie, comme une modalité seulement différente des autres par ce fait que des lois spéciales les régissent. La seconde nous y fait entrevoir au contraire toutes sortes de choses occultes : une disparition de l'énergie dans le milieu générateur; une élaboration active dans ce milieu; une création nouvelle à l'origine des cycles avec les qualités requises pour de nouveaux cycles.

Or comme ce milieu générateur se confond fatalement avec la substance immatérielle qui est la seule représentation possible de l'Etre suprême, le dogme de la création prend à la lueur de cette conception un coloris nouveau qui ouvre le champ aux représentations les plus rationnelles des croyances les plus variées.

Ainsi bien souvent, grâce aux progrès de la philosophie scientifique, s'opèrent des conjonctions remarquables entre des théories métaphysiques en apparence diamétralement opposées et s'aplanissent des barrières entre des doctrines adverses qui paraissaient irréductibles. L'étude des phénomènes de la vie nous en offrira des exemples.

Telles sont les conclusions auxquelles nous entraine l'étude du deuxième principe de l'énergétique, quand nous cherchons à l'étendre à l'univers total supposé limité ou illimité. Nous devons à présent envisager les résultats de son application à l'évolution du monde très particulier où se déroule notre vie, c'est-à-dire à l'avenir de notre planète.

3. Dégradation de l'énergie et évolution de notre globe.

Tout différent d'un système isolé est notre globe terrestre, qui reçoit sans cesse des quantités énormes d'énergie sous forme de rayonnement solaire, qui dissipe continuellement lui-même de l'énergie radiante, et qui, par suite de la continuité de l'éther à travers les espaces interplanétaires et intersidéraux dans l'univers lactéen subit des échanges énergétiques ininterrompus.

La seule chose qu'on puisse affirmer sur les phénomènes dont il est le siège, est que tous ces phénomènes dégradent l'énergie mise en jeu dans leur production.

Si l'on pouvait supposer que l'energie totale du globe terrestre reste constante, c'est-à-dire que la quantité d'énergie radiante apportée soit précisément égale à la quantité d'énergie perdue par rayonnement, il faudrait pour que son entropie demeure invariable ou pour que la qualité de son énergie demeure toujours semblable à elle-même, que la dégradation énergétique liée à la production de tous les phénomènes terrestres soit tout entière imputée sur la qualité de l'énergie qui traverse le système. Autrement dit, il faudrait que la dégradation énergétique de l'énergie labile fasse tous les frais de la dégradation énergétique totale du système et que la dégradation de l'énergie stable quand elle se produit soit compensée aux dépens de l'énergie labile. En un mot, l'énergie labile devrait compenser non seulement les pertes de quantité de l'énergie stable, mais sa dépréciation, en régénérant continuellement son grade.

Le monde terrestre est bien loin de répondre a ces conditions.

Tout d'abord, il perd plus qu'il ne reçoit, son énergie totale diminue, sa chaleur absolue diminue, sa matière diminue au cours des processus radioactifs. D'autre part, s'il émet de l'énergie radiante d'un grade inférieur a celle qu'il reçoit, l'écart parait loin de compenser la dégradation totale équivalant a l'ensemble des phénomènes qui l'affectent.

Néanmoins, quand on compare la grandeur de l'augmentation entropique due aux phénomènes qui se déroulent constamment sous nos yeux, a la grandeur de l'énergie qui traverse sans cesse notre système, on se trouve a peu près dans la même situation que si l'on considérait un moulinet attaché à une tige de roseau au milieu du cours d'une rivière; certes la dégradation énergétique produite dans le mécanisme du moulinet n'est pas négligeable, mais elle joue un bien petit rôle en regard de l'énergie labile représentée par la puissance du courant.

Certains philosophes, effrayés par la diminution des mines de charbon du globe, par le défrichement des forêts, etc., c'est-a-dire par toutes les causes qui disqualifient les réserves d'energie superieure de notre planète, ont présenté la dégradation comme un danger et ont tenté de prouver que le progrès est dans la limitation de la dégradation au minimum possible.

Il y a évidemment là une sage idée d'épargne et il faut reconnaître que l'humanité s'est habituée à faire entrer au nombre des facteurs de sa vie économique des ressources limitées qui s'épuisent. Il est non moins vrai que l'emploi de ces réserves dégrade des énergies potentielles qui font partie d'un stock épuisable : mais si, partant de là, on prétendait que l'humanité devrait, par souci de son avenir, s'opposer de toutes ses forces à la dégradation énergétique sur notre globe, on commettrait une grave erreur.

Tous les phénomènes de la vie, nous le verrons, sont tributaires de la deuxième loi de l'énergétique. La tendance qu'ils ont à se produire est mesurée par la grandeur de la dégradation qui les accompagne. La vie des êtres, comme la vie des choses, est une fonction de l'accroissement entropique des énergies mises en jeu dans leur accomplissement.

Par suite le progrès lui-même, qui n'est qu'une direction imposée à la succession des phénomènes vitaux, a, lui aussi, pour condition, une dégradation énergétique en rapport avec l'intensité des phénomènes qu'elle détermine.

Ainsi le progrès des espèces animales et végétales est dans une certaine mesure une fonction de cette augmentation entropique qui tend à conduire notre système solaire vers la léthargie, et l'on peut dire que la vie croissante des êtres sur la terre est faite de la mort lente des mondes de notre système.

Il ne faut donc pas regarder la dégradation énergétique comme un facteur inutile ou nuisible au progrès de l'humanité. Il est bien au contraire un facteur nécessaire de son évolution. Nous devons, pour vivre et pour progresser, dégrader les énergies qui constituent notre substance et alimentent nos moyens d'action; et, dans le champ de notre volonté et de notre activité libre, nous devons, en usant largement des facultés dégradatrices dont nous disposons, avoir devant nous, non pas le spectre de la marche des mondes vers leur repos final, mais la vision d'un épanouissement croissant de la vie terrestre marquant une étape de l'évolution de l'univers. Nous devons par notre activité conduire cette vie vers son maximum d'éclat sans crainte des déchets accumulés derrière nous : ces déchets ne sont rien en regard de ceux qui s'accroissent de toutes parts et qui conduisent chaque système vers son échéance fatale.

Une philosophie qui assignerait comme objet suprême de l'activité humaine de retarder cette échéance serait une philosophie lâche et inutile, pareille à celle de ces sectes qui prétendent devoir réduire à son minimum l'activité de la vie individuelle en écartant d'elle les émotions, l'affectivité, les luttes, les joies et les tristesses. La vie de l'humanité est faite du concours des activités physiques et morales de chacun, dépensées sans compter. Rien ne nous dit qu'il n'y a pas une vie universelle faite du concours des phénomènes de chaque monde particulier, des phénomènes de la vie des êtres comme des phénomènes de la vie des choses.

Ce sont là d'ailleurs des considérations qui touchent à la conception de la vie et qui seront plus faciles à comprendre quand nous aurons étudié les lois qui conduisent la matière vivante vers l'épanouissement de sa croissance et chaque espèce vers l'apogée de son développement.

DEUXIÈME PARTIE

LA LOI PARTICULIÈRE AUX PHÉNOMÈNES DE LA VIE. — L'OPTION VITALE

CHAPITRE PREMIER

Pérennité de la matière vivante et option vitale. Généralités.

§ 1. — Les caractéristiques de la vie des êtres. Facteurs actifs. Probabilités et option.

Bien différente est la vie des êtres et la vie des choses.

Si le mot vie convient pour désigner la succession des étapes parcourues par les choses et les systèmes qui évoluent entre un commencement et une fin, et si la langue française ne possède pas d'autre mot pour dénommer cette évolution à partir d'une étape initiale jusqu'à une étape finale, il est des unités qui ont une vie tellement spéciale que le bon sens nous oblige à distinguer complètement cette vie des autres vies : ce sont les unités que l'on appelle « unités vivantes » ou êtres organisés, et le mot *vie* dans le langage vulgaire désigne spécialement la vie de ces organismes.

La vie des choses n'implique rien que l'évolution, conforme aux deux grandes lois de l'énergétique, d'une individualité ou d'un système dont la durée est limitée dans le passé et dans l'avenir.

La vie des organismes implique quelque chose de plus. En effet, si comme la vie des choses elle s'accomplit conformément à la loi de la conservation de l'énergie et à celle de la dégradation, — des expériences fameuses dans l'histoire de la science l'ont prouvé d'une façon irréfutable, — elle s'offre à nous avec des caractères très spéciaux, sinon exclusifs. Les principaux sont : *la nutrition*, ou rénovation de la substance individuelle par assimilation et élimination de matériaux avec conservation des formes établies, *la reproduction* ou croissance, à partir de fragments souches, d'unités filles semblables par leurs formes et leur constitution à l'unité mère, *l'irritabilité*, manifestation d'une propriété très particulière à la matière organique, et une *individualité* de l'unité totale par rapport aux éléments constituants qui n'a guère de comparable dans le monde inorganique que l'individualité de l'atome par rapport aux électrons qui le forment ou celle de la molécule par rapport aux atomes qui entrent dans son édifice.

La nutrition dont les résultats sont surtout apparents durant la période de l'accroissement individuel, au moment où l'être augmente de volume en conservant ses formes, n'est pas, il est vrai, l'apanage de la seule vie organique. Les cristaux s'accroissent comme s'ils se nourrissaient dans leurs eaux-mères, c'est-à-dire dans les solutions saturées où le soluble se trouve à la limite de solubilité et où par suite de l'évaporation il tend à précipiter. Mais l'unité cristalline formée n'est qu'une collectivité de petites unités toutes semblables à elles-mêmes et portant en elles-mêmes les éléments de symétrie de l'ensemble, c'est-à-dire les facteurs orientateurs de la forme générale. Au contraire, les unités vivantes ont des formes qui ne sont pas uniquement la résultante des propriétés morphogéniques des éléments constituants et qui ne sont pas non plus totalement justifiées par les rapports de l'individualité avec son milieu. Ces formes semblent procéder d'une directive intérieure et propre à l'agrégat, *pour la réalisation au mieux d'une fonction.*

La conservation de la forme au cours de la nutrition rapproche plutôt les unités vivantes de certains systèmes bien connus de la physique qui les décrit sous le nom de *systèmes stationnaires.*

Les systèmes stationnaires sont caractérisés par ce fait qu'ils offrent à nos yeux une forme constante, un modèle visuel et tangible permanent, quoique les éléments qui leur donnent naissance changent à tout moment.

La flamme d'une bougie conserve sa forme et sa structure physique bien que les molécules de gaz incandescent qui la constituent soient sans cesse rénovées. Un jet d'eau conserve sa forme d'ensemble, malgré la fluence de ses molécules liquides. Les stries lumineuses des tubes à vide conservent leur aspect bien que faites de particules électrisées sans cesse renouvelées. Tous ces systèmes sont des systèmes stationnaires.

Or la vie organique elle aussi est faite d'un mouvement de matière, d'une rénovation perpétuelle des éléments vivants. Elle est incompatible avec le repos chimique. Malgré cette fluence et cette rénovation, la forme, la structure et la composition moyenne des organismes demeurent constantes dans le temps grâce à l'enchaînement des phénomènes qui s'y déroulent.

Cependant à peine cette analogie est-elle formulée qu'on doit y apporter une réserve. Ostwald, l'un des premiers biologistes qui aient assimilé la vie aux phénomènes stationnaires de la physique a, lui-même, exprimé formellement cette réserve. Tandis que les systèmes stationnaires du monde inorganique s'offrent à nous comme les témoins de la constance dans le temps d'un phénomène longtemps répété et comme le résultat *passif* de cette constance, au contraire l'être vivant offre quelque chose d'*actif* dans la conservation de ses formes, comme s'il possédait en lui-même des facteurs orientateurs autres que les simples rapports physiques des unités et de leur milieu. C'est là un point sur lequel nous aurons à revenir souvent au cours de cet ouvrage.

La *reproduction* que nous avons donnée aussi comme un attribut caractéristique de la vie organique est un corollaire de la nutrition et de l'accroissement. La reproduction par division simple des unités inférieures ne nous invite-t-elle pas a considérer que la division d'une unité mère en deux unités filles se produit lorsque le volume, atteint grâce à la nutrition, dépasse une certaine limite. Certains biologistes, après Spencer et Van Rees, ont même cru pouvoir justifier mathématiquement la nécessité de la division cellulaire, en disant que, dans l'accroissement, la matière vivante s'augmente en volume comme le cube du rayon, tandis qu'elle s'augmente en surface seulement comme le carré de ce rayon; or les besoins croissant en raison du volume tandis que l'absorption croît en raison de la surface, il vient un moment où les besoins doivent forcément dépasser les apports de l'absorption. C'est alors que la scission est nécessaire.

Les autres modes de reproduction dérivent plus ou moins directement de celui-la. Aussi ne faut-il pas s'étonner que l'on ait assimilé la reproduction des êtres vivants a celle des cristaux qui, parfois se brisent et voient accroître chaque fragment suivant le type de l'unité mère.

Pourtant, il faut observer que dès que l'on franchit

les premiers échelons de la vie, on voit une seule cellule reproductrice assumer la charge de la reproduction des unités filles par genèse successive des cellules les plus différenciées, ce qui implique encore, *apparemment au moins*, la présence de directives ou de facteurs orientateurs actifs propres à l'unité vivante et à ses éléments reproducteurs.

Un autre caractère de la matière des unités organiques est, avons-nous dit, l'*irritabilité*. Lorsqu'on touche un organisme inférieur, une amibe, ou lorsqu'on approche de lui un acide, une base, un corps électrisé, on constate un mouvement dans le plasma qui forme le corps de cet organisme. Des mouvements réactionnels se produisent de même dans les cellules préposées soit à la vie de nutrition, soit à la vie de relation chez tous les êtres de la série animale et de la série végétale. Cette réaction mécanique des plasmas aux excitants extérieurs constitue l'irritabilité.

On a dit que la réaction d'irritabilité différait des réactions physiques du monde inorganique, parce que dans ces dernières, c'est l'énergie mise en jeu par l'agent provocateur d'un phénomène qui fait les frais de la réaction en subissant des transformations variées. Ainsi quand une bille de billard tombe sur une table de marbre et rebondit sur elle, le marbre réagit par son élasticité contre le choc produit, mais c'est la force vive de la bille qui a fait les frais du mouvement réactionnel. Au contraire, dans l'irritabilité, l'excitant ne joue qu'un rôle provocateur. Il déclenche des phénomènes qui mettent en jeu une énergie différente. Aucun rapport de causalité simple n'existe entre l'action et la reaction.

Mais beaucoup de phénomènes de la nature offrent ce même caractère. Si, avec une allumette, on enflamme un baril de poudre, on provoque par une action minime, une réaction énorme : l'allumette n'a fait que déclencher les phénomènes explosifs. Les catalyseurs, en chimie, agissent de la même façon. Il y a dans la nature toutes sortes de réactions explosives ou catalytiques ; et *a priori*, on peut regarder l'irritabilité comme un cas particulier de ces réactions.

Pourtant en étudiant de près la réaction d'irritabilité des plasmas vivants, on s'aperçoit que cette réaction semble se faire non pas sur un modèle physique ou mécanique identique aux réactions inorganiques, mais suivant des directives propres à l'unité vivante. directives qui s'offrent à nous *comme si elles tendaient vers quelque finalité* et en particulier vers une finalité *utile à l'individu*. Nous ne faisons en ce moment qu'énoncer cette observation sans la discuter.

Enfin, nous avons énuméré parmi les caractères propres à l'organisme vivant une *individualité* poussée à un degré remarquable. Cela signifie que cet organisme, fait de parties nombreuses et variées, les cellules, possède des propriétés d'agrégat que ne possédaient pas les parties constituantes. Les centralisations fonctionnelles sont parmi les plus remarquables fonctions d'agrégat. Mais la plus étonnante de ces propriétés est sans contredit, dans la série animale, la manifestation de la cérébralité qui chez les animaux du haut de l'échelle et chez l'homme en particulier, donne la notion de l'existence individuelle et la conscience de la vie.

Il est vrai que toutes les individualités bien caractérisées de la nature, comme l'atome, la molécule, possèdent des caractères d'agrégat qui n'appartiennent pas aux unités constituantes. Ainsi, il semble bien que la masse matérielle soit une propriété d'agrégat de l'atome que ne possèdent pas ses électrons constituants, ces derniers ne présentant que l'inertie électromagnétique. Il semble aussi que la pesanteur et les forces centrales gravides propres à l'atome n'existent pas dans l'électron. De même, la molécule possède des propriétés physicochimiques que l'on ne constate pas dans les atomes qui la composent. Pareillement, si l'on admet que l'électron est constitué par quelque tourbillon d'éther, on est porté à supposer que cette unité électromagnétique possède des propriétés qui ne se manifestaient pas dans l'éther générateur.

En un mot, chaque individualité. quand elle apparaît, offre des propriétés nouvelles qui la caractérisent. Le fait que l'unité vivante a des propriétés d'agrégat spéciales, distinguant nettement son individualité, n'a donc rien d'exclusif. Les autres unités bien caractérisées de la nature jouissent de privilèges analogues. Nous nous étonnons des privilèges de l'unité vivante parce qu'ils sont en nous, parce qu'ils sont nous-mêmes, tandis que ceux des unités inertes ne nous frappent pas parce que ce sont eux qui nous donnent les premières notions de la nature.

Mais, malgré ces analogies, et à cause de ce fait capital que les propriétés d'agrégat présentées par les unités vivantes sont des propriétés *spéciales*, différentes de celles des unités du monde inerte, la vie des organismes constitue une vie *spéciale*, différente des autres vies.

Ces différences nous donneront la clé de ce que nous avons appelé plus haut l'*activité* des systèmes stationnaires vivants.

Ainsi, à peine jetons-nous un coup d'œil sur les caractères spéciaux qui différencient la vie des êtres organisés de la vie des choses, aussitôt nous apercevons dans cette vie non pas des phénomènes physiques particuliers, — bien au contraire, on a vérifié que tous ceux qui se passent dans leur substance sont tributaires des lois de la thermodynamique, — mais quelque chose d'aspect assez mystérieux dans l'agencement de ces phénomènes, quelque chose qui évoque en nous une figure d'agents orientateurs et qui nous inciterait, si nous n'y prenions garde, à chercher avec les vitalistes quelque principe propre à la vie et conduisant les unités vivantes vers une finalité déterminée.

Il faut ne pas se dissimuler qu'on se heurte derrière ces apparences à l'un des plus grand problèmes qui agitent l'esprit humain. L'écarter de parti pris, comme l'ont fait certains philosophes mécanistes et matérialistes qui prétendent n'accorder aux unités vivantes aucun caractère différent de ceux des unités inorganiques, est une faute aussi lourde contre la méthode scientifique que de déclarer *a priori* que ces propriétés sont inaccessibles à l'analyse et qu'elles ressortissent à une métaphysique fermée à l'intelligence humaine.

L'objet de cette partie de l'ouvrage est précisément de montrer la réalité de ces propriétés, de ces directives, de ces facteurs orientateurs actifs, propres à l'être vivant et de mettre en lumière que leur genèse et leur mode d'action procèdent d'une loi générale propre à la matière vivante, loi aussi importante que l'est la loi de Carnot pour l'évolution de la matière inorganique, *la loi d'option vitale.*

La loi d'option vitale se dégagera d'elle-même de l'étude qui va suivre et son énoncé ne peut guère être fait que dans nos conclusions. Néanmoins nous pouvons dès le début prendre d'elle un aperçu.

L'option vitale est le choix *entre deux ou plusieurs routes offertes par la deuxième loi de l'énergétique* à l'évolution des phénomènes de la matière vivante ; elle est le choix *entre deux ou plusieurs phénomènes possibles*, tous dégradateurs de l'énergie mise en jeu et s'excluant les uns les autres.

Tantôt les *diverses routes offertes* ont la même pente, les *divers phénomènes possibles* ont la même valeur dégradatrice et pourtant il faut que l'un des phénomènes seul se produise à l'exclusion des autres, il faut que l'une des routes seule soit *choisie* parmi toutes les routes offertes.

Tantôt les pentes sont différentes, les phénomènes ne sont pas également dégradateurs, mais l'embarras du choix entre les routes offertes résulte de ce fait qu'un faux équilibre empêche le déclenchement des mutations prévues par la deuxième loi de l'énergétique et que des agents lytiques, catalyseurs chimiques ou déclencheurs physiques, sont nécessaires pour provoquer ces mutations. Il suffit d'imaginer que la *mise en œuvre* des divers agents lytiques en concurrence est équivalente devant la deuxième loi de l'énergétique, c'est-à-dire que les interventions lytiques possibles sont elles-mêmes isodégradatrices pour comprendre que le choix entre les routes ouvertes soit thermodynamiquement indifférent. C'est ce qui a lieu dans la réalité, la *mise en œuvre* des agents lytiques étant d'ailleurs *infiniment peu dégradatrice* en elle-même.

Ainsi, quel que soit le cas, qu'il s'agisse de plusieurs phénomènes isodégradateurs possibles ou bien de plusieurs phénomènes inégalement dégradateurs mais commandés par des interventions lytiques dont les valeurs dégradatrices, d'ailleurs voisines de zéro, sont égales, il y a, pour le système siège de ces mutations possibles l'obligation d'un choix et ce choix peut être qualifié d'indifférent, parce qu'il ne dépend pas de la loi de Carnot, parce qu'il échappe à cette deuxième loi de l'énergétique qui règle le sens des phénomènes d'évolution de ce monde.

Cela posé, que l'on veuille bien comprendre le sens exact de ce mot *choix* pour le système intéressé.

Qu'est-ce que c'est pour ce système, qu'être obligé de choisir entre diverses routes possibles, quand le choix est thermodynamiquement indifférent et quand les seuls facteurs du monde inerte entrent en jeu pour décider ce choix? Être obligé de choisir dans ces conditions, cela signifie, en langage vulgaire, être tributaire du hasard, et en langage scientifique, être régi par le calcul des probabilités.

Tout le monde connait des exemples de ce choix de hasard et de cette intervention des lois de probabilité dans l'enchaînement de certains phénomènes. Dans les jeux de hasard, à chaque coup tiré, un numéro ou une couleur doit sortir à l'exclusion des autres numéros ou des autres couleurs et l'ensemble des circonstances qui déterminent le numéro ou la couleur sortie est tel qu'il s'offre à nous comme pouvant être remplacé par un ensemble amenant un autre numéro ou une autre couleur avec les mêmes chances. Autrement dit la répartition des couleurs ou des numéros au cours de longues séries doit tendre vers l'égalité des sorties pour chacun d'eux, si deux postulats fondamentaux sont rigoureusement vérifiés, postulats qui symbolisent l'indifférence thermodynamique.

1°) Les circonstances qui pour un coup donné déterminent le choix du numéro ou de la couleur sortie doivent *dans leur genèse* équivaloir thermodynamiquement à celles qui détermineraient le choix d'un autre numéro ou d'une autre couleur.

2°) Les cironstances qui ont déterminé un choix pour un coup donné ne doivent avoir aucune influence sur celles qui détermineront le choix suivant ; les coups ne doivent exercer aucune influence mutuelle les uns sur les autres.

Quand ces deux postulats sont rigoureusement vérifiés, les formules de probabilité nous disent : le maximum de chances au cours de longues séries est pour la proportion égale des couleurs ou des numéros ; le maximum de chances est pour l'égalité des sorties de telle couleur ou tel numéro durant de longues séries de coups égales ; le maximum de chances est pour que le même numéro ou la même couleur ne sorte plusieurs fois de suite qu'un nombre minimum de fois. Les mêmes formules nous donnent numériquement les probabilités des répartitions différentes de ce maximum.

Dans ces conditions, nous pouvons dire que le choix répond bien à l'idée que nous nous faisons du hasard. C'est le choix indifférent, le choix à la courte paille ou à pile ou face, le choix sans raison de choisir, le choix sans choix.

Mais il suffit que l'un des postulats que nous venons d'énoncer ne soit pas vérifié pour qu'immédiatement le choix change de nature. Pour le postulat d'indifférence, c'est évident, puisque dès lors qu'il est mis en défaut, c'est que la deuxième loi de l'énergétique a trouvé quelque fissure pour exercer son emprise. Si c'est le postulat d'indépendance qui est mis en défaut, un facteur très spécial de choix se trouve introduit; chaque coup précédent prépare le coup suivant, chaque coup suivant dépend dans une certaine mesure des coups qui le précèdent, et le hasard de l'avenir est lié au hasard du passé. Les formules de probabilité sont mises en défaut. Le choix admet une *raison de choisir* en dehors des lois de probabilité ou de hasard, le choix devient une option déterminée.

C'est ce qui a lieu dans l'évolution de la matière vivante. Dans l'évolution de la matière vivante la plupart des phénomènes sont susceptibles de concurrence isodégradatrice ou sont tributaires des faux équilibres. Une option est nécessaire à l'origine de chacun d'eux, mais dans cette option le deuxième postulat des formules de probabilité est mis en défaut parce qu'il n'y a pas indépendance des actes successifs et parce que la matière vivante se comporte *comme si elle conservait la mémoire du déjà fait*, comme si elle accomplissait plus volontiers les actes déjà accomplis, comme si elle parcourait plus facilement les routes déjà parcourues. Ce *choix dirigé* propre à la matière vivante, ce choix échappant au hasard et au calcul ordinaire des probabilités, est ce que nous appelons l'*option vitale*.

Or, quand on étudie l'évolution de la matière vivante sur la Terre, on constate vite que cette option dirigée *n'est pas dirigée dans un sens quelconque, variable d'une unité à l'autre, d'une lignée à l'autre, d'une espèce à l'autre*. La direction est précise, uniforme au point de pouvoir être érigée en loi. La loi suivant laquelle s'accomplissent les phénomènes de la vie dans l'indifférence dégradatrice par rapport à d'autres phénomènes également possibles, est ce que nous appelons la *loi d'option*. Le facteur qui met en défaut le deuxième postulat des probabilités dans chaque unité organisée est l'*habitude* et dans chaque lignée l'*hérédité*.

§ 2 — Continuité des facteurs d'option. Pérennité de la matière vivante et hérédité dans le cadre de l'espèce

Pour comprendre la loi d'option vitale et pour voir clairement le rôle de l'habitude et de l'hérédité dans les actes de la matière vivante, il faut tout d'abord s'élever un peu au-dessus des vies individuelles, au-dessus de l'évolution de chaque unité organique et regarder l'évolution de la matière organisée prise dans son ensemble sur notre globe.

Quel que soit l'organisme animal ou végétal que nous considérions, nous n'en connaissons pas un seul parmi les espèces classées, qui ne naisse d'un être à peu près semblable et qui disparaisse sans pouvoir laisser de descendance Chaque individu se présente comme étant un anneau d'une chaîne ininterrompue d'unités procédant les unes des autres.

Ainsi un être monocellulaire, une amibe, résulte de la bipartition, de la section en deux moitiés, d'une cellule semblable qui est la cellule mère et elle-même, arrivée à un certain stade de sa vie, se partagera en deux unités filles.

Un organisme complexe, un arbre, un mollusque un vertébré, résulte du développement d'un germe, d'une cellule originelle qui a fait partie elle-même de la collectivité cellulaire d'un ancêtre, et cet arbre, ce mollusque, ce vertébré pourra avant de disparaître laisser lui-même un germe, une cellule qui évoluera pour continuer la descendance.

Omne vivum ex ovo, tout organisme vivant provient d'une cellule originelle, telle est la formule souvent répétée qui résulte de l'observation générale de la nature.

En énonçant cette proposition, nous nous gardons bien d'ailleurs d'affirmer qu'il est impossible que des plasmas très simples, que des cellules même, puissent se former à partir des éléments non organisés.

Cette formule ne touche pas du tout à la question des origines primordiales de la matière vivante, ni a aucune controverse sur la filiation des espèces, elle exprime seulement un fait très général relatif à toutes les unités vivantes connues de nous.

Elle signifie qu'un peu de la matière de l'unité mère se retrouve toujours dans l'unite fille, et que c'est l'accroissement par nutrition de cette petite quantité de matière qui conduit l'unité fille à l'apogée de son développement.

Elle indique, quand on considère les organismes complexes des deux règnes, quelque chose de plus. Elle indique que toutes les cellules de ces organismes dérivent d'une cellule antérieure, que toutes les catégories cellulaires, cellules musculaires, cellules nerveuses, cellules conjonctives, etc., sont issues par différenciations successives de la cellule originelle, du germe individuel.

Parmi toutes ces cellules dérivées de la cellule originelle, il en est forcément toute une chaîne qui aboutira à la production des nouveaux germes individuels, origine des unités filles de deuxième génération. Ainsi chez les animaux supérieurs, comme chez toutes les espèces vivantes, on peut suivre, depuis les premières périodes fœtales, des groupes cellulaires qui, dérivant de la cellule ovulaire fécondée, constituent dans les organes de la reproduction les cellules génératrices des éléments reproducteurs mâles et femelles, les ovogonies, les spermatogonies. L'ensemble de ces cellules non différenciées en vue d'une spécialisation fonctionnelle de la vie organique, peut, suivant l'appellation donnée par Weismann en 1885, être qualifiée du nom de *germen* par opposition aux cellules du corps dont l'ensemble constitue le *soma*.

Les *cellules germinatives*, à l'encontre des *cellules somatiques*, ne sont affectées à aucune fonction spéciale de nutrition, d'assimilation respiratoire, de sécrétion, de soutien, de défense pour l'organisme, etc. Elles sont là uniquement préposées à la perpétuation de l'espèce.

Entourées des cellules du soma, qui avec ses tissus différenciés, ses organes adaptés à des fonctions variées, assure la vie de l'individu, elles sont comme l'élément noble de cet individu, l'élément précieux qui a pour unique mission de continuer la cellule originelle et d'assurer sa reproduction indéfinie.

Les cellules somatiques, les cellules des organes conduisant les liquides nourriciers, des organes de soutien, des organes de la vie de relation, des organes de protection, de défense ou d'attaque, etc., s'offrent à nous comme des accessoires, comme un habillage du germen.

L'individu, qu'il soit un animal ou qu'il soit une plante, n'est, quand on pousse cette manière de voir jusqu'au bout, que le lieu de développement, l'habitat où se fait la multiplication indéfinie des cellules germinatives.

Ces cellules germinatives évoluent là, elles se nourrissent, elles se multiplient dans cet habitat complexe, au milieu de cette domesticité savante, comme le feraient des organismes monocellulaires dans un milieu approprié.

Parmi elles, un petit nombre, les élues de l'acte reproducteur, un jour seront appelées à se créer un nouvel habitat, une nouvelle domesticité et elles le feront avec une précision, avec une sûreté remarquables, donnant naissance autour d'elles aux mêmes cellules, aux mêmes tissus, aux mêmes organes, qui caractérisent le soma maternel. Le nouvel habitat ainsi créé est l'unité fille, copie fidèle de l'individu qui hébergeait le germen procréateur.

Cette précision, cette sûreté de construction, cette sorte de mémoire matérielle de la cellule germinale pour construire sa nouvelle demeure s'appelle, on le sait, l'hérédité.

Les autres cellules germinales, celles qui ne procréeront pas, d'ailleurs de beaucoup les plus nombreuses, périront par milliers sans descendance, comme périssent les cellules du soma au terme ou au cours de la vie individuelle. Ce sont les épaves semées par le germen le long de sa route, épaves qui rendues aux cycles des matériaux organiques et inorganiques de notre globe, viendront par les voies chimiques de l'assimilation, participer à la vie de nouvelles individualités et entretenir la matière nécessaire aux générations de l'avenir.

Ainsi envisagée, la matière vivante nous apparaît comme se perpétuant sans solution de continuité à travers ses unités, ses individualités successives, par les cellules germinatives sans cesse en voie de filiation. Ces unités, ces individualités sont éphémères, elles évoluent vite, vieillissent, meurent, mais leur mort n'est qu'un incident en regard de la vie indéfinie du germen. Elles sont, suivant une expression poétique du Professeur Roger que j'aime à répéter, « les branches élaguées sur le tronc éternel de la vie ».

Que l'on veuille bien observer, et j'insiste sur ce point avant d'aller plus loin, que dans ces considérations, nous ne faisons pas entrer en ligne de compte l'idée de la filiation des organismes ni la théorie du transformisme qui effraie encore quelques timorés. Quand nous parlons de pérennité de la matière vivante et de continuité du germen, nous n'avons pour le moment en vue que la filiation des êtres de chaque espèce. Cette partie de l'ouvrage qui a pour objet la mise en lumière de la loi d'option ne fera appel à aucune doctrine discutée. Nous y envisagerons les phénomènes de la vie en nous enfermant dans le cadre de chaque espèce et nous nous interdirons de nous demander comment chacune d'elles a pris naissance. Lorsque de cette étude positive, où l'hypothèse n'aura eu aucune part, nous aurons dégagé la loi d'option vitale, nous dirons incidemment d'une part quelle ampleur universelle donne à cette loi la conception transformiste de l'origine des espèces et d'autre part quelle explication lumineuse cette loi elle-même apporte à la doctrine de l'évolution.

§ 3. — L'hérédité et l'option vitale. Premier aperçu de la loi d'option dans le cadre de l'espèce.

Si l'hérédité n'existait pas, si la cellule germinative ne conservait pas dans la delicatesse de son chimisme intérieur certaines caractéristiques qui échappent à nos moyens d'investigation et qui sont comme la mémoire matérielle des actes accomplis dans son habitat antérieur, de la vie parcourue dans les unités ancestrales, il n'y aurait aucune raison pour qu'un ovule d'oursin fasse un oursin et un ovule d'homme, un homme. Indifféremment ce petit fragment de matière vivante s'accroîtrait au hasard des conditions de milieu donnant des unités amorphes ou de forme indéterminée. Il n'y aurait ni espèces, ni embranchements, ni règnes. La matière vivante croîtrait à l'aventure et l'unité organisée serait seulement un système stationnaire passif dont la forme et les vertus seraient des *à postériori* des équilibres de milieu.

Ce n'est pas ainsi qu'évolue la matière vivante. Elle paraît se caractériser avant tout à nos yeux par cette propriété étonnante de garder l'empreinte du déjà fait, de répéter plus facilement ce qu'elle a une fois accompli et de reprendre plus volontiers un chemin déjà parcouru quand une bifurcation de la route lui offre deux voies également accessibles.

Ainsi arrive-t-elle systématiquement en suivant des routes toujours les mêmes à atteindre toujours le même objectif qui est un type défini de forme, de composition, de fonctions organiques.

Cette mémoire du déjà fait, cette facilité de répétition du déjà accompli, cette tendance au choix de la route déja parcourue s'appelle, nous le savons, quand la matière vivante se poursuit de l'unité mère à l'unité fille, l'*heredite*. Mais au fond l'hérédité ne diffère en rien de la propriété que possède chaque unité de tous les tissus, de tous les organes, de rénover sa matière au cours de sa vie suivant un mode toujours le même qui assure la constance de ses caractères et de sa forme.

Il faut en effet se rendre compte que dans l'intimité des tissus chez les êtres complexes, là où se poursuivent sans relâche des divisions karyokinétiques, des multiplications et des rénovations cellulaires, il y a sans cesse transmission des propriétés des cellules mères aux cellules filles ou, si l'on veut, pérennité des caractères matériels en même temps que pérennité de la matière vivante à travers les unités successives. Par suite, on est conduit à considérer que l'hérédité que nous connaissons, l'hérédité du langage vulgaire, en vertu de laquelle un descendant ressemble à ses ancêtres, est doublée dans l'intimité de l'organisme de phénomènes héréditaires que nous ne voyons pas, de phénomènes héréditaires propres à chaque parcelle organique.

Lorsqu'on soumet à une analyse rigoureuse ce phénomène de la conservation de la forme et des caractères malgré la rénovation de la substance, ou ce qui revient au même, le phénomène de la conservation héréditaire des caractères, on y aperçoit immédiatement deux groupes de facteurs différents.

On y aperçoit d'abord des facteurs que nous pouvons qualifier d'*extrinsèques*, c'est-à-dire des facteurs résultant des propriétés matérielles stables du système et des rapports de l'unité et de son milieu. Ils sont analogues aux facteurs extrinsèques qui, dans un système stationnaire physique, maintiennent la constance de la forme : c'est, dans le phénomène de la flamme de bougie par exemple, la densité de l'air ambiant, la proportion de l'oxygène, la qualité de la bougie, la longueur de la mèche, tous les éléments qui entrent en jeu pour régler l'intensité, la rapidité des combustions et le régime de circulation des molécules incandescentes; c'est dans le phénomène du jet d'eau ou du filet d'eau qui coule d'un robinet, l'intensité de la pesanteur, la tension de projection, le diamètre d'ouverture, la tension superficielle du liquide, la forme de l'orifice d'écoulement, etc.

On y aperçoit en second lieu ce que nous pouvons

appeler des facteurs *intrinsèques* propres à la dynamique du système, liés à son fonctionnement, à son état cinétique plutôt qu'à sa matière et qui constituent pour elle une sorte d'autodirection. Nous ne les trouvons que difficilement dans les systèmes stationnaires physiques. Cependant on ne peut pas dire qu'ils n'y existent pas. En effet nous constatons fréquemment dans ces derniers systèmes des phénomènes d'alternance qui montrent que deux ou plusieurs voies sont possibles dans l'accomplissement des mutations énergétiques qui les constituent. Ainsi un jet d'eau ascendant, un filet d'eau tombant d'un robinet, changent parfois de régime, de forme, sans aucune modification appréciable des facteurs en jeu ; c'est le jet unique qui se décompose en deux filets ascendants, puis redevient jet unique ; c'est le filet tombant du robinet qui se dissocie en grosses gouttes, puis redevient un filet et ainsi de suite.

Or, il y a lieu d'observer que, quand un régime est une fois établi, il tend à se maintenir au moins quelque temps. Parfois des perturbations extérieures notables ne suffisent pas à détruire le régime établi pour instituer le deuxième régime possible. Cela prouve que, dans une certaine limite, une fois que ce régime est établi, il y a des probabilités pour son maintien supérieures à ce qu'étaient les probabilités pour son établissement au moment où il a pris naissance.

Il faut donc admettre dans la dynamique même du système stationnaire des facteurs qui se surajoutent à ceux des parties matérielles fixes du système, qui naissent de la fluence, du mouvement des matériaux labiles du système, et qui méritent bien le nom d'intrinsèques vis-à-vis du système stationnaire. Précisons par l'analyse d'un exemple concret cette distinction entre les facteurs intrinsèques et les facteurs extrinsèques qui tendent à la conservation de la forme et qui en général assurent l'option entre plusieurs voies accessibles.

Voici un jet d'eau ascendant. Le bec d'où il sort, considéré au repos, alors que le jet est arrêté, présente des caractères physiques : diamètre relatif par rapport au diamètre de la conduite, forme, degré de poli, etc., ce sont des caractères fixes, extrinsèques pour le système stationnaire que sera le jet d'eau, stabiles en regard de la matière fluente du jet.

Ouvrons le robinet. Supposons que les caractères stabiles dont nous venons de parler soient tels que le jet formé ait les mêmes chances d'être unique ou bien dédoublé en deux filets divergents. Tantôt lors de l'ouverture, c'est le jet simple qui se forme, tantôt c'est le jet double. Que ce soit le premier ou que ce soit le second qui prenne naissance, une fois formé il se maintient habituellement un certain temps ou en tout cas tend à se maintenir parce que des facteurs nouveaux sont entrés en scène : équilibre cinétique de répartition des forces intermoléculaires et de tension superficielle des molécules en mouvement, tourbillons créant des régimes giratoires qui, une fois établis, tendent à s'entretenir en absorbant une partie de la force ascensionnelle des molécules, etc.

Ces facteurs nouveaux qui ne pouvaient exister avant l'ouverture du robinet, qui ne pouvaient prendre naissance qu'avec le mouvement de matière produisant le système stationnaire, et qui naissent et meurent avec ce mouvement, ce sont les facteurs intrinsèques de ce système, les facteurs labiles dont il ne reste en principe aucune trace dans les parties fixes où se déroule le système stationnaire, dans le bec du jet ou dans la tuyauterie.

La conception des facteurs intrinsèques d'option nés avec le système stationnaire nous rend donc parfaitement accessible cette notion qu'un caractère, une forme, né d'un choix indifférent puisse avoir tendance à se maintenir une fois établi. Elle nous rend non moins accessible ce fait qu'un système stationnaire dont le débit varie, augmentant ou diminuant dans le temps, conserve son régime ou sa forme une fois établi, malgré les changements de volume et les variations dont il est le siège. Cette fixité relative s'explique par le fait que les facteurs cinétiques d'option *qui ont pris naissance avec la formation de l'un ou de l'autre régime* persistent au cours de ces changements de volume et tendent à maintenir la forme ou le régime établi.

La confusion des facteurs intrinsèques ou labiles et des facteurs extrinsèques ou stabiles a été la cause d'une erreur fameuse dans l'histoire des sciences biologiques. De ce que dans les systèmes stationnaires physiques les facteurs d'option sont ordinairement extrinsèques et liés aux parties fixes de ces systèmes, de ce que, surtout quand on cherche à reproduire en séries les dispositifs fixes engendrant les systèmes stationnaires, on est contraint, si l'on veut favoriser telle ou telle option, de chercher à fixer sur ces parties stables les déterminantes de l'option, on s'est cru autorisé à chercher, dans les unités vivantes dérivant les unes des autres, des déterminantes matérielles fixes, stabiles, agents de transmission des caractères héréditaires. Le physiologiste allemand Weismann a formulé cette doctrine dans son épanouissement le plus spécieux. Nous la retrouverons, pour en montrer la fausseté, au cours de cet ouvrage.

Cette erreur, qui a joué un rôle considérable dans l'histoire des sciences biologiques, procède en grande partie de ce faux raisonnement établissant une analogie trompeuse entre les systèmes physiques et les systèmes vivants.

C'est que, en effet, quand on considère les systèmes stationnaires physiques, on ne peut que très difficilement imaginer la reproduction ou la continuation des caractères labiles, des facteurs intrinsèques, liés à la cinétique de la matière fluente.

Pour imaginer cette reproduction, cette continuation des facteurs labiles, il faudrait faire une hypothèse paradoxale. Pour imaginer par exemple la reproduction de deux, trois jets d'eau à double filet à partir d'un jet d'eau dans lequel quelque régime tourbillonnaire une fois établi a créé et fixé le régime du double filet, il faudrait faire cette hypothèse inadmissible que le jet d'eau modèle puisse être dédoublé en vitesse pendant qu'il fonctionne et que chaque jet nouveau puisse *conserver* les régimes tourbillonnaires conservateurs du double filet. Il faudrait en un mot non pas s'évertuer de reproduire les caractères stabiles des parties matérielles du système stationnaire, mais tâcher de *perpétuer* les caractères labiles, les facteurs intrinsèques du système surpris en vitesse. C'est la condition indispensable pour que les circonstances qui ont déterminé l'état précédent aient une influence sur les circonstances déterminant l'état suivant, c'est-à-dire pour que le deuxième postulat des lois de probabilité soit mis en défaut. Or, on reproduit le bec d'un jet d'eau, le robinet d'un filet d'eau qui s'écoule, la bougie, source d'une flamme éclairante, le tube à vide, siège de stries lumineuses, mais on ne dédouble pas le jet d'eau, le filet d'eau, la flamme, les stries saisis en vitesse avec leurs caractères labiles.

Cette reproduction en vitesse, impossible dans les systèmes stationnaires physiques, est possible dans les systèmes stationnaires chimiques ou du moins dans certains systèmes stationnaires chimiques, présentant des caractères d'agrégat comme les unités vivantes.

Les unités vivantes, en effet, se reproduisent sans interrompre le cours des phénomènes dont elles sont le siège et *qui constituent leur vie.* Leur reproduction a même pour condition essentielle la continuité des chaînes de phénomènes de la vie dans le fragment de matière issu de l'unité mère.

Par suite les facteurs intrinsèques d'option sont saisissables par le dédoublement. De même qu'ils peuvent s'accroître avec le volume de ces unités, ils peuvent se scinder avec elles. Ils sont transmissibles, quoique n'étant pas des caractères morphologiques des parties fixes.

La notion des facteurs intrinsèques ou labiles d'option dans les unités vivantes est une notion capitale. C'est elle qui nous révèle le secret de ce que nous avons appelé le choix fatal entre les routes offertes à l'évolution de la matière organisée, c'est-à-dire l'option systématique, *la loi d'option.* Ce qui fait que les systèmes stationnaires vivants sont des systèmes stationnaires *actifs* et *non passifs*, pour employer le langage d'Ostwald, c'est que les facteurs intrinsèques d'option imposent la route à suivre et constituent des directives individuelles, alors que les facteurs extrinsèques, seuls, auraient été impuissants à expliquer cette activité.

Nous allons à présent passer des généralités et des vues abstraites à l'étude des faits concrets en considérant successivement le mécanisme de l'option vitale dans les réactions chimiques des plasmas, puis dans les actes de la vie de relation et enfin dans les actes volontaires chez les animaux supérieurs et chez l'homme.

De cette étude, un fait, utile à signaler dès à présent, se dégagera lumineux et plein d'enseignement. C'est que si l'option de relation, exclusivement propre aux unités vivantes, est nettement commandée par les facteurs intrinsèques de triage liés à l'activité des systèmes stationnaires vivants, au contraire l'option chimique relève de facteurs dont la nature intrinsèque et labile est moins frappante et qui vont parfois jusqu'à la stabilisation sous la forme de catalyseurs indéfiniment présents dans la matière vivante et indéfiniment entretenus ou renouvelés à travers ses individualités successives.

C'est pour cela que les biologistes, qui à la suite de Weismann admirent l'hypothèse des déterminants matériels, ou particules infiniment petites servant de support à chaque caractère spécifique dans les cellules du germen, ont surtout trouvé leurs adeptes parmi les biochimistes.

Les physiologistes au contraire, habitués à la contemplation des phénomènes vitaux, aux manifestations de l'irritabilité plasmique, sont bien plus entraînés à la recherche des facteurs labiles d'option. Ce n'est pas avec le microscope qu'ils trouvent dans l'infiniment petit les supports matériels stabiles des agents de triage, mais c'est au contraire en regardant de haut le tourbillon ininterrompu des phénomènes organiques qu'ils découvrent, dans les caractères d'agrégats invisibles et dans les propriétés des systèmes stationnaires pris en vitesse, les raisons de l'option biologique qui aiguille la matière vivante vers ses destinées. Ces caractères d'agrégat, ces propriétés stationnaires, ces facteurs intrinsèques et labiles ressortissent à cette propriété fondamentale de la matière vivante que nous avons énoncée et que nous étudierons tout à l'heure : l'irritabilité.

CHAPITRE II

L'option vitale dans les réactions chimiques de la matière organisée.

§ 1. — Les systèmes stationnaires chimiques

1. Ce que c'est qu'un système stationnaire chimique.

En physique, un système stationnaire est caractérisé par ce fait que de la matière incessamment en mouvement affecte, dans une partie au moins de son parcours, une forme déterminée qui nous frappe et qui s'impose a nous comme un objet, comme une individualité ayant une existence propre.

Ainsi quand nous parlons d'un jet d'eau, l'idée évoquée en nous par le mot jet d'eau n'est pas celle de toute la masse d'eau qui d'un réservoir élevé passe à un réceptacle inférieur, mais bien le modèle visuel constitué par un cylindre liquide, par un epanouissement qui le surmonte et par une pluie périphérique.

Il y a d'ailleurs des systèmes stationnaires qui sont aussi bien chimiques que physiques, parce qu'ils impliquent pour se produire une reaction chimique. Ainsi dans une flamme de bougie le phenomène primordial est une oxydation sans laquelle le système stationnaire ne se formerait pas. Mais la encore l'idée éveillée en nous par le mot flamme est un modèle visuel, une figure ellipsoïdale, éclairante et transparente, aux couleurs variées.

Cependant, par extension, nous pouvons nous représenter des systèmes stationnaires dans lesquels le modèle visuel ne s'impose pas aussi impérieusement à notre conception.

Un système chimique dans lequel deux corps renouvelés au fur et à mesure qu'ils se combinent donnent un composé qui se détruit peu après sa formation et au fur et à mesure qu'il se forme, constitue un système stationnaire, par ce fait que le composé, quoique instable, demeure en quantité constante. Ce composé constitue une phase du système chimique demeurant pareille à elle-même dans le temps, malgré la fluence des molécules qui la forment. Elle ne s'offre pas à nous avec un modèle visuel qui s'impose à notre œil, mais elle n'évoque pas moins en notre esprit l'idée d'un système permanent malgré la rénovation de sa matière.

Il n'est donc pas nécessaire qu'un modèle visuel se dresse devant nous pour que nous employions l'expression de *système stationnaire* et cette extension d'une idée et d'un mot nous permettra de généraliser très largement certains raisonnements applicables à ces systèmes.

Il n'est pas nécessaire non plus que la phase visée ait une quantité toujours égale à elle-même pour constituer un système stationnaire. Elle peut en particulier subir un accroissement lent pendant que s'opèrent les mutations rapides des éléments qui la traversent. Il suffit que cet accroissement soit d'un ordre de grandeur très inférieur à celui de la quantité de matière qui parcourt le système, pour qu'il mérite le nom de stationnaire. Le fleuve qui augmente ou diminue pendant les crues ou les décrues, la flamme de bougie qui croît ou décroît avec les variantes de charbonnage de la mèche, tout système stationnaire qui se modifie avec les changements lents du milieu où il évolue n'en reste pas moins un système stationnaire. Les systèmes stationnaires en un mot peuvent évoluer dans le temps.

Nous allons donc nous représenter un système stationnaire chimique dans lequel un composé quelconque, tel que l'acide tartrique, l'alcool amylique de l'isopentane, etc., se forme continuellement à partir de ses composants, demeure un moment à l'état permanent, puis se dissocie et nous allons préciser certaines lois qui jouent dans son existence un rôle aussi considérable que les lois de l'énergétique étudiées plus haut. Avant d'étudier ces lois, je dois dire pourquoi j'ai choisi comme exemple, parmi les composés chimiques, deux corps qui présentent ce qu'on appelle des isomères. Un aperçu sur l'isomérie et sur les corps voisins à potentiel thermodynamique égal nous est indispensable pour comprendre les lois visées.

2 Isomérie et corps équipotentiels

On sait que la molécule, dernière division à laquelle on peut réduire un corps sans altérer son espèce chimique, est composée d'atomes. Cette unité chimique est d'ailleurs extrêmement petite; ainsi une molécule d'eau, d'après les évaluations les plus rationnelles, ne pèse que 25 trillionièmes de trillionième de gramme, c'est-à-dire qu'il en faudrait environ quatre trillions pour arriver au poids de un dix-millionième de milligramme. L'une des plus grosses molécules connues, la lourde molécule d'albumine qui est à la base de la vie des êtres et qui est près de 350 fois plus pesante que la molécule d'eau, est encore si petite qu'il en faudrait plus de 115.000 trillions pour faire un milligramme.

Malgré cette petitesse relative, la molécule a son architecture et une architecture très délicate et très précise. Pour peu qu'on pénètre dans la chimie de la vie, on s'aperçoit que toutes les molécules qui prennent part à l'évolution des êtres et qui tiennent un rôle dans le système stationnaire représentatif de chaque organisme, sont constituées par un noyau formé de plusieurs atomes de *carbone* soudés ensemble. Le carbone, a-t-on dit à juste raison, est la *charpente de la vie*. A chaque poutrelle carbonée s'accrochent des atomes ou des radicaux divers.

Ces squelettes structuraux de l'édifice moléculaire, quelque variés qu'ils soient, sont d'ailleurs réductibles a quelques types bien définis. La chimie, par l'étude des réactions, des substitutions atomiques, de la valeur thermodynamique de chaque mutation, est arrivée, d'inductions en inductions, a pouvoir figurer ces charpentes squelettiques par des schémas remarquables.

Ici les atomes de carbone soudés les uns aux autres, comme les anneaux d'une chaîne, forment une charpente linéaire ouverte a ses deux bouts. Les corps qui répondent a cette figure sont les corps dits à chaîne ouverte, tels que les alcools vulgaires, les sucres, etc...

D'autres fois, la chaîne se ferme sur elle-même, si bien que le premier et le dernier maillon sont liés ensemble, ou plutôt qu'il n'y a ni premier, ni dernier maillon, ce sont les noyaux cycliques qu'on trouve dans la benzine, dans les corps aromatiques, dans la naphtaline, etc.

Or, lorsqu'on part de cette charpente fondamentale, pour former les corps organiques, on constate que chaque atome de carbone possède la faculté de s'allier à un, deux, trois atomes d'éléments divers ; qu'il possède, comme on dit en chimie, une, deux, trois valences libres suivant qu'il a déjà une ou plusieurs de ses quatre valences réglementaires utilisées dans sa charpente pour le lier à ses voisins.

En un mot, tout se passe comme si chaque atome de carbone possédait un ou plusieurs crochets auxquels on pourrait suspendre des atomes variés. Le plus facile à accrocher est sans contredit l'atome d'hydrogène. Ainsi quand a une chaîne cyclique de six atomes de carbone on accroche à chacun de ces six atomes un atome d'hydrogène, on fait de la benzine, le plus simple de tous les corps cycliques. Quand à une chaîne ouverte de 5 atomes de carbone on accroche le nombre suffisant d'atomes d'hydrogène pour remplir tous les crochets libres qui sont au nombre de 12, on fait l'hydrocarbure amylique ou pentane.

Cela posé, nous allons comprendre facilement ce que c'est que l'isomerie.

Les chimistes savent à volonté décrocher d'un pilone, un atome d'hydrogène, pour mettre à sa place un atome différent ou un radical chimique, tel qu'un oxhydrile OH. En general, quand, dans un hydrocarbure, on opère cette dernière substitution que nous prendrons pour exemple, on transforme l'hydrocarbure en *alcool*, c'est-à-dire que la nouvelle molécule formée jouit de propriétés nouvelles qui sont les propriétés des alcools.

Ainsi quand, à l'hydrocarbure amylique, nous enlevons un H et nous mettons à la place OH, nous faisons de l'alcool amylique. Quand, à la benzine, nous enlevons un H et nous mettons à la place OH, nous faisons un alcool cyclique qu'on appelle un phénol.

Ce qu'il y a de particulièrement remarquable ici, et ce qui va nous acheminer peu à peu vers la conception de l'isomérie, c'est que la fonction alcool prise par un hydrocarbure quand on accroche un oxhydrile à la place d'un atome d'hydrogène n'est pas exactement la même suivant le crochet qu'on a choisi.

Ainsi dans un hydrocarbure à chaîne ouverte présentant des noyaux C liés soit à un, soit à deux, soit à trois autres noyaux C, tel que l'isopentane :

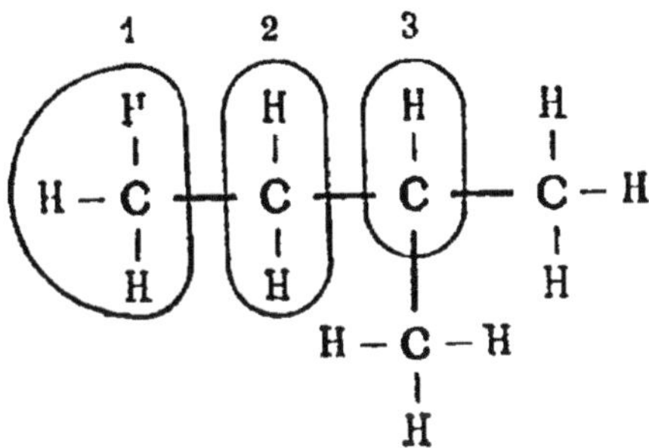

on a *trois especes d'alcools differents*, suivant que la substitution est faite dans l'un des groupes 1, 2, 3. C'est ce qu'on appelle les alcools primaires, secondaires, tertiaires.

De même la fonction *alcool differe* de la fonction *phénol*.

Au contraire quand on accroche l'oxhydrile à la place de l'un ou de l'autre des deux atomes du groupe 2 par exemple, le corps formé apparaît comme unique, il n'y a aucune différence thermodynamique entre les deux.

Cependant l'identité des deux corps obtenus n'est réelle qu'à une condition, c'est que, dans le modèle stéréochimique qui représente la molécule considérée, la figure représentative de l'une des substitutions soit superposable à la figure représentative de la seconde.

Si cette condition n'est pas remplie, il se peut qu'à première vue les deux corps nous apparaissent comme identiques, mais qu'en réalité ils ne le soient pas.

Prenons un exemple dans l'acide tartrique :

$$CO^2H - CHOH - CHOH - CO^2H$$

Le modèle stéréochimique représentatif de cette

molécule fait concevoir comme dissymétrique chacun des chaînons moyens. Suivant qu'on fixe OH à l'un des deux crochets libres ou à l'autre, on obtient deux figures stéréochimiques qui ne sont pas exactement superposables, parce que la position de chaque crochet n'est pas indifférente par rapport à la topographie générale de la molécule et parce que, comme nous l'avons dit, le lien qui réunit un atome ou un radical quelconque à un atome du noyau dépend de tout le contexte, de tout l'équilibre des autres parties de la molécule, de toute la topographie voisine.

Seulement il arrive que le plus souvent au point de vue chimique et thermodynamique, les différents composés possibles sont alors tellement semblables, que par aucun des procédés ordinaires d'analyse on ne peut les différencier. C'est habituellement l'analyse optique par le polarimètre qui seule permet d'y déceler une dissymétrie inverse. Ces composés quasi identiques portent le nom d'isomères.

Ainsi on connaît un acide tartrique qui dévie à droite le plan de polarisation, un acide tartrique qui le dévie à gauche et un acide tartrique qui ne le dévie pas. Ce sont les acides dits droit, gauche et indifférent. Le schéma plan de la molécule tartrique permet de se faire une idée de ces dissymétries. Quoique un peu trop simpliste, il a l'avantage de frapper l'esprit. En effet quand on oriente les chaînons H-C-OH par rapport aux chaînons terminaux O=C—OH, on conçoit qu'on puisse les orienter tous deux dans le même sens, d'abord d'un côté, puis de l'autre, ou bien l'un dans un sens et l'autre dans l'autre sens. D'où trois variétés possibles (Lebel et Van t'Hoff) qui constituent trois *isomères*.

En chimie organique, un très grand nombre de corps présentent ainsi de l'isomérie et ce qu'il y a de particulier dans l'étude chimique de la vie, c'est que très souvent les deux isomères droit et gauche, c'est-à-dire les deux inverses optiques, ne se trouvent pas en égale quantité dans un même liquide organique, dans un même plasma. Le résultat est que ce liquide, ce plasma fait tourner le plan de polarisation et possède son indice polarimétrique.

Au contraire, lorsque par un procédé de laboratoire, on fabrique artificiellement ce composé, toujours l'isomère droit et l'isomère gauche se forment en égale quantité, parce que tous les deux sont équivalents en thermodynamique et parce qu'il n'y a aucune raison pour que l'un prenne naissance en plus grande quantité que l'autre. Les probabilités en faveur de l'isomère droit sont égales à celles qui entraînent la production du gauche. Tous deux ont les mêmes chances de se produire et ils se produisent simultanément et parallèlement. D'où, à l'examen polarimétrique, une symétrie statistique, une indifférence due à l'égalité du nombre des molécules droites et des molécules gauches.

Pour les mêmes raisons, quand on dissocie un de ces corps, présentant la symétrie statistique, par un réactif chimique ordinaire, réactif qui ne présente ordinairement aucun facteur dissymétrique, les deux isomères répondent également à l'action des réactifs et à aucun moment de la destruction la balance ne penche ni en faveur de la dissymétrie droite, ni en faveur de la dissymétrie gauche dans le liquide restant.

Ces notions étant rappelées sur l'isomérie, nous allons voir quelle lumière elles jettent sur la conception des systèmes stationnaires biochimiques représentatifs des unités vivantes.

Reprenons donc le système stationnaire qui nous a servi d'exemple tout à l'heure et dans lequel nous supposons que, continuellement, à partir de leurs composants, se forment de l'acide tartrique, de l'alcool amylique isopentane ou tous autres corps quelconques susceptibles d'isomérie.

Ces corps, par hypothèse, se forment et se détruisent sans cesse, donnant lieu entre leur formation et leur destruction à cette phase de figure constante que nous appelons la phase stationnaire.

Nous allons voir comment ces systèmes stationnaires peuvent s'offrir avec une prédominance de tel ou tel isomère sans que la thermodynamique commande ce choix, sans que l'entropie globale du système intéressé subisse un accroissement plus considérable du fait de cette option.

§ 2. — L'option dans les systèmes stationnaires chimiques. Concurrence des isomères et corps equipotentiels

Lorsque deux isomères inverses se forment, ils se forment habituellement en quantité égale. Lorsqu'on fait agir des causes physiques ou chimiques capables d'accélérer ou de retarder la réaction, ces causes agissent ordinairement de même façon sur les processus de formation de chacun des isomères. Par suite ils continuent à se former parallèlement.

Supposons à présent que nous trouvions une cause capable de favoriser la production de l'un des isomères plutôt que celle de l'autre, il se pourra que cette cause, intervenant seulement dans le triage des probabilités, n'introduise aucun gain, ni aucune perte dans l'avenir du potentiel thermodynamique du système. Prenons un exemple de ces causes de triage dans la catalyse.

On sait qu'on donne en chimie le nom de catalyseur à un agent qui provoque ou favorise une réaction sans paraître lui-même prendre part quantitativement à cette réaction. Quand la réaction s'est accomplie le catalyseur se retrouve dans le système sans avoir subi aucune perte et tel qu'il était auparavant. Ainsi il suffit d'adjoindre des molécules d'eau H^2O aux mélanges gazeux d'hydrogène H et de chlore Cl, d'oxyde de carbone CO et d'oxygène O, etc. pour provoquer la formation d'acide chlorhydrique HCl, d'acide carbonique CO^2 etc. Il suffit d'ajouter des molécules de nickel au mélange d'éthylène C^2H^4 et d'hydrogène H^2 pour provoquer la formation de l'éthane C^2H^6. Les molécules de H^2O, de Ni, agissent comme catalyseurs.

La réaction ainsi provoquée ou favorisée est d'ailleurs conforme aux lois de la thermodynamique. De l'énergie se dégrade quand on passe du mélange H+Cl au composé HCl, du mélande CO+O au composé CO^2, du mélange $C^2H^4+H^2$ au composé C^2H^6. Elle est conforme aux lois de la thermodynamique, mais elle ne se produirait pas ou ne se produirait que très lentement en l'absence du catalyseur approprié, comme si un obstacle, une résistance, quelque chose d'analogue au frottement qui retient un objet sur une pente, empêchait la conjonction atomique de s'opérer.

Bredig a eu un mot heureux pour faire saisir le rôle du catalyseur. Le catalyseur, a-t-il dit, est la goutte d'huile qui lubrifie la pente et facilite le glissement ; ce n'est pas elle qui provoque le mouvement de l'objet pesant sur son plan incliné, ce rôle appartient à la pesanteur, mais c'est elle qui réduit la résistance de frottement et qui permet la rupture du faux équilibre dans lequel l'objet était arrêté. De même en chimie, en chimie organique surtout, dans les états voisins de l'équilibre, il y a souvent une inertie à vaincre pour que le glissement se produise.

Seulement l'action de l'agent lytique est des plus délicates et il arrive ce fait remarquable que quand deux isomères sont également sollicités à se produire en vertu du deuxième principe de l'énergétique, ou quand deux corps peuvent également prendre naissance d'après les formules de la thermodynamique, certains catalyseurs, certains facteurs chimio-physiques de triage facilitent le glissement vers l'un d'eux et pas vers l'autre.

Il arrive aussi, lorsque deux isomères mélangés en parties égales se trouvent sollicités à la destruction, à la décomposition en leurs éléments, que la dislocation ne se produit pas si un agent lytique n'intervient pas; l'agent lytique qui facilite la décomposition de l'un ne facilite pas toujours également celle de l'autre, d'où une action élective qui ne relève pas exclusivement de la deuxième loi de l'énergétique. Citons seulement l'exemple de l'alcool amylique; l'isomère gauche est détruit beaucoup plus activement que le droit par le Penicillium glaucum, ou plutôt par l'agent lytique que produit cet organisme.

Ces quelques aperçus font prévoir le rôle que nous verrons bientôt jouer par les diastases, les toxines, antitoxines, venins, enzimoides, considérés d'ailleurs habituellement comme des agents lytiques.

Ainsi il nous est loisible de concevoir un système stationnaire chimique formé par la phase éphémère et sans cesse renouvelée d'un système de corps qui successivement se combinent, puis se dissocient, la combinaison et la dissociation étant toutes deux tributaires du deuxième principe de l'énergétique et d'imaginer que ce système présente des agents de triage dont l'effet est de donner la prépondérance, durant la phase stationnaire, à tel ou tel isomère ou à tel ou tel corps équipotentiel parmi d'autres corps équipotentiels, sans que cette prépondérance, ce choix particulier, soit imposé par la deuxième loi de l'énergétique.

Grâce à ces agents de présence, à ces facteurs statiques, s'opère donc une option juxtaposée à l'enchaînement des phénomènes imposé par le principe de Carnot.

Avant d'aller plus loin dans l'étude de ces faits qui

ont une importance fondamentale dans la conception de la vie et de sa genèse, il est indispensable de préciser certaines notions que nous n'avons fait qu'entrevoir.

Nous allons envisager successivement comment se constituent, par suite des frottements chimiques, les faux équilibres qui donnent prise à l'action des catalyseurs et des facteurs statiques de triage, comment ces faux équilibres sont compatibles avec la théorie cinétique en chimie, comment les catalyseurs et les facteurs statiques peuvent se développer parallèlement aux systèmes stationnaires qu'entretient leur action et par suite se perpétuer dans la matière vivante à travers ses unités successives ; après cela nous verrons comment l'option entre deux phénomènes isodégradateurs propres à un système stationnaire peut être non plus un effet de hasard dû à la présence fortuite d'un facteur de triage, mais un effet prévu, forcé, imposé par la présence obligatoire de ce facteur dans la chaîne vivante. Ainsi l'option ne sera plus seulement un fait, elle constituera une *loi vitale*, une directive des phénomènes chimiques de la matière organisée.

§ 3. — Rôles des faux équilibres dans la concurrence chimique. Compatibilité des faux équilibres avec la théorie cinétique

Tout le monde connait les faux équilibres mécaniques.

Une pierre immobile sur un plan incliné est en faux équilibre; la pesanteur, d'après les lois de la mécanique, exigerait qu'elle glisse le long de la pente ; elle ne glisse pas, parce que les frottements la retiennent ; mais un choc suffit parfois à la faire dévaler.

Un engrenage multiplicateur commandé par un

ressort ou un poids, tel que celui d'un tourne-broche ou d'un ventilateur, peut ne pas démarrer spontanément, retenu par les frottements des rouages. Il est en état de faux équilibre. Un frôlement ou une goutte d'huile suffisent à provoquer la mise en route.

On connaît bien aussi les faux équilibres de la physique moléculaire.

Un exemple en est fourni par la surfusion qui consiste dans ce fait que les liquides peuvent être refroidis au-dessous de leur point de fusion sans se solidifier. Le soufre fondu, dont le point de fusion est 114, peut être refroidi jusqu'à la température ordinaire sans se solidifier. Le phosphore, dont le point de fusion est 44, peut rester surfondu jusqu'à 22. L'eau peut être refroidie jusqu'à — 12° sans se prendre en glace. La surfusion est un faux équilibre : un choc, la projection d'un cristal, une perturbation quelconque peuvent suffire à le détruire et le liquide se solidifie alors souvent en masse.

Un autre exemple est fourni par la sursaturation des solutions. On peut refroidir une solution saturée d'un corps plus soluble à chaud qu'à froid en dessous du degré thermique correspondant à la saturation maximum, sans que la cristallisation se produise. Il y a même des solubles tels que l'hyposulfite de soude qui, dissous dans l'eau chaude à saturation, ne cristallisent que difficilement par le seul refroidissement. On dit que les solubles sont alors en état de sursaturation. La sursaturation des solutions est un faux équilibre. Il suffit le plus souvent de projeter dans ces solutions un cristal du soluble pour provoquer la cristallisation.

La sursaturation des vapeurs est aussi un faux équilibre : une vapeur peut être refroidie dans un espace pur de toute poussière en dessous du point de liquéfaction, mais il suffit d'introduire quelque poussière ou quelque ion pour provoquer la liquéfaction c'est-à-dire la rupture de ce faux équilibre. Il en est de même du retard d'ébullition des liquides placés dans certaines conditions.

Ces exemples suffisent à faire comprendre le sens très large que nous donnons au mot *frottement*, quand nous disons que les faux équilibres sont dus à une résistance de frottement. Ce n'est que par une analogie lointaine avec ce qui se passe dans le phénomène mécanique que nous sommes autorisés à faire cet abus de langage. Ce terme impropre a du moins l'avantage d'évoquer l'idée d'une cause empêchante s'opposant à un phénomène qui, d'après les lois de l'énergétique, devrait s'accomplir. Mais pour peu qu'on aille au fond des choses, on s'aperçoit bien vite qu'il s'agit d'un frottement dans lequel rien ne frotte. Les faux équilibres de la chimie vont nous en fournir un exemple de plus.

Dans beaucoup de cas deux corps en présence devraient réagir, mais ils ne réagissent pas. Tels les mélanges d'hydrogène et de chlore, d'oxyde de carbone et d'oxygène, d'éthylène et d'hydrogène cités plus haut. Ces corps sont en état de faux équilibre. Il suffit de trouver l'agent lubrifiant convenable pour que la pente devienne suffisamment glissante et pour que la réaction s'accomplisse. C'est la présence ici de molécules d'eau, là de molécules de nickel, qui accomplit l'action lytique et qui provoque la formation de HCl, de CO^2 ou de C^2H^6.

Il faut aller plus loin et dire que très souvent les réactions d'équilibre impliquent un faux équilibre.

J'ai rappelé plus haut ce que sont les réactions d'équilibre et comment ces réactions se trouvent expliquées, avec un modèle mécanique particulièrement suggestif, grâce à la *théorie cinétique chimique*.

Or, à première vue, il peut paraître étrange que dans les phénomènes de la physique ou de la chimie qui impliquent le mouvement incessant, les perpétuels échanges, le faux équilibre puisse exister. La résistance de frottement peut paraître incompatible avec la notion d'équilibre statistique.

C'est là une simple illusion.

Je vais tâcher de montrer pourquoi.

Tout d'abord il faut se rendre compte que dans un système chimique en équilibre tel que le système constitué par $\left(\frac{1}{3}\text{ mol. alcool} + \frac{1}{3}\text{ mol. ac. acétique}\right)$ $\rightleftarrows \left(\frac{2}{3}\text{ mol. éther} + \frac{2}{3}\text{ mol. eau}\right)$ le nombre des échanges moléculaires par unité de temps n'est pas si grand qu'on peut le croire.

Si l'on s'en rapporte aux évaluations de Nernst, on peut estimer qu'en un jour la mutation des deux premières phases vers les deux dernières et la mutation égale inverse représentent à peine 0,00064 molécule-gramme.

Cela signifie que c'est à peine une molécule sur 135.000.000 qui, à chaque seconde, subit la mutation.

Cette lenteur relative fait concevoir qu'il puisse arriver que les déplacements de l'équilibre soient en retard sur les variations extérieures qui tendent à les provoquer et que certains agents lytiques, diminuant ce retard, se présentent à nous comme des agents provocateurs du déplacement d'équilibre.

Or, aucune mesure directe ne nous permet de déterminer dans chaque cas la vitesse des échanges moléculaires, et si les appréciations de Nernst données ci-dessus peuvent fixer les idées sur l'ordre de grandeur de cette vitesse, tout nous porte à imaginer qu'en dessous de ce chiffre, qu'on peut regarder comme un maximum, existe toute une gamme d'activités cinétiques et nous sommes portés en même temps à croire que cette activité même peut être influencée par la présence de ces agents provocateurs, de ces agents lytiques dont nous parlions plus haut.

Dès lors, que l'on imagine un système stationnaire chimique dans lequel la phase stationnaire soit constituée par un corps susceptible d'isomérie se formant constamment au voisinage des états d'équilibre à partir de ses phases antérieures et se détruisant ensuite pour donner ses phases ultimes, on concevra sans peine que si un agent lytique dissymétrique entre en jeu, il se puisse que cette phase stationnaire se trouve formée par l'un des isomères plutôt que par l'autre sans qu'aucune raison thermodynamique justifie ce caractère.

C'est ce qui arrive chez les êtres vivants.

Beaucoup de substances organiques sont actives en lumière polarisée alors que les mêmes substances fabriquées artificiellement ne le sont pas, parce que dans la fabrication artificielle, les isomères droit et gauche se forment en quantité égale conformément aux lois de la thermochimie et au calcul des probabilités, tandis que dans la fabrication *in vivo* entrent en scène des agents lytiques dissymétriques qui font prédominer l'un des isomères.

On peut aussi bien imaginer un système stationnaire chimique dans lequel plusieurs corps non isomères seraient susceptibles de constituer la phase stationnaire avec les mêmes probabilités thermodynamiques *parce que équipotentiels*, mais qui en réalité n'en compte qu'un seul dans cette phase stationnaire parce que les autres sont retenus dans des états de faux équilibre.

On peut enfin généraliser davantage encore et concevoir que dans ce système plusieurs corps soient aptes à figurer dans la phase stationnaire avec des chances thermodynamiques inégales, la formation du corps A par exemple correspondant à un accroissement entropique supérieur à celle du corps B, elle-même entraînant un accroissement entropique supérieur à celle du corps C ; et que cependant ce dernier corps C seul entre en scène parce que tel ou tel agent lytique, tel ou tel facteur statique de triage, a facilité sa formation.

Si ces notions ont été bien comprises, un pas énorme a déjà été fait dans la conception de la loi d'option. Je crois utile de les résumer pour bien préciser à quel point de notre raisonnement nous en sommes arrivés.

1°) Un système stationnaire chimique se trouve constitué chaque fois qu'une espèce chimique se forme d'une façon continue, demeure un moment à l'état stable et se détruit d'une façon également continue.

2°) Il est entendu que la formation de la phase stable et sa destruction sont conformes aux lois de la thermochimie et correspondent toutes deux a une augmentation d'entropie du système.

3°) Il se peut que la formation et la destruction de la phase stable soient dues toutes deux à une rupture de faux équilibre par un catalyseur ou agent lytique quelconque, même si la réaction provoquée lors de la rupture de ce faux équilibre est une réaction dite d'équilibre. Il se peut par suite que le système dans lequel prend naissance la phase stationnaire soit tel que beaucoup d'autres réactions y soient thermochimiquement possibles et même correspondent à une augmentation entropique supérieure à celle de la réaction en cours, mais que ces réactions ne s'y produisent pas, faute des agents lytiques capables de les faciliter.

4°) Il se peut que la phase stationnaire soit constituée par un corps possédant dans la nomenclature chimique un ou plusieurs isomères de même potentiel thermodynamique et qui ont la même tendance à se produire dans les expériences ordinaires de laboratoire. Il se peut que cet isomère se produise seul, à l'exclusion des autres, parce qu'un agent lytique dissymétrique, entrant en scène, favorise sa formation et non celle des inverses.

Les réactions chimiques des plasmas vivants se passent toutes dans le voisinage des états d'équilibre. Les agents lytiques, les diastases, amylases, lactases, oxydases, enzymoïdes variés, toxines, antitoxines, etc., agissent à la manière de catalyseurs d'une précision remarquable pour faire glisser les réactions de la vie sur les pentes les plus diverses à l'exclusion de pentes voisines dont les cotes dégradatrices sont égales ou même inférieures. Ainsi conçoit-on que la chimie de la vie se ramène à la constitution de systèmes stationnaires multiples entretenus grâce à l'action continue d'agents de présence, de catalyseurs qui prennent un rôle de premier plan en regard de la deuxième loi de l'énergétique qui, elle, pousse aveuglément, en bloc, les matériaux de la vie vers la dégradation de leurs énergies internes.

Cela posé, nous devons nous demander comment ces caractères de la vie chimique se perpétuent, comment ces facteurs lytiques se poursuivent dans la matière vivante et quelle part ils prennent dans l'hérédité que nous avons constatée plus haut et dont nous avons reconnu la réalité au moins dans le cadre de l'espèce, en attendant que tout à l'heure nous puissions l'étendre au cadre de la vie tout entière.

§ 4. — Entretien des catalyseurs et agents de triage dans les systèmes stationnaires chimiques.

Ce qui différencie surtout les systèmes stationnaires chimiques des systèmes stationnaires physiques, c'est la possibilité de s'accroître dans le temps en conservant leurs caractères et de se dédoubler en passant à chaque demi-système formé ces mêmes caractères.

Il suffit pour s'expliquer ce résultat de concevoir

que tous les facteurs stabiles ou labiles desquels dépend l'établissement de la phase stationnaire, se développent, s'accroissent et se scindent avec les systèmes chimiques. Cet accroissement, cette scission, nous l'avons vu, ne peuvent en général pas se produire dans les systèmes stationnaires physiques, du moins ceux de la physique mécanique, tels qu'un jet d'eau, un jet de gaz, un fleuve, etc... Là, les facteurs directeurs sont liés ordinairement aux parties matérielles fixes de ces systèmes. Ce sont des facteurs stabiles qui ne peuvent s'accroître, ni se dédoubler, pendant la production de la phase stationnaire physique.

Considérons donc un *système stationnaire chimique* quelconque, par exemple un système dont la phase stationnaire est constituée par une graisse animale formée à partir de ses éléments, grâce à la présence d'une diastase, d'une lipase, puis détruite grâce à l'entrée en scène d'oxydases variées.

Rien ne nous empêche d'imaginer que si le système s'accroît, les diastases s'accroissent en même temps. Il suffit pour cela d'admettre que les matériaux nécessaires à la constitution des molécules diastasiques se trouvent dans le milieu ambiant et que la formation de ces molécules soit une certaine fonction de l'activité chimique du système stationnaire.

C'est ce qui a lieu dans la réalité.

Lorsque *dans une unité vivante* une réaction chimique se produit d'une façon constante et lorsque cette réaction est utile pour la vie de cette unité, on constate que les facteurs mis en œuvre pour sa production sont entretenus dans l'économie comme s'ils étaient liés à son évolution. On constate que cet entretien se poursuit à travers les unités successives.

D'ailleurs, dès à présent, nous pouvons, anticipant quelque peu sur l'ordre des matières, faire entrevoir la raison de cet entretien, de cette persistance forcée des agents d'option. Si au cours des divisions successives des individualités vivantes, une unité fille se trouvait par hasard privée de la présence de ces agents utiles, elle serait à peu près fatalement vouée au dépérissement et aurait peu de chance de faire souche. L'arbre de la vie a des branches d'avenir et des bourgeons stériles, des rameaux qui font souche et des rameaux qui meurent : les unités filles privées des agents d'option utiles comptent parmi les bourgeons stériles et les rameaux sans avenir.

Cela signifie que si, dans les systèmes stationnaires propres à la vie, la réaction génératrice de la phase stationnaire nécessite pour se reproduire la présence d'un agent lytique déterminé, la constance et la pérennité de cet agent y deviennent systématiques comme si une loi nécessaire l'imposait à la chaîne des unités successives et sans que la thermodynamique elle-même justifie cette nécessité.

Cette loi dont le résultat immédiat est la constance de l'option entre plusieurs voies thermodynamiquement indifférentes, a pour mécanisme, dans le domaine de la chimie qui nous occupe actuellement, la présence forcée d'agents actifs de triage et pour sanction le droit à la vie ou la condamnation imposée par la sélection naturelle des lignées.

Pour le moment, nous allons nous borner à considérer le mécanisme par lequel les agents chimiques d'option assurent la constance du choix entre plusieurs routes chimiques possibles. Plus tard, nous reviendrons sur la sanction qui rend la loi d'option nécessaire et qui assujettit la matière vivante en lui imposant la présence de ses agents lytiques dans sa vie chimique comme la présence de tous les facteurs d'option utiles dans la vie de relation.

Mais avant de pénétrer ainsi dans le domaine des faits, je dois rappeler ce que je disais plus haut à la fin du premier chapitre, page 134. Les facteurs d'option de la vie chimique des êtres ne sont pas comme les facteurs d'option de la vie de relation des facteurs nettement intrinsèques, labiles et actifs. Ils sont, si j'ose dire, intermédiaires entre les facteurs intrinsèques et les facteurs extrinsèques, entre les agents labiles liés à la cinétique des systèmes stationnaires et les agents stabiles fixés sur les parties matérielles invariables de ces systèmes.

En effet les notions que nous venons de donner sur la nature de ces facteurs chimiques d'option, de ces catalyseurs et autres agents de présence, nous font reporter la cause essentielle de l'option chimique sur des individualités matérielles et non sur des phénomènes cinétiques. Quand nous cherchions à expliquer la persistance temporaire de certains régimes alternants dans les systèmes stationnaires physiques, tels que le jet d'eau, nous invoquions des causes labiles liées à la cinétique de ces systèmes, telles que les tourbillons, les régimes de forces vives, qui disparaissent dès que cesse le mouvement de matière; ici, au contraire, nous apparaissent des agents matériels dont le rôle et l'entretien, il est vrai, sont liés intimement à la cinétique chimique du système stationnaire et dont l'entrée en scène est commandée parfois (chez les animaux à centres nerveux) par une cinétique tout à fait propre au régime d'agrégat de ce système, mais qui n'en sont pas moins saisissables au repos et qui, par conséquent, ne sont pas sans analogie avec les facteurs fixes de triage des systèmes stationnaires physiques.

Ce qui les différencie de ces facteurs fixes (forme du bec d'un jet d'eau, forme du robinet, structure des tubes à vide, etc.) c'est que précisément leur existence est une fonction du régime stationnaire et que cette existence ne serait pas imposée dans un système chimique stable et immobile. Cela est si vrai que bon nombre de biologistes nient l'existence matérielle des molécules diastasiques et admettent que l'action diastasique est une fonction, une propriété, acquise par les matériaux ternaires ou quaternaires de la vie sans matérialisation chimique exprimable par une formule moléculaire.

Cette doctrine des diastases-propriétés, opposée à la doctrine des diastases-substances, est bien faite pour montrer que l'observation biologique nous incite à voir là quelque chose de labile, malgré son aspect d'agent stable, quelque chose d'intrinsèque et propre à la cinétique stationnaire malgré son apparence extrinsèque de déterminant fixe saisissable au repos.

Ce sont d'ailleurs là, des notions assez délicates à saisir et qui se comprendront mieux quand nous aurons étudié les facteurs d'option de la vie de relation, qui, eux, sont essentiellement labiles et intrinsèques et qui mettent en toute lumière le rôle actif des individualités vivantes dans l'évolution des phénomènes de la vie.

Laissant de côté, ici, ces notions, nous allons nous arrêter à la question bien plus concrète, énoncée tout à l'heure, question qui relève tout entière de la science expérimentale, le mécanisme de l'action des agents de triage chimiques, le comment du rôle des diastases, catalyseurs et autres agents lytiques dans le triage des phénomènes de la nutrition.

§ 5. — Mécanisme de l'action des diastases et facteurs chimiques d'option.

On connaît chez les êtres des deux règnes vivants de nombreuses diastases dont les actions lytiques sont très différentes, souvent opposées.

L'amylase des graines, des feuilles, des jeunes bourgeons des plantes. ou des sécrétions digestives des animaux hydrolise l'amidon en dextrine. La dextrinase transforme les dextrines en maltose. La maltase transforme les malloses en glycose Les lipases, la stéapsine dédoublent les graisses. La pepsine, la papaïne, la trypsine dédoublent les albuminoïdes par hydrolyse. Les oxydases (laccase, tyrosinase, etc.) sont des agents provocateurs d'oxydation. Et ce ne sont là que quelques exemples auxquels il faudrait ajouter la liste touffue des produits bactériens, des sécrétions glandulaires spéciales des enzymoïdes si variés qui prennent part à la régulation des actes chimiques de la vie.

Quelles que soient leurs variétés d'effets, les diastases présentent des caractères communs, caractères assez impressionnants parce qu'ils sont différents des propriétés chimiques ordinaires que nous sommes accoutumés à constater dans les autres matériaux de l'évolution biologique.

Voici quelques-uns de ces caractères.

Les actions catalytiques déterminées par les diastases ont un optimum thermique entre 40 et 50° environ. Au-dessus et au-dessous de cet optimum l'intensité catalytique baisse plus ou moins rapidement.

Le chauffage prolongé rend les diastases inactives, même après qu'on les a ramenées à l'optimum thermique, comme si, matière vivante elles-mêmes, elles étaient tuées par la chaleur.

Certains corps, qui vis-à-vis de beaucoup de cellules vivantes jouent le rôle de poison, tels que l'acide cyanhydrique, le sublimé, le phénol, l'hydrogène sulfuré, paralysent leur action comme s'ils les intoxiquaient.

Ces caractères joints à la délicatesse des actions électives que nous leur connaissons sont tellement frappants que beaucoup de biologistes ont vu dans les diastases des éléments propres à la vie, sinon doués de vie. Ils les ont regardés comme de la matière vivante ne différant de la matière cellulaire organisée que parce qu'elle ne se nourrit pas, ne s'accroît pas, ne se reproduit pas et parce qu'elle n'a pas de figure.

Et encore a-t-il fallu, pour qu'on arrive à cette conception des diastases amorphes et pour qu'on cesse d'y pressentir des individualités vivantes, que des expériences d'une précision indiscutable comme celles de Buchner aient mis en toute lumière la solubilité de ces agents lytiques : Buchner en effet a montré que si l'on triture des ferments de levure de bière de manière à détruire tout élément figuré, puis si l'on filtre la trituration de manière à ne conserver que les produits solubles, le liquide filtré présente les mêmes propriétés diastasiques que les ferments figurés. Depuis lors, on a reconnu dans un très grand nombre de cas la solubilité des diastases, solubilité qui exclut l'idée d'unités polymoléculaires et figurées telles que le sont les unités vivantes.

Malgré cette solubilité de la matière diastasique, on a longtemps eu tendance à la séparer par un fossé infranchissable de la matière inerte, comme on a d'ailleurs voulu séparer d'elle toutes les molécules ternaires et quaternaires qui entrent dans la constitution des tissus, jusqu'au jour où la synthèse artificielle de l'urée, de l'acide oxalique, des polypeptides, etc., est venue montrer que ces frontières étaient factices dans la plupart des cas.

A la vérité, on n'est pas arrivé à faire la synthèse artificielle des diastases, mais du moins on a pénétré si loin dans l'analyse de leur mécanisme d'action que le voile à couleurs vitalistes qui les enveloppait s'est déchiré presque complètement. Une série de faits ont jeté la lumière sur cette question. Nous allons en citer quelques-uns parmi les plus importants.

1°) Les effets des diastases peuvent être obtenus souvent par des catalyseurs minéraux.

Les actions de certaines diastases peuvent être obtenues par des catalyseurs minéraux. Ainsi la transformation de l'amidon en dextrine peut être obtenue par l'acide sulfurique dilué à chaud aussi bien que par l'amylase. La transformation des albumines en albumoses et peptones peut être obtenue par les acides dilués ou l'eau pure sous pression. Les acides et les bases jouent le rôle d'agents lytiques pour beaucoup de réactions minérales ou organiques qui s'opèrent avec absorption ou élimination de molécules d'eau, et alors l'action catalytique parait être fonction du nombre d'ions H et OH de ces catalyseurs.

Ce premier fait parait faire soupçonner déjà que des atomes ou des ions très simples peuvent, dans certains cas, suivant leur contexte, je veux dire suivant la charpente moléculaire à laquelle ils sont accrochés ou suivant les conditions chimio-physiques dans lesquelles ils sont placés, jouer le rôle d'agents lytiques vis-à-vis de tels ou tels systèmes chimiques. Cette idée va se trouver fortifiée par d'autres faits.

2°) Analogies des propriétés dites vitales des diastases et de celles de certains catalyseurs minéraux.

Beaucoup de métaux placés sous la forme de poudre fine ou surtout à l'état colloïdal, c'est-à-dire à l'état de division en particules ultra-microscopiques dans un milieu liquide, ont une action lytique remarquable. Le nickel, le platine, le cuivre, etc., à l'état pulvérulent, provoquent la formation de l'éthane $C^2 H^6$ à partir de l'acétylène $C^2 H^2$, celle du cyclohexane $C^6 H^{12}$ à partir du benzène $C^6 H^6$. Les colloïdes dédoublent l'eau oxygénée, transforment l'alcool en acide acétique, etc., et peuvent être substitués à beaucoup de diastases. Or, les colloïdes eux aussi ont une temperature optimum pour leur action et l'ébullition les tue comme les diastases. Comme elles, ils sont intoxiqués par certains poisons tels que l'acide cyanhydrique, le sublimé, le phénol, l'hydrogène sulfuré; ainsi l'addition de un milliardième d'acide cyanhydrique à l'eau oxygénée soumise à l'action du platine colloïdal réduit la décomposition à moitié de sa valeur.

3°) Les agents actifs des diastases se révèlent souvent comme étant des ions minéraux dont l'action varie suivant les complémentaires activantes.

On sait aujourd'hui que beaucoup de diastases agissent par un élément inorganique très simple, par un ion minéral qui constitue leur élément actif, et que cet ion actif est suractivé d'une façon élective par une molécule organique à laquelle il est adjoint.

Un exemple frappant se trouve dans la laccase, agent lytique que l'on rencontre chez un grand nombre de végétaux et chez beaucoup d'animaux et qui donne naissance à une foule de produits colorés. On peut l'étudier en particulier dans le suc de l'arbre à laque de l'Indo-Chine qu'il transforme en vernis noir d'ébène. G. Bertrand, qui a spécialement analysé l'action diastasique de la laccase, a fait cette constatation tout à fait remarquable que son pouvoir catalytique est proportionnel à sa teneur en mangasèse et que la suppression de tous les ions manganiques annule ce pouvoir catalytique.

D'ailleurs les doses infimes de manganèse (un millième de milligramme par litre, c'est-à-dire 1 p. 1.000.000.000) suffisent pour donner lieu à l'action catalytique.

Par contre l'ion manganique seul, quoique possédant un pouvoir lytique manifeste vis-à-vis de beaucoup de faux équilibres chimiques, a une action incomparablement plus faible dans la formation des produits colorés engendrés par la laccase.

L'ion manganique se montre donc nettement comme pouvant à lui seul, vis-à-vis de ces réactions, jouer le role de catalyseur, mais il possède une action lytique bien plus énergique lorsqu'on le conjoint à une substance organique, la laccase. Ces deux facteurs se complètent l'un l'autre.

C'est pour cela qu'on considère dans ces réactions l'ion manganique comme la *complémentaire active* et la substance organique qui lui sert de support comme *la complémentaire activante.*

Cette notion peut être généralisée.

Les agents lytiques qui dans la chimie de la vie lubrifient les pentes vers lesquelles tendent à glisser les réactions thermodynamiquement possibles sont presque toujours les ions simples H, OH, Mg, I, CAz, etc., jouant le rôle d'éléments actifs, de complémentaires actives, mais ils doivent l'intensité de leurs actions, et surtout la délicatesse de ces actions, c'est-à-dire leur électivité, à l'adjonction d'une substance très complexe conjuguée, la complémentaire activante.

Ce rôle des ions simples dans la catalyse et en particulier des ions H et OH est d'ailleurs un fait qui se coordonne parfaitement avec d'autres faits de la chimie. On sait en effet que les acides et les bases doivent leur action au nombre d'ions H et OH libres. Ces ions tendent à se combiner bien plus énergiquement que les ions restant A, B, qui peuvent demeurer à l'état libre si la solution est très étendue. C'est même pour cela que quand on mélange une solution étendue de base et une solution étendue d'acide, il se produit toujours un même effet thermique (Arrhénius), quels que soient la base et l'acide, quels que soient A et B, pour une même proportion d'ions H et OH en présence.

Or, Ostwald a sérié les acides d'après la force avec laquelle ils agissent vis-a-vis d'une même base et d'autre part d'après la vitesse avec laquelle ils catalysent la décomposition de l'acétate de méthyle en alcool et acide acétique, ou avec laquelle ils intervertissent le sucre de canne. Ces séries sont superposables.

Ce sont les ions I, CAz, etc., qui agissent dans d'autres réactions où il n'y a ni absorption ni élimination d'H^2 O.

D'après cela on est porté à penser que les ions lytiques, agents actifs de la plupart des réactions chimiques, organes actifs de la plupart des fonctions moléculaires, prennent part à des réactions transitoires amorçant les réactions finales et qu'ils reprennent leur liberté presque aussitôt après leur union. Ils ont un rôle comparable à celui des agents d'expédition, qui dans un grand magasin trient les colis en haut de deux rampes conduisant aux voitures de charge. Chaque agent préposé à chaque rampe choisit les colis correspondant à sa voiture d'expédition et les place sur la pente glissante qui les y conduit. On peut supposer que l'effort qu'il fait est négligeable vis-à-vis du travail de glissement produit par la pesanteur, de sorte qu'il n'agit là que comme un agent de présence entrant un moment en contact avec l'objet trié et se bornant à l'aiguiller vers la route à suivre.

La théorie cinétique chimique (v. p. 36) nous fait toucher du doigt ce mode d'action en nous représentant que les agents de triage augmentent le nombre des rencontres efficaces qui aiguillent les éléments vers leurs phases finales.

D'ailleurs rien ne nous empêche de concevoir, dans le modèle mécanique que nous nous faisons de ce phénomène de triage par successions de rencontres, que le rôle électif n'appartient pas à l'ion lytique lui-même, mais à l'édifice moléculaire complexe auquel il est conjoint, édifice moléculaire qui donne à chaque diastase sa spécificité.

Ainsi un ion lytique tel que H ou OH peut-il être commun à un grand nombre de réactions diastasiques, comme par exemple toutes celles qui ont pour effet de dédoubler par hydrolyse les albuminoïdes en albumoses, peptones, acides aminés. Mais l'action lytique de ces ions ne donne son plein effet, son plein rendement que par la présence d'un édifice moléculaire organique complexe auquel ils sont conjugués et qui paraît avoir pour rôle de favoriser les échanges cinétiques et la succession des rencontres, peut-être à cause de quelque analogie architecturale avec la molécule du corps catalysé.

Nulle part, mieux qu'en bactériologie, on n'a pu se rendre compte de la spécificité des diastases dues à cette molécule support de l'ion actif. Les toxines microbiennes, les antigènes en général, les antitoxines et les anticorps fabriqués par les organismes pour se défendre, toutes ces substances chimiquement insaisissables, mais décelables par leurs effets, ont des actions tellement particulières, tellement exclusives, tellement spécifiques, qu'elles agissent avec une précision dont rien ne peut nous donner une idée dans le monde inorganique.

La pathologie humaine et animale, en ouvrant le chapitre des maladies bactériennes, et la thérapeutique, en ouvrant celui de la sérothérapie, de la vaccination, de l'immunisation, etc., n'ont pas seulement apporté un des plus puissants moyens de lutte contre les causes pathogènes, mais elles ont enrichi la biologie générale de documents précieux qui tous confirment la théorie proposée.

Les trois ordres de faits que nous venons de passer en revue, la substitution possible de catalyseurs minéraux aux agents lytiques organiques, l'analogie des propriétés dites vitales des diastases avec celles de certains catalyseurs inorganiques tels que les colloïdes et enfin la notion de l'action des ions et radicaux lytiques rendue spécifique par l'adjonction d'une molécule organique conjuguée, ces trois ordres de faits, dis-je, nous permettent de nous faire un modèle mécanique des phénomènes les plus étranges de la chimie des êtres vivants. En ramenant les phénomènes lytiques de la vie à des actes chimiques accessibles à l'analyse et à la science expérimentale, ils nous font apercevoir sous leur face matérielle ces facteurs d'option spéciaux que nous avons montrés comme liés à l'évolution de la matière vivante, se développant avec elle et la suivant à travers la chaîne des êtres.

Or, je suppose que pour faire une réaction utile à la vie, il faille un ion lytique quelconque L conjugué à une molécule complexe M, la pérennité de la matière vivante à travers ses unités successives exigera simplement que cet ion L et les éléments constitutifs de cette molécule M soient empruntés au cours de la croissance au monde extérieur et retenus dans le système stationnaire chimique qu'est l'organisme pour y être, au cours de la vie de ce système, entretenus de façon permanente.

Ce fait d'emprunter, de retenir et d'entretenir des ions L et des éléments C, H, Az, O, S, etc., constitutifs des molécules M implique quelque chose d'actif de la part de l'unité vivante, quelque chose d'intrinsèque propre au système stationnaire, quelque chose qui ressortit à l'irritabilité élémentaire des plasmas vivants. C'est ce quelque chose qui est vraiment le facteur héréditaire transmis par le germen. Il se peut qu'il y ait dans la cellule reproductrice des ions L et des molécules M constitutifs d'une diastase donnée, mais il y a surtout une habitude transmise, une facilité de répétition du déjà fait, imprimée dans le plasma germinal, en vertu de laquelle les ions L et les molécules M seront empruntés, retenus et entretenus dans l'unité nouvelle. C'est cela qui est le véritable facteur intrinsèque d'option dans le chimisme de la matière vivante. Les éléments matériels, même si on les considère comme liés a la cinétique du système stationnaire peuvent s'imposer à nous comme des facteurs extrinsèques, mais la tendance à la conservation, à l'entretien et au renouvellement de ces éléments est le facteur intrinsèque conduisant à l'option chimique les unités successives. Et cela est si vrai que l'hérédité n'est pas toujours fidèle pour transmettre ces caractères et que si par exemple certaines immunités sont transmises des unités mères aux unités filles, d'autres ne le sont pas et l'immunisation reste dans ces cas une loi d'option individuelle et non une loi héréditaire se poursuivant avec le germen à travers les individualités qui se succèdent.

Que l'on ajoute à cela que chez les unités supérieures douées de centres nerveux les agents de présence, les catalyseurs, les diastases des sécrétions glandulaires sont mis en œuvre par l'influx nerveux provoqué par un processus actif de l'organisme et l'on comprendra l'importance, même dans la vie chimique, d'un facteur actif, labile ou intrinsèque qui prend sa part prépondérante dans tous les phénomènes où intervient l'option biologique.

Dès à présent, nous pouvons nous rendre compte que le sens de cette option est déterminé, que par suite l'option paraît dirigée, aiguillée vers une fin, qu'il y a en un mot une *loi d'option* à laquelle la matière vivante est assujettie. C'est sur ce point spécial que nous allons insister en terminant l'étude de l'option dans la vie de nutrition, dans la vie chimique.

§ 6. — L'option vitale et la sélection naturelle dans la vie chimique des unités vivantes et des espèces définies.

Sans aller plus loin dans l'étude de l'option vitale, sans sortir de cette option chimique ordinairement commandée par des molécules lytiques dont la seule

présence détermine le choix de la pente chimique à descendre, nous sommes en mesure de comprendre comment l'option dirigée devient fatalement une loi vitale de la matière vivante, au même titre que la loi de dégradation énergétique est une loi de la vie inorganique.

L'option chimique comme l'option des actes de la vie de relation que nous étudierons plus loin est systématisée dans un sens déterminé et imposée comme une loi de l'organisme, parce qu'il y a un agent de police impitoyable dans sa consigne, qui ne permet pas qu'il en soit autrement et qui tôt ou tard châtie les écarts. C'est la sélection naturelle.

Je me hâte d'ajouter, en invoquant le nom de cet agent de police, que je ne considère son action que dans le cadre de l'espèce, pour éviter de faire entrer aucune idée doctrinale dans l'exposé de la loi d'option que je prétends ne déduire que de faits indiscutables.

« Sélection naturelle » pour beaucoup de lecteurs est inséparable de « transformisme » et appelle l'idée de descendance des espèces à partir d'un être monocellulaire. La raison de ce rapprochement est que l'éminent naturaliste anglais qui a montré l'importance de la sélection naturelle a fait d'elle la clef de voûte de sa théorie générale de la création.

Il y a là une confusion grossière. « Sélection naturelle » n'est pas un terme doctrinal. Ce n'est pas le nom d'une théorie métaphysique, ni d'une hypothèse des sciences naturelles, c'est celui d'un fait tangible, accessible à la science d'observation, praticable artificiellement par la science expérimentale.

Dans la vie d'une espèce, c'est-à-dire dans l'évolution de la matière vivante à travers les unités successives de cette espèce, dans la continuité du germen à travers les individualités qui s'engendrent, la sélection naturelle est le fait grâce auquel les mieux adaptés sont mis en première ligne et ont les plus grandes chances de faire souche.

Sélection naturelle, fait tangible d'observation, implique tellement peu une hypothèse ou une idée doctrinale que son énoncé ne fait rien préjuger du moyen par lequel certains individus se trouvent mieux adaptés que les autres, ni par conséquent du « modus faciendi » de l'évolution d'une espèce.

Ce moyen par lequel des sujets arrivent à une meilleure adaptation à leur condition vitale, c'est l'option systématique dirigée dans chaque acte partitif de l'organisme.

Ce « modus faciendi », par lequel une lignée évolue dans un sens déterminé que nous appelons le progrès, c'est l'observance de la loi d'option sous le contrôle de la sélection naturelle.

On a reproché à Darwin, dans sa démonstration magistrale de la doctrine de la descendance des organismes et dans son exposé des résultats de la sélection naturelle, d'avoir bien formulé le pourquoi de l'évolution, mais d'avoir négligé d'en montrer le comment.

Darwin en effet a dit : Un caractère, morphologique ou autre, se développe dans une lignée quand il est utile à la vie de cette lignée, parce que les sujets qui présentent ce caractère se trouvent mieux adaptés aux conditions de vie et mieux armés dans la lutte pour l'existence. Mais comment ces sujets présentent-ils ce caractère? Quel est le mécanisme de son apparition, quel est le phénomène intime de la vie qui lui a donné naissance et qui est capable de le maintenir, quel est en un mot le comment de sa genèse, de son maintien dans un individu, de sa continuité dans la descendance, de sa fixation dans l'espèce? La formule de la loi de sélection naturelle ne le dit pas.

Ce *comment* il faut précisément aller le chercher, je le repète, *dans la présence des facteurs de triage* qui entrent en scène à côté du deuxième principe de l'énergétique pour diriger l'évolution de la matière vivante, *dans la perpétuation de ces facteurs* au cours de la vie des individualités organiques, *dans la transmission de la tendance a leur maintien* des individualités mères aux individualités filles, c'est-à-dire dans *leur fixation par voie héréditaire.*

L'option vitale est donc le « comment » qui a été négligé dans l'œuvre de Darwin. C'est le facteur physico-chimique qui donne prise à la sélection naturelle.

La première fois que j'ai parlé de la loi d'option, on a cru y apercevoir un aspect spécial de la loi de sélection énoncée par le grand naturaliste anglais. Cette confusion ne peut être attribuée qu'à une certaine analogie des mots « option » et « sélection » qui tous deux signifient « choix ». Seulement « option vitale » signifie *choix entre deux routes ouvertes par la 2e loi de l'énergétique*; « loi d'option » signifie tendance imposée à l'organisme, au système stationnaire vivant, d'opter pour une voie plutôt que pour une autre; tandis que « sélection naturelle » signifie *triomphe des individualités vivantes* chez lesquelles ces tendances sont le plus accusées, chez lesquelles ces facteurs sont le mieux fixés.

Je vais, de l'exposé de ces généralités, descendre à l'étude de quelques faits particuliers, pour tâcher, dans ce chapitre chimio-biologique, de bien préciser comment, dans l'évolution d'une espèce, la présence des facteurs d'option chimique donne prise à la sélection naturelle et comment, par suite, la tendance à la fixation héréditaire de ces facteurs d'option transforme l'option probable en loi d'option.

1°) *Un exemple tiré des processus de corrélations humorales chez les animaux supérieurs.* — On sait que chaque organe, chaque cellule vivante, chaque cellule glandulaire surtout déverse dans le liquide nourricier de l'organisme des produits solubles qui par voie catalytique provoquent des actions chimiques influant sur la fonction de nutrition, sur la vie de l'organisme tout entier.

La vie d'une unité vivante est liée ainsi à un certain état d'équilibre chimique pour le maintien duquel entrent en jeu une série de catalyseurs solubles, parmi lesquels ceux des glandes à sécrétion interne comme la glande thyroïde, le thymus, les glandes sexuelles, les capsules surrénales, etc., jouent un rôle des mieux connus. La chimie physiologique a montré qu'il existe pour chaque groupe de processus chimiques de l'organisme, pour chaque fonction utile de la vie, des excitateurs et des modérateurs ordinairement réductibles à des agents catalytiques renfermés dans les sécrétions internes.

Comme ces sécrétions internes sont elles-mêmes activées ou ralenties par l'influx nerveux des nerfs qui les commandent, comme le point de départ de ces influx nerveux se trouve presque toujours dans une excitation chimique produite par la présence d'un corps habituellement absent ou par les variations quantitatives d'un corps habituellement présent, on conçoit qu'il existe une régulation merveilleusement délicate du chimisme des unités vivantes. L'équilibre moyen, une fois établi, tend à se maintenir : en effet, si un catalyseur devient fortuitement prépondérant l'augmentation des produits catalysés dans le milieu nourricier provoque, par coordination chimique et par voie nerveuse, une excitation des catalyseurs à action inverse ou complémentaire.

On sait quelle ressource la thérapeutique a tiré de ces considérations : l'opothérapie est l'introduction artificielle dans l'organisme des agents lytiques destinés à rétablir l'équilibre humoral chez un individu impuissant à le maintenir lui-même.

Retenons de cet exposé rapide qu'une fonction quelconque dans la vie chimique si complexe d'une individualité vivante est liée à la présence, dans les liquides nourriciers de l'organisme, d'agents lytiques variés, les uns modérateurs, les autres excitateurs de cette fonction, tous susceptibles d'aiguiller vers des routes multiples les réactions chimiques qu'ils tiennent sous leur dépendance. Ces produits solubles, ces *hormones*, comme les appela Starling en 1905 (de ὁρμάω, j'excite), sont donc des facteurs d'option qui commandent une partie des actes chimiques de la vie des êtres, facteurs intrinsèques ou labiles, puisque leur production même est liée aux circonstances de la vie chimique et à la cinétique du système stationnaire vivant, facteurs extrinsèques et stabiles aussi, puisqu'ils sont matériels et qu'ils peuvent être isolés à l'état stable en dehors du torrent des échanges vitaux.

Cela posé, voici où nous voulons en venir :

Supposons que dans une lignée certains individus présentent à des degrés variables la faculté de fabriquer sous une cause donnée une hormone A, dont l'effet retentit sur la vie chimique de ces individus, alors que les autres ne la possèdent pas. Cette supposition n'a rien d'extraordinaire. Une hormone est vraisemblablement, comme les autres agents lytiques de l'organisme, composée de quelque ion minéral actif et d'une molécule complémentaire activante dont la structure est plus ou moins en rapport avec celle des molécules de la cellule dont la vie est sous la dépendance des phénomènes chimiques liés à l'intervention de cette hormone. Supposons donc que certains individus fabriquent cette hormone, d'autres pas. Il pourra en résulter un avantage appréciable dans les conditions de vie des premiers. Il se pourra qu'un produit alimentaire leur devienne plus profitable qu'aux autres, qu'un agent étranger leur devienne moins nuisible.

Une supériorité en résultera pour ces individus et

si parmi eux il en est dont le germen a conservé à un degré accusé la mémoire matérielle de cette *fabrication a propos*, ce sont les lignées possédant comme caractère héréditaire le caractère étudié qui présenteront une supériorité manifeste.

Un jour ou l'autre cette supériorité pourra avoir l'occasion de se manifester, l'infériorité des autres lignées devenant néfaste à la descendance à l'occasion d'une disette, d'un changement des conditions extérieures, etc. Ceux qui feront souche sont ceux qui jouiront de cette supériorité.

Ainsi se trouveront fixées a la fois d'une part chez l'individu la tendance à la fabrication de l'hormone A sous les excitants proposés, d'autre part, dans la lignée la tendance à la conservation de ce caractère, c'est-à-dire l'hérédité de ce caractère.

La sélection naturelle des plus aptes sera donc bien intervenue là pour fixer dans une lignée, la genèse, le maintien et la transmission de facteurs lytiques d'option intervenant utilement dans la vie chimique des individualités successives.

Cet exemple n'est pas une simple fiction. Nous savons tous que les maladies de nutrition sont dues à une altération de l'équilibre nutritif transmissible héréditairement et capable d'écarter les individus du régime normal de la vie, seul compatible avec la santé moyenne. Si rien ne s'opposait à l'extension de ces altérations d'équilibre, au déséquilibrement des facteurs lytiques qui maintiennent le type moyen de nutrition, peu à peu se perdrait dans la vie des lignées la tendance au maintien de ce type moyen, tout le monde deviendrait lithiasique, diabétique, rhumatisant, arthritique migraineux.

La prédisposition aux maladies consomptives, la préparation des terrains prétuberculeux est vraisemblablement due aussi à une perturbation des équilibres humoraux créant une infériorité pour les organismes qui en sont atteints.

En un mot, les écarts contre la loi d'option, qui assure le maintien de la vie normale, créent la maladie.

Or, si le sujet malade ou prédisposé à la maladie est capable de procréer et d'avoir une descendance, sa lignée n'en aura pas moins des causes d'infériorité. Tantôt ce sont les probabilités de mort fœtale ou de maladie de la première enfance qui sont plus grandes, tantôt ce sont des affaiblissements précoces. Il faut noter aussi que l'homme demi-malade manque de cette exubérance, de cette activité de vie et de cette confiance en l'avenir qui dans nos sociétés modernes sont nécessaires à la prise en charge d'une famille nombreuse.

Enfin, à supposer qu'une société se trouve envahie dans toutes ses lignées par ces processus anormaux, cette société, ne présentant pas un nombre suffisant de sujets normaux pour prospérer, arrivera fatalement à subir une régression progressive dans la scène du monde, débordée par les sociétés voisines plus prospères. Ainsi une sélection intersociale complétera la sélection intrasociale pour éliminer les moins aptes, ce qui revient à dire que la sélection naturelle aura pour résultat de faire triompher les lignées et les sociétés de lignées dans lesquelles l'option systématisée vers le but utile sera le mieux établie avec le caractère d'une loi fixée.

1°) Un deuxième exemple tiré des processus de défense chez les animaux supérieurs. Immunité héréditaire.

Lorsqu'un agent morbide microbien envahit l'organisme d'une individualité vivante, d'un vertébré supérieur par exemple, il occasionne par la présence de ses catalyseurs spéciaux, de ses enzymoïdes ou diastases solubles, des processus chimiques inhabituels chez l'individualité envahie, processus qui peuvent la conduire à la mort. Ce sont ces processus inhabituels qui constituent l'état de maladie.

Or il peut arriver, et il arrive en effet, que l'organisme qui subit passivement ces réactions chimiques inhabituelles et qui, de ce fait, est malade, donne naissance à des catalyseurs, à des produits solubles qui neutralisent les catalyseurs nocifs et les empêchent de provoquer les réactions morbides. Il se peut qu'il donne naissance à des enzymoïdes qui à leur tour provoquent chez le microbe envahisseur des réactions chimiques nocives capables de le tuer ou de le mettre hors d'état de nuire.

Ce processus de défense, cette réaction active de l'organisme, n'a rien qui puisse nous surprendre. Nous avons rappelé tout à l'heure que les catalyseurs qui agissent sur les processus de nutrition obéissent a une loi d'équilibre, de telle façon que si l'un d'eux augmente ou diminue, il en résulte des modifications du milieu nourricier qui provoquent une intensification ou une diminution d'action des autres catalyseurs conjugués. Ce fait signifie que telles ou telles cellules de l'organisme sont aptes à produire un certain nombre d'agents lytiques et que cette production est influencée par la présence de tels ou tels autres agents lytiques produits par des cellules analogues ou par des cellules d'une autre catégorie.

Si ces dernières cellules au lieu d'appartenir au même organisme appartiennent à des individualités différentes, le même fait se produit, mais alors il ne s'agit plus *d'équilibre humoral de nutrition*, il s'agit de *processus de défense*, *de moyen antixénique*, comme l'a dit Grasset, c'est-à-dire d'un procédé de lutte contre un agent étranger.

L'agent lytique de source étrangère introduit dans un organisme s'appelle *antigène*. Les agents lytiques antixéniques développés par cet organisme pour s'opposer à leur action s'appellent *anticorps*.

Aux antigènes microbiens, l'organisme oppose les *bactériolysines*, les *agglutinines*, *précipitines*, *antitoxi-*

nes, etc.; aux antigènes de cellules étrangères, les *cytolysines*, *hémolysines*, etc.

Cela posé, on conçoit qu'il puisse exister des différences individuelles entre les aptitudes des organismes à produire les anticorps. Il se peut même que parmi les réactions provoquées par les antigènes, il y ait des processus contraires a l'antixénie. Il se peut que parmi les anticorps produits il se trouve des catalyseurs qui ajoutent leurs effets nocifs a ceux des antigènes ; l'anaphylaxie mise en lumière par le professeur Richet en fournit des exemples.

En un mot, il y a des organismes qui, sous l'excitation d'un antigène donné, ont tendance à produire des anticorps de défense, d'autres des anticorps inutiles, d'autres des anticorps nuisibles. Les premiers seront mieux armés dans la lutte contre la maladie que les seconds et surtout que les derniers, qui eux, présentent une cause d'infériorité néfaste pour leur avenir et leur lignée en cas d'épidémie.

La selection naturelle ici encore tendra donc à fixer les aptitudes antixéniques. Elle tendra à développer la mémoire cellulaire qui consiste a répondre par la production du catalyseur approprié a l'attaque d'un catalyseur etranger. Quand cette mémoire est suffisamment fixée, quand elle suit le germen a travers sa descendance, on se trouve en présence de l'immunité héréditaire.

Concluons : L'option chimique due a la présence d'agents de triage peut en principe être une option de hasard dont les effets sont tributaires du calcul des probabilites, mais elle devient fatalement dirigée dans le sens de l'utilite individuelle et spécifique par l'entree en scene de la selection naturelle.

Ce que la selection naturelle impose, c'est la présence des agents d'option qui existent en marge de la vie chimique. Mais le facteur qu'elle fixe pour cela dans la matière vivante, c'est la tendance, de la part de l'unité, à la production à propos ou à la production continue de ces agents d'option. En un mot, ce n'est pas tant sur ce catalyseur lui-même, facteur mi-intrinsèque, mi-extrinsèque d'option du système stationnaire vivant qu'elle a prise, que sur la tendance à sa production, sur l'*acte imitatif* des plasmas résultant d'une certaine mémoire du déjà fait et provoquant à propos l'entrée en scène des facteurs lytiques.

Ainsi, voyons-nous dans les actes de nutrition eux-mêmes, entrer en scène une propriété de la matière vivante dont l'importance va aller croissant devant nos yeux, l'irritabilité, et qui nous apparaîtra bientôt comme le véritable support de l'option biologique.

Nous allons étudier dans un deuxième chapitre une classe bien plus impressionnante d'actes irritatifs qui vont donner prise à la sélection et nous verrons la loi d'option régner en maîtresse sur ces actes : je veux parler des actes de la vie de relation, des réactions motrices spontanées et instinctives.

Mais, avant d'aborder cette question, je crois utile d'ouvrir une parenthèse que j'ai annoncée plus haut. Je vais consacrer quelques pages à montrer les lumières apportées par la conception de la loi d'option vitale au problème de l'évolution de la matière vivante sur notre globe, c'est-à-dire au problème de la genèse des espèces.

§ 7. — L'option vitale et la sélection naturelle dans l'évolution de la matière vivante sur la terre. Le transformisme.

Il est deux manières de concevoir la genèse des animaux et des plantes sur notre globe

La première peut prendre pour formule la célèbre proposition énoncée par le grand naturaliste suédois du XVIIIe siècle, Linné, l'auteur de la première classification méthodique des plantes : *Species tot sunt diversæ quot diversas formas ab initio creavit infinitum Ens.* Il existe autant d'espèces différentes qu'il y eut de formes différentes créées par Dieu à l'origine. Les espèces sont regardées comme immuables, les caractères spécifiques comme fixes, l'évolution comme limitée au cadre de l'espèce, les premiers types de chaque espèce comme fabriqués de toutes pièces par un acte échappant au contrôle de la science. Cette doctrine fut longtemps la seule que l'on pût concevoir comme possible. Les genèses des textes religieux, expression des croyances des premiers peuples, sont toutes imbues de cette idée dominante. Lorsque des hypothèses contradictoires furent émises au dernier siècle, elle eut des défenseurs célèbres, non seulement parmi les théologiens et les philosophes, mais parmi les naturalistes et parmi les champions de la science positive, les Agassiz, les de Quatrefages, les Cuvier, etc.

La deuxième, s'attachant à contempler l'évolution de la vie, la mutabilité expérimentale des espèces domestiques, les modifications des formes par les écarts fortuits ou par les changements de conditions extérieures, la transmission héréditaire des caractères nouveaux fortuitement apparus ou systématiquement développés, proclame hautement que rien n'est fixe dans les formes et les fonctions de la vie, que tout évolue, que l'évolution dépasse le cadre de l'espèce, qu'une lignée peut subir des transformations telles, qu'elle devient différente de la souche au point de former une espèce nouvelle. Puis, généralisant largement ces prémisses, elle conclut que toutes les espèces actuelles dérivent d'espèces anciennes plus simples, qui elles-mêmes par degrés successifs procédaient de souches lointaines toutes réductibles aux mêmes elements primordiaux, aux êtres monocellulaires prototypes de *la vie sur la terre*.

Cette doctrine, née des progrès de la science, est relativement récente. Pressentie par des naturalistes, poètes ou philosophes, quand elle flottait dans l'ambiance, par Gœthe, l'auteur de *Faust* et de *Werther*, par Lorenz Oken, l'auteur de *La Philosophie de la Nature*, elle reçut pour la première fois son expression scientifique avec Lamarck, le grand, le modeste Français qui n'eut dans sa carrière que les déceptions du génie ignoré et dont la doctrine n'eut les honneurs de la discussion académique que pour y subir une condamnation posthume. C'est en effet en février 1830, un an après la mort de Lamarck, que le célèbre naturaliste Cuvier, le représentant de la science officielle et traditionnaliste française d'alors, entraîna l'Académie des Sciences, en dépit de la parole déjà autorisée de Geoffroy Saint-Hilaire, à affirmer comme démontrées la fixité et l'invariabilité indéfinies de l'espèce et à déclarer fausses les hypothèses évolutionnistes.

Depuis cette journée peu glorieuse où l'élite de la pensée française laissa au monde un document ineffaçable démontrant une fois de plus la prudence que doit mettre le vrai savant à juger les idées nouvelles, les deux doctrines adverses prirent leurs positions respectives. Seulement, tandis que la première, chaque jour plus compromise, se retranchait derrière les remparts tour a tour chancelants de la science traditionnaliste, la seconde, avec les Geoffroy Saint-Hilaire, les W. Herbert, les d'Omalius d'Halloy, les Naudin, les Büchner, les Huxley, hantait de plus en plus les esprits et avec Darwin, prenait soudain, au milieu du XIXe siècle, un essor tel qu'elle s'imposait au monde savant avec la nécessité d'une vérité démontrée.

Darwin, observateur patient de la nature, contemplateur attentif des mœurs des animaux, sut réunir un cortège de preuves imposantes à l'appui de la nouvelle théorie de la descendance qu'il fit reposer sur deux propositions incontestées : *la lutte des individus et des lignees pour la vie et la sélection naturelle qui en résulte.*

Nous avons dit déjà, en étudiant l'option biologique dans le cadre de l'espèce, que la systématisation de cette option dans le sens de l'utilité était imposée par la *sélection naturelle* liée à la *concurrence des êtres* et nous avons ajouté que ce sont là des faits positifs indépendants de toute doctrine. Cela est si vrai que les adversaires irréductibles du Transformisme, comme l'éminent professeur d'anthropologie du dernier siècle, de Quatrefages, ont déclaré que ces phénomènes sont tellement évidents par eux-mêmes qu'il est incompréhensible qu'ils aient pu être mis en doute ou niés.

Partant de ces deux propositions fondamentales, voici comment Darwin, à travers une illustration luxuriante de récits, d'études de mœurs, d'observations d'habitudes, édifia sa théorie de la descendance des espèces.

1°) Les individus qui naissent présentent des variations. Tous ne sont pas identiques.

2°) Ces individus sont sans cesse en lutte les uns contre les autres, soit directement quand ils combattent pour la possession d'une proie, pour la possession sexuelle, etc., soit indirectement quand leurs qualités physiques ou morales entrent en jeu pour leur défense contre les intempéries, la disette, les ennemis d'autres espèces, les agents pathogènes, ou bien quand ces qualités activent un acte utile : tel que le *transport du pollen* favorisé par le parfum de la fleur qui attire les insectes; *le transport de la graine* de certains fruits, du gui en particulier, favorisé par leur saveur agréable aux oiseaux agents de la dissémination; *le choix du mâle ou de la femelle* par le partenaire sexuel à la suite d'un véritable concours de chants ou de danses impliquant des talents spéciaux chez leurs auteurs.

Au cours de ces luttes directes ou indirectes les plus aptes triomphent ou présentent le maximum de chances pour assurer le triomphe de leurs lignées.

3°) Les caractères qui ont fait triompher les plus aptes sont susceptibles de transmission héréditaire. Les lignées qui présentent, à titre de caractères héréditaires, les facteurs de triomphe sont les lignées d'avenir, les lignées qui font souche.

4°) De cette sélection naturelle des lignées les plus aptes et de la disparition des moins favorisées résulte la formation des variétés et des espèces avec des fossés plus ou moins profonds entre elles.

Les espèces ne diffèrent des variétés que par la profondeur des vides qui les séparent. Autrement dit, les espèces ne sont que des variétés plus différentes et par suite plus irréductibles.

A l'appui de la théorie ainsi édifiée, le grand naturaliste anglais développe trois ordres de preuves déjà en partie énoncées par ses prédécesseurs : les analogies fœtales, la présence des organes rudimentaires, les documents de la paléontologie.

Chacune d'elles en effet est des plus impressionnantes.

Comment expliquer la ressemblance de plus en plus grande des embryons à mesure qu'on remonte vers les premiers stades de l'œuf, si l'on rejette l'idée d'une origine commune et d'une différenciation ultérieure progressive. La vie de l'individu donne une image en raccourci de la vie de son ascendance, l'ontogénie donne un aperçu de la phylogénie.

Comment expliquer la présence d'organes rudimentaires inutiles chez la plupart des animaux si l'on n'admet pas que les espèces actuelles dérivent d'espèces antérieures chez lesquelles ces organes, plus développés, avaient une utilité certaine. Ici, c'est le muscle du pavillon de l'oreille humaine, muscle inapte à le mouvoir, mais dont l'efficacité est connue chez des mammifères voisins dont la souche ancestrale est la même que celle de l'humanité. Là, c'est le repli semi-lunaire de l'angle interne de notre œil et de celui d'autres mammifères, rudiment de la troisième paupière qu'on trouve chez les oiseaux, les reptiles et qu'on est en droit de supposer existant chez l'ancêtre commun de ces trois classes de vertébrés. Ailleurs c'est la ceinture scapulaire de l'orvet ou les os rudimentaires des membres chez certains serpents, restes d'organes progressivement et inégalement atrophiés suivant les espèces.

De même s'atrophient tous les organes dont l'apogée de développement n'est pas sans cesse maintenue par la sélection naturelle éliminant les défaillants, parce que ces organes ont perdu leur utilité et parce que les individus chez lesquels ils régressent n'ont pas d'infériorité manifeste dans la lutte pour la vie.

Comment enfin n'être pas frappé par ce fait étrange que les anciens fossiles, conservés dans les couches géologiques, ou les empreintes pétrifiées des animaux et des plantes de jadis nous offrent des caractères souvent intermédiaires entre ceux qui différencient les espèces actuelles? Comment se l'expliquer si on ne regarde pas ces fossiles comme des traits d'union ancestraux entre les espèces vivantes ?

Après que Darwin eut ainsi formulé dans son expression la plus large la doctrine de la descendance, une pléiade de savants, dans toutes les branches des sciences naturelles, anatomie, histologie, botanique, embryogénie, etc., travaillèrent à définir la parenté des espèces et à dresser l'arbre généalogique de la vie terrestre. D'une façon un peu prématurée peut-être, un professeur de zoologie de l'Université d'Iéna, Ernst Haeckel, crut pouvoir, âge par âge, espèce par espèce, donner la généalogie totale des organismes de notre globe.

Forcément une œuvre aussi colossale, édifiée en quelques années à peine, a pu donner prise à la critique. Ce n'est que par un travail patient, long, discuté et mûri que l'on pourra attribuer à chaque espèce ses degrés de parenté et son histoire, et bien longtemps encore sans doute, on pourra discuter si des raisons scientifiques péremptoires nous obligent à reconnaître à telle ou telle espèce, à l'espece humaine en particulier, une souche unique dans un seul couple, ou bien si plusieurs individus de cette espèce se sont différenciés à la fois dans plusieurs régions du globe, engendrant des variétés ou des races différentes.

Quoi qu'il en soit, l'œuvre hardie de Haeckel montre tout au moins que l'on peut dès à présent jeter l'ébauche générale de l'arbre généalogique des espèces actuelles L'homme prend sa place naturelle parmi les dernières espèces apparues et les origines premières de la vie se laissent saisir dans les cellules les plus simples, les amibes. les monères, ou peut-être même dans le plasma amorphe que l'on a cru découvrir au cours de certaines explorations dans les profondeurs marines.

La doctrine scientifique débordant les limites de la biologie ne s'est pas arrêtée là dans son œuvre.

Les progrès de la chimie ont montré que les molécules de la matière organisée ne diffèrent des molécules du monde inerte que par le nombre et l'agencement des atomes constituants. Ils ont fait voir qu'un très grand nombre de ces molécules peuvent être fabriquées dans la cornue du laboratoire en dehors du mystère de la vie. Par suite, il nous est permis de prévoir que les molécules chimiques des plasmas des premiers êtres et les molécules chimiques des tissus et des organes de tous les êtres qui en dérivent peuvent procéder de la matière inerte par degrés successifs.

Ainsi les êtres avec leur complexité croissante ne nous apparaissent-ils que comme des unités plus complexes que les unités chimiques, formées au cours de l'évolution générale de la matière des mondes, mais avec des propriétés nouvelles propres à leur agrégat, particulières à la cinétique spéciale qui les caractérise, et tellement singulières qu'elles ont pu être énoncées comme des propriétés surnaturelles, manifestation d'un principe vital étranger au monde physicochimique[1].

Voilà quelle est, avec les extensions qu'elle comporte et qu'elle entraine, la deuxième manière de concevoir la genèse des animaux et des plantes sur notre globe.

Ce n'est pas ici le lieu de discuter les deux doctrines opposées, celle de la création *a nihilo* de types immuables et celle de l'évolution. Nous ne pouvons que laisser le lecteur, si son opinion n'est pas déjà faite, choisir entre la conception qui propose une explication à la genèse de notre monde et celle qui l'interdit, entre celle qui montre un enchaînement rationnel dans les étapes de la matière et de la vie et celle qui, limitant l'induction scientifique au champ restreint de l'observation humaine dans les siècles présents, déclare *a priori* la nécessité d'une création surnaturelle de tout ce qui existe à partir du néant et l'impossibilité pour l'entendement humain d'accéder au mystère du passé.

Si entre ces deux doctrines aucun esprit libre n'hésite, il est malheureusement une crainte illusoire qui éloigne de la doctrine scientifique bon nombre

1 Voir pour les origines premières de la vie sur le globe et les théories qu'elles ont suscitées . *Les Nouveaux Horizons de la Science*, t IV, p. 491.

d'esprits asservis au respect d'idées traditionnelles. C'est la peur de voir sombrer en acceptant cette doctrine quelqu'une des croyances qui leur sont chères. C'est en particulier la peur de voir diminuer l'idée de la toute-puissance du Créateur « qui tira le monde du néant, qui forma miraculeusement les êtres du limon de la terre et imposa aux créatures des lois éternelles », comme si la genèse progressive des mondes, dans le sein d'un principe infini, n'était pas la plus merveilleuse image de la création qui se puisse imaginer, comme si la genèse lente et indéfinie des êtres avec leurs propriétés nouvelles n'était pas la plus belle conception de l'acte générateur de la vie, comme si la notion des propriétés d'agrégat nées de cette genèse n'était pas la plus haute représentation que l'on puisse se faire des dons merveilleux offerts à ces unités nouvelles, comme si enfin les lois universelles et éternelles qui président à l'évolution des mondes n'étaient pas l'image la plus grandiose et la plus troublante que l'homme puisse se faire des attributs inaccessibles qu'il cherche à donner au principe de toutes choses, à l'infinitum Ens des scientifiques mystiques, ou au Dieu de la croyance populaire.

Cette réserve imputable à la sentimentalité et à l'affectivité humaines étant laissée de côté, on peut dire qu'aujourd'hui la doctrine de l'évolution est chaque jour consolidée davantage et tend de plus en plus à se généraliser chez tous les esprits instruits.

Si j'ai pris la précaution de ne pas parler jusqu'ici de mutations dépassant le cadre de l'espèce pour asseoir l'étude de l'*option vitale* et mettre en lumière la *loi d'option*, c'est parce que j'ai voulu montrer qu'elle était à l'abri de toute critique, même de la part des savants qui seraient encore arrêtés devant les conceptions transformistes.

Mais à présent, nous allons voir quel appoint réciproque vont s'apporter mutuellement la doctrine de l'évolution et l'idée de l'option biologique.

§ 8. — Extension donnée à la loi d'option par la doctrine du transformisme Nouvel appoint apporté par la conception de l'option vitale à cette doctrine.

Dans le rapide aperçu que je viens de donner de la théorie transformiste, j'ai rappelé une différence importante qui sépare la conception de Lamarck, de celle de Darwin, sur l'origine des variations individuelles triées par la sélection.

Lamarck est parti d'une observation profondément exacte du monde vivant. Les formes, les caractères d'une unité vivante résultent en principe des rapports de la matière et de l'énergie propre à cette unité avec la matière et l'énergie ambiantes, comme dans un système stationnaire physique la morphologie stationnaire résulte des rapports de la matière fluente avec le milieu extérieur. Lorsqu'on change les conditions du milieu, il se peut qu'aucun changement ne se produise dans le système stationnaire physique ou vivant, autrement dit, il y a une certaine latitude de variabilité du milieu compatible avec la fixité du régime stationnaire. Mais lorsqu'on dépasse les limites de cette variation, une modification des formes ou des caractères stationnaires se produit.

C'est aux changements survenus dans le milieu que Lamarck attribue l'origine des variations individuelles qui vont donner prise a la sélection naturelle.

Darwin au contraire part d'une idée opposée. Les variations individuelles pour lui sont surtout des variations fortuites, des variations qui se produisent parce que l'hérédité ne détermine pas exactement dans tous leurs détails les formes et les caractères des unités successives. Il va si loin dans cette conception qu'il imagine ces formes et ces caractères comme ayant des supports matériels dans les parties fixes des systèmes vivants, dans des facteurs stabiles et extrinsèques. Il se les représente même, ces facteurs, comme matérialisés dans des particules excessivement petites, les *gemmules*, présentes dans les cellules embryonnaires et renfermant chacune en puissance les caractères morphologiques ou fonctionnels de l'individu futur. Ces particules sont devenues les déterminants, les Ides, les Idantes de l'école néodarwiniste groupée autour de Weismann. Elles ont donné lieu à une théorie de l'hérédité qui a eu son heure de vogue et même son expression mathématique avec les formules du Mendelisme [1].

Sans suivre l'école néodarwiniste dans ces conceptions de l'hérédité en opposition avec l'idée que nous nous faisons aujourd'hui de la pérennité des caractères stationnaires, des facteurs intrinsèques et labiles, à travers les unités successives, nous pouvons retenir de cet exposé que la théorie évolutionniste de la vie repose sur l'observation de deux phénomènes différents : d'abord le phénomène de la variation des caractères que les uns, avec Lamarck, imputent surtout à l'influence des variations de milieu, et que les autres, avec Darwin, attribuent surtout aux écarts individuels de transmission héréditaire; ensuite le phénomène de sélection des individus ou des lignées auxquels les caractères nouveaux donnent une supériorité et chez lesquels cette supériorité se confirme par la fixation héréditaire. Lamarck n'a pas aperçu la valeur de ce deuxième phénomène dont la mise en lumière est le plus grand titre de gloire de Darwin.

Cela posé, lorsque nous allons au fond des choses

1. Pour la théorie Weismannienne et le Mendélisme Cf *Les Nouveaux Horizons de la Science*, t IV, pp. 304, 353, 360.

et lorsque nous cherchons le pourquoi des variations individuelles, qu'elles soient dues aux modifications du milieu ou aux écarts accidentels de transmission héréditaire, voici ce que nous apercevons : entre la forme ancienne et la forme nouvelle, entre le caractère primitif et le caractère transformé, il n'existe que des différences réductibles à une phase initiale commune quand on remonte les étapes parcourues.

Toujours à un moment donné correspondant aux premières étapes d'une différenciation organique ou aux premières ébauches du développement d'un caractère, on se trouve en présence d'une situation telle que le deuxième principe de l'énergétique laisse indifférente l'évolution vers l'une ou l'autre forme possible, vers l'un ou l'autre caractère. Mais des facteurs d'option entrant en jeu décident du sens de l'évolution. Or, nous savons que ces facteurs d'option, presque toujours labiles et intrinsèques, liés à la cinétique des systèmes stationnaires vivants, se perpétuent avec ces systèmes, par le germen impérissable, à travers les unités successives d'une lignée. Cette pérennité des facteurs d'option, qui constitue l'hérédité, est forcément sujette à des vicissitudes. Il se peut que *fortuitement* quelque facteur s'éteigne en route ou apparaisse soudainement soit au cours de la vie de l'unité, soit à l'occasion de la transmission de l'unité mère à l'unité fille. Il se peut que. par suite des modifications survenues dans les rapports du système stationnaire vivant avec l'ambiance, quelque facteur se modifie, s'atténue ou s'exalte, que quelque autre facteur surgisse brusquement.

La conception de l'option vitale, surajoutée au principe de Carnot, nous fait en un mot saisir, dans la cinétique même des systèmes vivants, le modèle quasi mécanique du phénomène initial déterminant les modifications individuelles observées et sur lesquelles la sélection naturelle exerce son emprise.

Cette sélection assure le triomphe de ceux qui possédaient les facteurs d'option capables de déterminer la genèse d'un caractère utile, de sorte que la sélection porte en réalité sur la présence de facteurs qui par eux-mêmes ne présentent pas d'utilité, mais qui assurent la production ultérieure de caractères utiles.

Aussi ne faut-il pas s'étonner de voir dans l'histoire des lignées d'avenir des caractères macroscopiques évoluer progressivement vers un état final utile, après beaucoup d'étapes durant lesquelles l'utilité était douteuse. La raison en est qu'une sélection ultérieure, opérée quand chez une lignée l'état final est atteint, élimine toutes les autres lignées moins bien douées, ce qui nous donne l'illusion d'une sélection opérée entre tel ou tel caractère avant que l'utilité ait mis son estampille sur le caractère d'avenir.

En résumé, dans chaque être qui croît à partir de sa cellule originelle, existent ou prennent naissance peu à peu dans les rouages compliqués de la cinétique vitale une infinité de facteurs d'option qui, dans les moindres actes chimiques ou physiques de la vie, interviendront à la manière d'agents lytiques pour ouvrir les voies choisies. Suivant ces voies choisies, telle forme, tel caractère devient, un jour, apparent. La pérennité des facteurs d'option ou l'enchaînement rationnel de leur genèse n'exclut pas une certaine variabilité de ces facteurs, soit fortuite, soit causée par les variations du milieu où s'agite chaque unité vivante. De cette variabilité résultent des variantes dans les caractères ou les formes macroscopiques et ces variantes sont par suite elles-mêmes ou fortuites (Darwin) ou dues aux changements extérieurs (Lamarck).

La sélection naturelle, s'exerçant sur ces variantes, fixe l'hérédité des facteurs d'option favorables, dans des lignées plus ou moins différentes les unes des autres et séparées par des vides plus ou moins profonds.

Ainsi, grâce à la conception transformiste, les résultats de l'option vitale débordent largement le cadre de l'espèce. Les unités vivantes de notre globe nous apparaissent comme des branches divergentes caractérisées chacune par les directives spéciales liées aux facteurs d'option de chaque lignée.

La sélection naturelle qui impose une direction fixe à l'option dans chaque lignée ou dans chaque groupe de lignées voisines, aboutit ainsi à ce résultat de créer une loi propre à chaque groupe de lignées. La loi d'option devient une caractéristique de chaque famille d'êtres, que cette famille s'appelle une variété, ou une espece, ou un embranchement.

La latitude d'option devient donc le *primum movens* des divergences de la vie sur notre globe et la systématisation de l'option de chaque groupe de lignées devient l'agent essentiel de la fixité des caractères spécifiques.

L'option vitale et la loi d'option s'étendent en un mot non seulement à l'histoire de chaque espèce depuis ses origines, mais à l'histoire de la vie tout entière.

CHAPITRE III

L'option vitale dans les actes de relation.

§ 1. — L'irritabilité, caractère fondamental de la matière vivante et facteur intrinsèque essentiel de l'option vitale.

La vie des êtres, avons-nous dit, diffère de la vie des choses parce qu'elle implique des caractères spéciaux qui se groupent en une triade bien définie : la *nutrition* avec ses corollaires, accroissement et reproduction, l'*irritabilité*, facteur essentiel des actes de relation et une *individualité* très particulière, inconnue chez les autres unités de la nature.

Certes, dans cette triade, la *nutrition* occupe une place capitale. C'est par elle, c'est par l'incessante assimilation et l'incessante désassimilation des matériaux de la vie que se trouve continuellement entretenu le système stationnaire qu'est l'être vivant. Elle est plus qu'un phénomène de la vie, elle est, comme l'a dit le Professeur Bouchard, *toute la vie*. Cependant, sans rien nier de l'importance de cette fonction, nous avons été forcés de constater, à l'analyse, que dans la nutrition, ce qui est tout à fait caractéristique de la vie chimique des êtres, ce n'est pas l'existence d'une phase stationnaire entretenue par la fluence de matériaux déterminés, car nous voyons un fait analogue se produire dans certains systèmes inorganiques, tels qu'une flamme de bougie; ce n'est pas le fait de s'accroître suivant un certain plan morphologique, car nous trouvons quelque chose d'analogue dans les cristaux; ce n'est même pas le fait pour les organismes de subir des scissions, des bipartitions dont certaines lois physiques peuvent expliquer la genèse; ce qui est caractéristique, c'est que les phénomènes de nutrition sont orientés dans des directions très spéciales. Cette orientation n'est pas, là est le point essentiel, justifiée par les lois physiques du monde inorganique, par le principe de Carnot-Clausius, ni même par les formules de probabilité appliquées aux cas d'indifférence entropique, mais elle est commandée par des facteurs intrinsèques liés à la cinétique de l'agrégat organisé, des facteurs labiles propres au système stationnaire vivant saisi en vitesse, des facteurs qui sont une manifestation de ce que nous appelons : *l'irritabilité*.

L'irritabilité figure ainsi parmi les agents de la nutrition. Elle est l'agent essentiel qui donne à cette nutrition son aspect spécial, l'aspect qui fait d'elle une propriété exclusive de la vie des êtres comparée à la vie des choses.

Si la nutrition est la condition *sine qua non* de la vie, si elle est « toute la vie », c'est par ceux de ses facteurs qui relèvent de l'irritabilité qu'elle est vraiment caractéristique de la vie. C'est par l'irritabilité qu'elle revêt son masque vital. Dépouillons la matière vivante de son irritabilité, le masque tombe et la nutrition devient une propriété physico-chimique banale.

Le troisième terme de la triade, l'*individualité* propre à chaque organisme vivant, est certes aussi un caractère très général que nous trouvons chez les organismes les plus infimes, chez les cellules les plus simples.

Pour qu'il y ait vie, il semble nécessaire qu'il y

ait délimitation au moins d'une parcelle de matière organique formant un tout séparé du reste du monde et présentant des propriétés d'agrégat caractéristiques de ce tout.

De même d'ailleurs, pour qu'il y ait individualité moléculaire ou atomique dans le monde inerte, il est nécessaire qu'il y ait auto-organisation et autonomie d'un agrégat des particules constituantes. Pour qu'il y ait atome, il faut, si l'on en croit la théorie électronique, qu'il y ait agencement d'un nombre défini d'électrons entraînés dans un régime cinétique commun, formant un tout séparé du reste du monde et présentant des propriétés d'agrégat, inertie, gravité, etc., ignorées dans les parties constituantes. Pour qu'il y ait molécule, il faut un agencement pareil d'atomes formant une unité nouvelle avec des propriétés d'agrégat caractéristiques de ce tout nouveau.

Mais si nous étudions de près ce troisième terme de la triade, cette individualité spéciale caractéristique des unités vivantes, nous nous apercevons tout de suite qu'elle implique avant tout une relation particulière entre les divers organes de l'unité considérée, entre les diverses cellules de ses organes, entre les diverses organites de ses cellules, entre les diverses régions de son plasma. Elle nécessite la transmissibilité d'un *état irritatif* avec une certaine centralisation des processus transmis.

Aucune individualité, aucune unité d'agrégat n'est possible si l'on supprime l'une des deux conditions suivantes : d'abord l'existence des processus irritatifs, ensuite la possibilité de leur transmission de proche en proche et plus tard de leur convergence par des voies capables d'établir un lien entre les différentes parties de l'organisme, de créer de perpétuelles vagues irritatives entre ces parties.

Ainsi trouvons-nous l'irritabilité partout. Dans la

nutrition, dans l'individualisation des unités vivantes, elle nous apparaît comme indispensable. Mais son rôle est plus directement saisissable dans la vie de relation, où elle est presque seule en jeu.

C'est en étudiant la vie de relation que nous allons pouvoir saisir toute son importance; mais il était utile avant de commencer cette étude de montrer qu'elle déborde largement la place qui lui a été assignée. Elle envahit les trois chapitres de la classification, d'ailleurs très artificielle, entre lesquels nous avons réparti les phénomènes vitaux.

On peut dire qu'elle est la marque distinctive de la matière vivante, l'attribut essentiel des plasmas, le facteur spécifique sans lequel aucune des propriétés des êtres vivants ne conserve sa couleur vitale.

L'irritabilité, c'est la vie, parce que tout ce qui vit, comme l'a dit Beaunis, est irritable et parce que tout ce qui est irritable est vivant.

Or, cette chose si importante, si générale, si nécessaire à la conception de la vie va prendre un rôle capital dans l'énergétique des êtres vivants.

En effet, quand on regarde l'irritabilité avec la lunette de la physico-chimie et de l'énergétique au milieu du dédale des actes de la vie individuelle et de l'évolution de la matière vivante des deux règnes, elle se révèle a nous comme étant l'agent intrinsèque et labile du triage des probabilités dans le système stationnaire de la vie, c'est-a-dire comme étant le *facteur essentiel de l'option vitale.* C'est a ce rôle très particulier de l'irritabilité que nous allons surtout nous attacher dans ce chapitre.

Mais avant tout l'irritabilité doit être parfaitement définie. A cette condition son rôle dans l'option vitale pourra être précisé et la finalité apparente des phénomènes de la vie pourra etre réduite a ses formules rationnelles.

§ 2. — Définition de l'irritabilité. Son rôle dans l'option vitale.

L'irritabilité chez les êtres vivants se ramène grossièrement à la propriété suivante : c'est la faculté que possède la matière vivante d'opérer la transformation directe de l'énergie chimique en énergie *mécanique* sous l'action de facteurs excitateurs jouant le rôle d'agents lytiques, de catalyseurs, ou d'exploseurs.

La science d'observation qui contemple la vie des êtres est surtout portée à établir une relation entre le *facteur excitateur* et la réponse *mécanique*. Quand avec une pointe d'aiguille nous piquons le plasma d'un organisme inférieur, la feuille d'une sensitive ou les téguments d'un animal supérieur, ce qui attire notre attention est le mouvement réactionnel du plasma, le reploiement des folioles, la contraction musculaire de l'animal. Nous cherchons à établir un lien entre la piqûre, l'*action*, et le mouvement de réponse, la *reaction*. Mais très vite, nous nous apercevons qu'il n'y a aucun rapport entre l'énergie apportée par l'action et l'énergie dépensée dans la réaction et, pour peu que nous approfondissions le phénomène réactionnel, nous voyons que toute l'énergie mécanique mise en jeu est fournie par une transformation de l'énergie chimique de l'organisme, transformation qui d'ailleurs s'accomplit suivant les lois de l'énergétique. Seulement, pour provoquer ces transformations, il faut, comme pour rompre les faux équilibres chimio-physiques, l'intervention d'un agent lytique dont l'entrée en scène relève de l'*action*.

La consequence de ce dernier fait est que les actes irritatifs, tout en restant tributaires des lois de l'energetique, sont en réalité commandés par un agent provocateur, l'auteur de l'*action*, qui apparaît *a priori* comme la *cause* de leur production.

Mais cet agent provocateur, que nous venons de figurer comme un agent extérieur par l'exemple de la piqûre d'aiguille et que nous pourrions imaginer sous la forme des perturbations les plus diverses, variation de lumière, de chaleur, de pression, de vitesse, d'état électrique, d'équilibre chimique, etc., etc., cet agent provocateur extérieur n'est pas le facteur *direct* qui déclenche la réaction.

Entre l'action physico-chimique de cet agent extérieur et la réaction chimio-mécanique de l'organisme, il y a quelque chose. Il y a un phénomène encore mystérieux qui est le premier acte de l'irritabilité : l'*impression subie et transmise par le plasma*.

Or, c'est ici que j'appelle toute l'attention du lecteur qui veut comprendre le mécanisme de l'option vitale. La phase de l'acte irritatif durant laquelle s'opère l'*option* est précisément cette phase, intermédiaire entre l'action extérieure et la réponse chimio-mécanique, entre la perturbation étrangère variable à l'infini et l'acte réactionnel mécanique.

A la vérité, les cas les plus simples ne paraissent pas à première vue comporter d'option. Dans ces cas en effet, une perturbation extérieure donnée produit toujours un même mouvement réactionnel. Ainsi quand nous touchons une feuille de sensitive, elle se ferme, jamais elle ne s'étale ; quand nous piquons un pseudopode d'amibe, il se rétracte, jamais il ne vient s'offrir plus largement à la blessure ; l'impression plasmique déterminée par la perturbation extérieure commande toujours la même réaction ; il ne semble pas que plusieurs voies soient offertes à l'évolution des phénomènes réactionnels et qu'un choix indifférent ou dirigé fasse opter pour l'une plutôt que pour l'autre.

Mais pourtant la physique biologique ne nous

montre pas comme nécessaire la forme du mouvement réactionnel ainsi produit. Elle ne répugnerait nullement à voir se produire les mouvements opposés; cette inversion de la réponse ne choquerait nullement sa logique et elle imagine très facilement, presque naturellement, que tous les mouvements réactionnels soient possibles. Si en réalité un seul de ces mouvements est exclusivement observé dans ces cas très simples, c'est là une question d'espèce, une question de fait et non le résultat mathématique d'un enchaînement inéluctable.

Sitôt que l'on passe d'ailleurs à l'examen de cas un peu moins simples, tout de suite on constate la multiplicité des réponses possibles. Ainsi dans la vie chimique quand certains protozoaires se trouvent en présence d'une parcelle de matière étrangère capable de produire une action chimique ou chimio-physique de contact, les mouvements plasmiques réactionnels provoqués par le contact tendent tantôt à englober la parcelle, tantôt à la rejeter. C'est évidemment l'ébauche d'action chimique de contact qui commande les différences de réponse, le chimiotactisme positif ou négatif; mais ce qui rend le phénomène intéressant c'est qu'on trouve facilement des substances, parmi celles qui ne sont pas de l'ambiance ordinaire de l'organisme considéré, dont l'action est comme incertaine et que l'on hésite à classer comme ayant une action attractive ou répulsive.

Dans le processus de corrélations humorales des organismes supérieurs, dans les processus de défense, d'antivénie, etc., on voit de même que tel ou tel excitant habituel produit presque toujours la même réponse, mais qu'un excitant inhabituel provoque une réponse moins précise, moins uniforme, où la part de probabilités est variable.

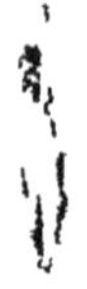

Dans les actes spontanés de la vie de relation chez

les animaux inférieurs et chez certaines plantes, il en est de même, les expériences de phototropisme, thermotropisme, etc., en fournissent des preuves abondantes.

Cette constatation montre que dans tous les cas, même dans les cas les plus simples, où il ne parait y avoir aucune ambiguité dans le choix du mouvement réactionnel, il n'existe pas une relation mécanique banale entre l'impression et la *forme de la reponse*. La forme de la réponse admet un autre facteur dans sa formule justificative.

Or, lorsqu'on cherche les raisons possibles qui peuvent justifier cette forme de la réponse, expliquer le pourquoi d'un mouvement attractif ou répulsif, d'une sécrétion glandulaire plutôt que d'une autre, d'un acte de défense ou d'un acte d'accueil, on n'en trouve aucune dans le domaine de la thermodynamique.

Par contre, si l'on contemple du point de vue biologique la vie de l'individualité intéressée, on constate que l'accouplement entre l'action et la réaction est d'autant plus serré, le choix de la réponse d'autant plus obligatoire, que la réponse est plus *utile* à la vie de cette individualité et à l'avenir de sa lignée. Moins cette *utilité* est manifeste, plus l'accouplement devient lâche.

C'est donc un facteur *a allure de finalite* qui entre en scène et qui prend place dans la formule justificative de la réponse. Si on série les actes irritatifs en fonction de leur utilité décroissante, c'est-à-dire si on envisage des cas de moins en moins empreints d'un caractère utilitaire, on constate que l'accouplement de l'action et de la réaction se relâche de plus en plus jusqu'à atteindre l'indifférence complète, quand l'utilité devient nulle. A cette limite ou bien il ne se produit pas de réaction, ou bien la réaction qui se produit est quelconque. Si plusieurs modalités sont également possibles, c'est le calcul des probabilités seul qui régit leur fréquence relative.

Il s'agit de bien comprendre cette entrée en scène d'un facteur si nouveau, si particulier aux phénomènes de la vie, si extraordinaire en regard des formules de l'accroissement d'entropie et des prévisions ordinaires des probabilités.

§ 3. — Option imposée et utilité Entrée en scène d'un facteur utilitaire et d'une finalité apparente

Comment expliquer ce rôle de l'utilité individuelle ou spécifique dans le triage des probabilités, comment expliquer le mécanisme de son intervention dans le choix thermodynamiquement indifférent des phénomènes de la vie?

Déjà nous avons eu l'occasion d'exposer, en étudiant les phénomènes de la nutrition, le mécanisme du triage des probabilités, lorsque plusieurs réactions isodégradatrices sont possibles ou lorsque des faux équilibres peuvent indifféremment être rompus. Sommairement alors, nous avons montré l'intervention de la sélection naturelle et le rôle d'une certaine mémoire matérielle mettant en défaut le deuxième postulat du calcul des probabilités. Nous avons ajouté que ce triage avait pour facteurs des facteurs relevant de l'irritabilité.

Le moment est venu à présent de déchirer le voile qui paraît envelopper d'un certain mystère cette option particulière et caractéristique de la matière vivante.

Il y a, nous l'avons dit, une phase de l'acte irritatif durant laquelle s'opère le phénomène de l'option vitale.

Cette phase est précisément celle qui sépare *l'action* de l'agent déclencheur étranger, de la *réaction* chimio-mécanique de l'organisme. Malheureusement, elle nous est mal connue. Nous ne savons pas en quoi consiste la modification des plasmas vivants qu'est l'impression, premier acte de l'irritabilité. A la rigueur nous pouvons imaginer quelque modèle mécanique plus ou moins fantaisiste qui nous explique le deuxième acte de l'irritabilité, le mouvement réactionnel, la mutation d'énergie chimique en énergie mécanique, mais le premier acte, lui, dépasse nos connaissances actuelles.

Nous savons seulement que sous l'influence d'une perturbation extérieure, les plasmas subissent *une variation d'état* susceptible de se transmettre de proche en proche et de déclencher les phénomènes réactionnels. C'est là un fait positif, certain, mais dont nous ne pouvons pas fournir le modèle mécanique.

Or, ce fait positif, simple en apparence, est complexe en réalité. Il est complexe parce que, s'il constitue un trait d'union entre la perturbation extérieure et la réponse déclenchée, ce trait d'union est tout autre que la trainée de poudre qui relie l'allumette à la mine. Il se fait là une véritable *élaboration* qui n'est pas une simple continuation de l'action extérieure.

Cette élaboration rappelle les fonctions de l'aiguilleur au voisinage des grandes gares. Il reçoit un signal venant de l'extérieur et lui annonçant l'arrivée d'un train, il sait d'autre part, soit par la mémoire de son travail quotidien, soit par une indication donnée à propos, qu'il doit agir sur telle aiguille pour diriger le train sur telle voie. Pour lui, il est indifférent d'agir sur l'une ou l'autre des aiguilles qu'il a sous la main. Le travail est le même quel que soit son choix. L'énergie à dépenser est la même. Mais il opte pour une raison d'un ordre spécial, pour une raison qui rentre dans la catégorie des causes finales.

Dans l'option inconsciente du premier acte de l'irritabilité, il y a aussi un signal, un tableau d'aiguilles et des raisons qui font choisir l'une plutôt que l'autre

Il y a un signal, c'est la perturbation extérieure. Il y a un tableau d'aiguilles, c'est l'ensemble des déclencheurs capables de rompre les faux équilibres chimiques ou physiques et entre lesquels un choix, thermodynamiquement indifférent, est possible; si le tableau d'aiguilles paraît réduit à l'unité dans les cas simples dont nous parlions tout à l'heure, cas où l'accouplement entre l'action et la réaction est très serré, presque rigide, c'est qu'une seule aiguille fonctionne habituellement, les autres sont cachées sous la poussière de l'oubli et de l'abandon et l'aiguilleur semble être un routinier respectueux de la rouille des jointures. Il y a enfin des raisons qui justifient le choix et ce sont précisément ces raisons-là que nous avons annoncées comme très spéciales à la matière vivante et empreintes d'un caractère mystérieux de finalité.

Comment concevoir la possibilité d'un facteur finalité quand l'aiguilleur est un parfait inconscient privé de tout discernement? La est tout le problème de l'option dirigée dans le premier acte de l'irritabilité. La est tout le secret d'une systématisation de choix tellement constante qu'elle peut être érigée en loi, tellement universelle que cette loi est la loi fondamentale de l'évolution de la matière vivante sur la terre.

Avec raison, la physico-chimie répudie les causes finales, la mécanique les ignore, la philosophie positive ne les admet que là où il y a des êtres doués de conscience, de discernement, de volonté libre.

Pourtant la science d'observation est forcée de reconnaître l'intromission du facteur *utilité* dans le triage des probabilités propres à la vie des unités vivantes et ce facteur utilité rentre dans le domaine des causes finales.

Comment concilier ces deux propositions? C'est à

l'étude de cette phase mystérieuse des actes irritatifs qui précède le déclenchement de la réaction qu'il faut en demander la solution.

§ 4. — Mécanisme de l'action du facteur utilité. Mise en défaut du deuxième postulat des formules de probabilités par l'habitude. Triage des habitudes par la sélection naturelle.

Ce qui différencie le plus la matière vivante de la matière inerte, quand on pénètre au fond des phénomènes dont chacune d'elles est le siège, c'est que la première présente une aptitude toute spéciale à mettre en défaut le postulat d'indépendance des formules de probabilités, alors que la seconde, à part quelques rares exceptions propres aux systèmes stationnaires, se prête sans réserve à l'application de ces formules.

Ceci mérite une explication.

Prenons un système matériel du monde inorganique. Supposons qu'il soit le siège d'états d'équilibres variés et d'états de faux équilibres multiples. Admettons que, à chaque instant, les chaînes de mutations qui se déroulent, placent ce système en présence de plusieurs voies isodégradatrices ou le mettent en demeure de faire intervenir des agents lytiques équivalents devant la loi de Carnot. Dans tous ces cas d'indifférence entropique, ce sont les formules de probabilités qui décideront du choix de la route. Or, si deux fois de suite, dix fois de suite, cent fois de suite, le système se trouve placé en présence du même choix à faire, chaque fois le calcul des probabilités sera applicable, parce que toujours les deux postulats d'indifférence et d'indépendance seront vérifiés : l'indifférence entropique assure d'une part l'égalité des chances à chaque carrefour; d'autre part aucun des choix successifs ne laisse sa trace dans le système;

le hasard d'un choix n'inscrit pas la route suivie pour le coup suivant; les coups de roulette sont sans influence les uns sur les autres; la matière inerte ne se souvient pas du déjà fait; il y a en un mot indépendance des choix successifs. Le hasard règne en maître indéfiniment. Les formules de probabilités sont intégralement applicables.

Considérons au contraire la matière organisée dans n'importe quelle lignée d'êtres de l'un ou l'autre règne, pourvu qu'elle soit vivante, c'est-à-dire pourvu qu'elle soit irritable.

Tout se passe comme si le hasard d'une option laissait une marque indicatrice susceptible de guider l'option suivante, comme si les systèmes stationnaires de la vie conservaient dans leur cinétique, dans leur agencement intrinsèque, parmi leurs facteurs labiles, une certaine mémoire du déjà fait et comme si le souvenir du passé créait une indication pour l'avenir, une invitation à reprendre la même voie, une attraction vers les mêmes objectifs.

Nous est-il possible de nous représenter cette trace invisible laissée par l'acte accompli? Non, le souvenir irritatif est aussi inconnu que l'irritabilité elle-même. Mais ce dont il faut nous garder, c'est de croire cette trace matérielle, de la chercher avec le microscope de l'infiniment petit. C'est cet errement qui a conduit les biologistes de l'école weismannienne à l'hypothèse fantaisiste des déterminants, ou particules excessivement petites qui seraient les supports des facteurs héréditaires, c'est-à-dire les « porte-empreintes » conservant la mémoire du déjà fait à travers la chaîne des générations.

Le souvenir irritatif en vertu duquel l'aiguilleur fantôme, au signal de l' « action », choisit l'aiguille qui va déclencher telle ou telle réaction, n'est pas inscrit dans les caractères matériels et stables du système stationnaire qui nous occupe.

De même que le phénomène irritatif est une fonction d'agrégat de ce système stationnaire, c'est-à-dire de l'unité vivante saisie en vitesse, de même le souvenir irritatif qui met en défaut le deuxième postulat des formules de probabilités est un caractère labile inhérent au régime cinétique, à la vie du plasma qui en est le siège.

Il faut se résigner à l'impuissance dans laquelle se trouve la science contemporaine d'offrir d'une part le modèle mécanique de l'acte irritatif lui-même, d'autre part *a fortiori* le modèle mécanique de la mémoire irritative.

Quoi qu'il en soit, l'étude des actes de relation nous a jusqu'ici conduits aux propositions suivantes : Dans les plasmas, les cellules, les organismes des deux règnes, une action extérieure est capable de produire une impression plasmique qui est elle-même capable de déclencher des réactions chimio-mécaniques. Le déclenchement des réactions comporte ordinairement plusieurs voies possibles entre lesquelles il faut opter. L'option au lieu d'être tributaire du calcul des probabilités *est dirigée par la tendance des systemes vivants à reprendre les voies déjà prises dans les mêmes occasions.*

Cela posé, comment se fait-il que la voie ainsi reprise et consacrée par l'habitude soit la voie capable d'apporter un avantage à l'individu, ou à la lignee dont il fait partie?

Pour repondre à cette question, il suffit de répéter le raisonnement élémentaire et enfantin que nous devons faire intervenir chaque fois que nous faisons appel à la sélection naturelle. Nous l'énoncerons d'abord sous forme d'un exemple simpliste.

Voici dans un aquarium abandonné, des colonies de protozoaires qui se développent. Sur une petite région de cet aquarium tombe par hasard, d'une façon permanente, un faisceau de lumière ultra-violette à courtes longueurs d'ondes donné par une lampe à mercure fonctionnant dans le voisinage. Ce faisceau est la cause d'une impression nouvelle pour les protozoaires qui fortuitement se trouvent à la limite du faisceau. La lumière dangereuse provoque chez eux une réaction. Ordinairement, comme devant toute action inhabituelle, il y a réaction de défense, retrait; on appelle cela le tropisme négatif. Pourtant l'impression nouvelle, à cause de son analogie avec celle que donnent les rayons lumineux, peut chez certains individus provoquer un tropisme positif. Des pseudopodes s'allongent, le corps cellulaire se porte vers la zone éclairée. Par suite une partie des protozoaires va fuir le rayon inhabituel, une seconde partie va le rechercher, d'autres pourront demeurer indifférents. Toutes ces réponses sont possibles. Elles sont en principe thermodynamiquement équivalentes.

Or, l'ultra-violet extrême n'est pas favorable à l'évolution des protozoaires. Même si le faisceau qui tombe sur l'aquarium est peu intense, peu nocif, pourtant à la longue, quelques malformations, quelques causes de déchéance se manifesteront chez les individus longtemps exposés.

Le résultat de cette action nocive est le suivant.

Les protozoaires habitués à répéter le mouvement de défense chaque fois qu'ils se trouvent à proximité du faisceau dangereux continueront à vivre leur vie normale. Les lignées descendant d'eux et conservant la même habitude, le même souvenir du déjà fait par voie héréditaire, vivront aussi leur vie normale.

Au contraire, les protozoaires habitués à répéter l'ensemble des mouvements qui les amènent dans le faisceau ultra-violet, peu à peu, subiront des causes de déchéance; l'habitude perpétuée dans leur lignée aggravera ces causes chez les descendants. Moins résistantes contre les causes nocives en général, moins aptes à la florissante reproduction, ces lignées à phototropisme positif deviendront peu à peu inférieures en nombre et en vigueur par rapport aux autres. Avec le temps, elles disparaîtront.

Quant aux lignées qui ne manifesteront ni phototropisme positif, ni phototropisme négatif, elles se trouveront moins exposées que la seconde série, mais plus exposées que la première. A la longue, leur infériorité se manifestera aussi. Il en serait de même des lignées chez lesquelles n'existerait pas la mémoire du déjà fait et qui admettraient sans réserve le deuxième postulat des formules de probabilités.

Ainsi, après de longues générations, trouverons-nous seulement dans notre aquarium des protozoaires chez lesquels *d'une part la réaction de défense est habituelle* et, *d'autre part, la transmission héréditaire de la mémoire de l'acte de défense est confirmée.*

L'aquarium de la nature est grand. Les agents extérieurs sont multiples. Mais quelque variées que soient les circonstances mettant en jeu l'irritabilité des êtres des deux règnes, le même raisonnement est possible. Il est partout aussi rigoureux et aussi simple.

A chaque action répond la possibilité d'une réaction favorable ou défavorable à l'individu, à la lignée, à l'espèce. La réaction favorable qui a répondu à un concours de circonstances déterminées et caractéristiques de l'action, peut, la première fois, avoir été déterminée par le hasard, n'ayant pas eu plus de chances de se produire que la réaction opposée devant le calcul des probabilités. Mais la seconde fois, la troisième fois, elle aura quelques chances de plus de se produire par facilité de répétition du déjà fait. Il en sera de même de la réaction défavorable chez d'autres individus. La sélection naturelle tendra non seulement à éliminer de la scène du monde les lignées accoutumées aux réactions défavorables, mais elle aura pour résultat de n'assurer la survivance et le triomphe définitif qu'aux lignées qui auront à la fois 1°) présenté en fait les réactions utiles et 2°) conservé dans la vie indéfinie du germen la mémoire de ces réactions, de manière à les renouveler en toutes occasions analogues.

La sélection impose ainsi à la fois le fait de la répétition des options favorables, la tendance à cette répétition inscrite parmi les caractères individuels, la transmission héréditaire de cette tendance et sa fixation parmi les caractères spécifiques.

Le facteur utilité, avec son allure de cause finale est donc réductible à des facteurs plus simples, dont un seul nous refuse le secret de son mécanisme : *la plus facile répétition du déja fait* par les systèmes vivants, *la mémoire de l'option du passé* dans la première phase de l'acte irritatif. Ce facteur a une importance capitale, puisque c'est lui qui met en défaut le deuxième postulat du calcul des probabilités.

Telles sont les données générales qui nous montrent comment l'option devient systématisée, comment sa systématisation devient une condition vitale pour les lignées en concurrence, comment en un mot, la loi d'option devient la loi fondamentale qui préside à la vie de chaque lignée et de chaque espèce, s'opposant aux déchéances et tendant à fixer les progrès.

Nous avons vu à la fin du dernier chapitre comment la loi d'option s'étend fatalement bien au delà du cadre de l'espèce dans les actes de nutrition, et comment elle nous donne la clé de l'évolution de la vie tout entière sur notre globe. De même ici, dans les actes de relation, elle se manifeste comme un agent de fixation de caractères nouveaux capables de différencier des espèces nouvelles. Mais afin de rester sur le terrain des connaissances indiscutées, nous chercherons toujours dans ce chapitre à justifier, par des faits concrets indépendants de toute considération touchant le problème de l'origine de la vie, les données générales que nous venons d'exposer, et ce n'est qu'incidemment que nous ferons voir l'extension de nos conclusions a l'évolution totale de la matière vivante.

§ 5. — Classification des actes de relation et option vitale.

Tout acte de relation se ramène, nous le savons, à trois termes. I. — Un processus d'impression dû à l'action des agents extérieurs. II. — Des processus d'élaboration aboutissant au déclenchement des phénomènes réactionnels. III. — Un processus réactionnel se manifestant soit par des mouvements qui modifient les relations de l'être et de son milieu, soit par des mouvements internes utiles à la vie organique, soit par un travail physico-chimique produisant des sécrétions humorales, de la chaleur, de l'electricité, de la lumière même, etc.

C'est le deuxième terme qui seul reste pour nous enveloppé de son voile de mystère.

Ce deuxième terme en effet peut bien, à un examen superficiel, nous paraître entièrement réductible a des phénomènes physico-chimiques quand nous l'étudions chez les végétaux, chez les protozoaires ou les animaux inférieurs. Mais lorsque nous passons des espèces animales inférieures aux échelons supérieurs des êtres animés, nous nous trouvons en présence d'une manifestation nouvelle, ne répondant a aucune des propriétés du monde inerte, rebelle a toute figuration physique, incompatible avec tout modele mécanique.

Cette manifestation nouvelle est une certaine image interne du phénomène accompli, une certaine perception représentative qui, par degrés successifs, aboutit, quand on arrive aux derniers échelons, a la conscience de l'individualité permanente à travers la continuité des impressions perçues.

A la vérité, il est difficile pour le biologiste de préciser pour chaque espèce animale le degré de représentation interne donné par les actes irritatifs ; mais les analogies d'organes, l'étude des habitudes et la complexité des réactions permettent de se faire une idée approchée du développement de la cérébralité.

Seulement, et c'est ici que nous allons comprendre pourquoi le deuxième terme de l'irritabilité conserve un certain voile de mystère, n'importe chez quelle unité vivante on le considère, un examen approfondi nous met fatalement, même la où il n'y aucune conscience possible, en présence d'une inconnue qui nous cause un certain malaise. Ici, elle s'appelle mémoire du chemin antérieurement parcouru, là facilité de répétition du déjà fait, ailleurs, habitude de choix d'une voie isodégradatrice, ailleurs encore atavisme, hérédité, etc. Le mot que nous avons employé pour caractériser cette inconnue est : *facteur d'option*. Ce facteur, du reste, n'implique nullement une image représentative ; il n'évoque pas l'idée nécessaire de conscience; mais nous sentons que *option* dans la matière vivante et *conscience* dans l'animalité supérieure sont deux phénomènes du même ordre, que l'un est greffé sur l'autre, et que si la représentation consciente refuse de nous livrer aucun modèle mécanique capable de donner une image de ses rouages, le facteur d'option lui-même est rebelle à toute figuration, parce que, comme elle, il est une propriété d'agrégat des systèmes stationnaires vivants, un facteur intrinsèque et labile lié a la cinétique de la vie.

Nous ne connaissons pas le secret de cette cinétique, et tous les facteurs labiles qui en dépendent demeurent mystérieux pour nous.

Quoi qu'il en soit, c'est la progression de ces facteurs

labiles caractéristiques du deuxième terme de l'irritabilité qui va nous permettre de classer les actes irritatifs, et cette classification, d'ailleurs généralement adoptée, aura pour nous l'immense avantage d'être précisément caractéristique des grandes étapes parcourues par l'option vitale dans l'évolution de la matière vivante sur notre globe.

Les actes irritatifs peuvent être répartis en trois catégories :

1°) *Les actes spontanes*, caractérisés par un réflexe simple et qui ne s'accompagnent d'aucune représentation cérébrale, ou qui tout au moins paraissent susceptibles d'évoquer seulement une image floue et imprécise chez l'unité qui en est le siège. On les observe d'abord chez tous les organismes végétaux et animaux inférieurs dans lesquels la fonction de *conduction* des processus irritatifs plasmiques n'est pas différenciée, dans lesquels il n'existe pas de tissu spécialisé pour cette fonction de conduction, c'est-à-dire pas de tissu nerveux; ensuite chez les animaux possédant des filets nerveux, des ganglions nerveux, mais dépourvus de centres assez caractérisés pour nous permettre de supposer la représentation cérébrale possible. Enfin on les observe aussi dans un grand nombre de phénomènes irritatifs propres à l'homme et aux animaux possédant un centre cérébral, ces phénomènes se passant dans le domaine de la vie végétative et n'éveillant pas d'images cérébrales représentatives.

2°) *Les actes instinctifs*, qui impliquent de la part de l'être la représentation de l'impression reçue et de la réponse faite, la conscience de l'option entre plusieurs réponses possibles, mais sans discernement des motifs qui justifient cette option. L'individu conscient de son acte est poussé vers la voie ouverte par la loi d'option sans savoir pourquoi et sans pouvoir se dérober au choix qui lui est imposé. Ces actes sont l'apanage des animaux à cerveau différencié. L'homme lui-même est le siège de beaucoup d'actes instinctifs, comme de beaucoup d'actes spontanés.

3°) *Les actes volontaires*, propres à la haute cérébralité des animaux supérieurs et surtout bien caractérisés chez l'homme. Ici le relais entre l'action extérieure et la réaction chimio-mécanique a atteint l'apogée de son développement. Non seulement l'être est conscient de son acte, mais il discerne souvent les motifs de la réponse ; il a la possibilité de les peser sciemment, de les discuter, il sent en lui la liberté de disposer des agents déclencheurs de la réponse. Les facteurs actifs de l'option qui, dans les deux premières catégories, entraient en scène conformément à une loi d'habitude, à une mémoire matérielle, et qui, par suite mettaient systématiquement en défaut le deuxième postulat des probabilités au profit de l'avenir de la matière vivante, ces facteurs actifs nous donnent l'illusion d'échapper à toute loi autre que notre caprice. Le moi individuel se sent le maître apparent de l'option et c'est sa volonté libre qui seule paraît mettre en défaut les formules de probabilité dans le choix des réactions propres à chaque acte irritatif.

La loi d'option subit donc une évolution remarquable avec le progrès du relais intermédiaire entre le premier et le troisième terme des actes de relation.

Nous allons commencer par envisager son rôle dans les actes spontanés.

§ 6. — L'option dans les actes spontanés.

Le réflexe simple se présente sous des aspects un peu différents suivant qu'on l'étudie chez les protozoaires et cellules isolées, chez les végétaux et chez les animaux en dehors des chaînes *cérébrales*. Mais toutes les différences observées sont, nous allons le voir, réductibles à des manifestations d'un même caractère fondamental propre au deuxième terme de l'acte irritatif: l'élaboration de l'impression.

Contrairement à la logique habituelle de l'enseignement qui, en présence d'un caractère à plusieurs degrés, commence par envisager les cas les plus simples et finit par les plus complexes, nous étudierons au contraire les réflexes simples d'abord chez les animaux complexes, puis chez les êtres simples et les végétaux.

La raison en est que l'acte irritatif est compliqué partout, inaccessible à notre analyse mécanique en toute circonstance. Là où nous pourrions espérer le trouver réduit à son maximum de simplicité, chez les protozoaires, il présente au contraire son minimum de clarté parce que dans une microscopique parcelle de matière plasmique dont l'architecture nous est insuffisamment connue, se trouvent localisés et emmêlés les uns dans les autres des phénomènes différents appartenant au deuxième terme de l'irritabilité, la perturbation plasmique d'impression, la conduction, le déclenchement des phénomènes réactionnels.

Au contraire, chez les animaux, nous trouvons différenciés des organes d'impression sensitive (cellules réceptrices), des organes de conduction (nerfs), des organes de répartition (cellules nerveuses anastomosées), des organes de déclenchement (terminaisons nerveuses motrices, glandulaires ou autres).

La séparation de ces fonctions nous permettra de jeter quelque lumière sur l'ensemble de ce deuxième terme mystérieux et de voir dans quel méandre de ce labyrinthe s'opère le phénomène de l'option. Nous pourrons mieux ensuite considérer en connaissance de cause, ce qui doit se passer dans l'individualité cellulaire non différenciée.

α) L'option dans les actes spontanés chez les ani-

maux à chaînes nerveuses différenciées. Le réflexe simple. — Les actes irritatifs les mieux connus sont les actes à réactions mécaniques, ou réflexes mécaniques simples. Dans ces réflexes, le premier terme est la perturbation extérieure produisant l'impression. Le deuxième terme comprend l'impression, la transmission, l'élaboration et l'action déclenchatrice. Le troisième terme est un travail mécanique produit aux dépens de l'énergie chimique des tissus par une modification morphologique d'organites agencés de façons variées et constituant les appareils moteurs dont les muscles nous offrent le type le plus parfait. Ce sont ces actes à réactions motrices que nous allons prendre pour exemple.

Le réflexe simple implique la mise en jeu de deux cellules nerveuses au moins, de deux *neurones*, comme disent les histologistes : 1°) Un neurone sensitif, d'une part en relation, au moyen d'un long filet nerveux fonctionnant comme voie centripète, avec le plasma perturbé par l'agent extérieur (nerf sensitif), et d'autre part en connexion, au moyen de filets nerveux centrifuges courts, avec le deuxième neurone ; 2°) un neurone moteur, d'une part articulé, au moyen de filets centripètes courts, avec les précédents, et d'autre part relié à un organe moteur par un long filet centrifuge (nerf moteur).

Ordinairement d'ailleurs, les connexions sont moins simples. D'autres cellules nerveuses sont interposées ou greffées en voies dérivées sur la chaîne bicellulaire et témoignent de convergences centrales.

Mais on peut toujours faire abstraction de ces dérivations et les supposer artificiellement supprimées. Il est probable qu'elles sont absentes chez certains animaux, les cœlentérés par exemple, chez lesquels on aperçoit sous l'ectoderme un réseau nerveux très simple en connexion par certains filets avec les cellules sensitives de l'épiderme, par d'autres avec les cellules myoépithéliales; il ne paraît y avoir aucune systématisation de voies dérivées.

Voyons donc ce qui se passe à l'occasion d'une perturbation extérieure dans cette chaîne à deux neurones.

La perturbation extérieure provoque tout d'abord une perturbation plasmique dans la cellule impressionnée. Ce phénomène plasmique est quelque chose de nouveau et tout différent du phénomène extérieur. Les phénomènes extérieurs les plus variés donnent lieu dans la généralité des cas à une même perturbation plasmique, à une perturbation toujours pareille à elle-même et variant seulement d'intensité. Les raisons qui justifient cette proposition sont nombreuses; l'une des plus frappantes pour l'esprit humain est que toutes les fois que la perturbation plasmique est, chez les animaux supérieurs et chez l'homme, continuée par un influx nerveux qui provoque une représentation cérébrale, l'image produite est la même quelle que soit la perturbation extérieure; une impression transmise par le nerf optique est toujours une impression lumineuse, une impression transmise par le nerf acoustique est toujours une impression auditive, etc., quelle que soit la cause externe, lumière, son, choc mécanique, électricité, etc. qui lui donne naissance.

D'ailleurs dans la chaîne des espèces, à mesure que se spécialisent les fonctions sensorielles, ce sont les organes récepteurs des impressions extérieures qui s'adaptent de mieux en mieux à leur rôle et non les conducteurs qui se différencient les uns des autres pour s'adapter à la transmission d'un influx de qualité différente. Chez les espèces inférieures, toutes les cellules des téguments sont sensibles à la lumière par exemple, l'étude du phototropisme le prouve. L'appareil visuel ne se perfectionne que peu a peu.

Une autre raison se trouve dans ce fait que quand on excite un nerf centrifuge commandant un muscle, une glande, quel que soit l'excitant, la réponse est toujours la même.

Le premier terme de l'acte irritatif consistant dans la production de l'impression plasmique par la perturbation externe, est donc une mutation énergétique probablement banale, dans laquelle des modalités extérieures variées donnent lieu à une modalité plasmique toujours la même. Malheureusement nous ignorons le mécanisme de cette mutation, parce que nous ne savons pas du tout en quoi consiste la modification produite dans le plasma. La seule chose que nous savons est que cette modification a pour caractéristique de se propager de proche en proche dans le plasma de la cellule impressionnée. Cela n'est pas douteux pour les raisons suivantes : 1°) la région cellulaire soumise à l'agent extérieur n'est pas celle qui est en relation avec le conducteur nerveux connecté, il faut parcourir le corps cellulaire pour aller de l'une à l'autre.

2°) Dans beaucoup de cas, nous voyons se différencier quelque prolongement cellulaire, quelque appendice spécialisé dans la fonction de réception des phénomènes extérieurs, le corps cellulaire restant plus profondément situé et se trouvant connecté par quelque autre prolongement avec les conducteurs nerveux. (Cônes et bâtonnets de la rétine, appendices terminaux des cellules acoustiques, etc.). Cette disposition implique bien une transmission à travers le plasma.

3°) Quand chez des êtres très simples, tels que le stentor, on sectionne le corps cellulaire en deux parties laissant seulement entre elles un pont plasmique, les deux moitiés répondent synergiquement aux excitations de l'une d'elles.

4°) Les conducteurs nerveux ne peuvent être considérés autrement que comme du plasma cellulaire spécialisé dans cette fonction de *conduction irritative, de propagation d'impression*, que nous venons d'affirmer.

Aussitôt donc que l'impression est produite sur un point quelconque de la cellule réceptrice, cette impression se propage à travers le plasma. La propagation ne s'arrête pas là. Grâce aux connexions du long prolongement cellulipète du neurone sensitif avec cette cellule réceptrice, l'impression plasmique se transmet de proche en proche le long de ce prolongement et atteint le corps du neurone qu'elle dépasse pour affecter les prolongements cellulifuges, passer de là aux prolongements correspondants du neurone moteur, au corps cellulaire moteur et au filet nerveux cellulifuge moteur.

La modification plasmique ainsi transmise de proche en proche s'appelle en physiologie : l'influx nerveux.

L'influx nerveux est donc l'impression plasmique en voyage. Le terme *influx nerveux* n'ajoute au terme *impression plasmique* ou *perturbation plasmique*, que l'idée de son déplacement de proche en proche.

Si j'insiste sur ce fait, c'est que beaucoup de personnes se représentent volontiers le conducteur nerveux comme un fil inerte que parcourrait une modalité spéciale de l'énergie. Rien n'est plus faux. Le conducteur nerveux est un corps cellulaire allongé, tres allongé, mais qui ne fait pas autre chose que ce que faisait tout a l'heure notre pont plasmique des deux moitiés de stentor. Chaque zone du conducteur est tour a tour le siège de cette même modification plasmique que nous avons vue se produire là où l'agent extérieur a amorti un peu de son énergie. La transmission de cet état irritatif se fait a une vitesse relativement faible, 30 a 40 mètres par seconde, alors que les perturbations électriques cheminent à 300.000 kilomètres à la seconde le long des fils métalliques. Bien plus cette vitesse varie suivant la région du conducteur que l'on considère. L'influx paraît se ralentir quand on se rapproche de la périphérie et son intensité paraît augmenter dans les mêmes conditions, comme s'il faisait boule de neige ou avalanche.

Le conducteur nerveux est donc un cordon plasmique actif, siège d'un phénomène irritatif qui l'affecte d'un bout à l'autre. Il joue un rôle tellement actif qu'il se fatigue quand on le soumet à une série d'excitations rapprochées et cette fatigue semble localisée aux régions les plus actives de la transmission qui sont, nous allons le voir, les terminaisons des fibres nerveuses et en particulier les plaques motrices.

Cette activité d'ailleurs retentit sur tout l'entourage des conducteurs nerveux. Les cellules de la gaine qui les enveloppe sont comme asservies par eux et leur morphologie est liée à la vitalité du cylindraxe. Si le cylindraxe meurt, les cellules de la gaine subissent des transformations immédiates.

L'activité plasmique des fibres nerveuses dans la conduction de l'influx est bien mise en lumière d'autre part par le rôle des terminaisons des prolongements, articulés les uns avec les autres : en effet, si les fibres sensitives et les fibres motrices sont susceptibles de conduire l'influx dans les deux sens et si l'appellation de centripètes ou cellulipètes et centrifuges ou cellulifuges, qui leur est donnée, ne fait que caractériser leur rôle habituel dans la conduction, si en un mot elles se comportent à ce point de vue comme un fil de cuivre inerte dont la conductibilité pour l'électricité est équivoque dans les deux sens, par contre dans la chaîne de neurones du réflexe simple, la conduction est univoque. L'influx circule bien de l'organe sensitif vers l'organe moteur, mais non dans le sens inverse, et le siège de ce triage des directions, de cet *effet soupape*, comme on dit en physique, paraît être dans les terminaisons des filets nerveux; il semble que les organites terminaux de chaque neurone de la chaîne réflexe aient une aptitude spéciale, les centripètes à capter les impressions plasmiques qui se produisent à leur voisinage, les centrifuges à émettre et à faire rayonner celles qui, ayant parcouru le conducteur nerveux, arrivent jusqu'à elles. Quel que soit dans son intimité ce phénomène sélectif, il nous force à admettre encore un rôle actif du plasma dans ce triage des directions. Les mouvements actifs qu'on observe dans certaines cellules sensorielles et en particulier au niveau des cônes et bâtonnets de la rétine sont bien faits pour appuyer cette opinion.

L'activité du tissu nerveux dans la transmission de l'impression s'offre du reste à nous comme éminemment perfectible. C'est une fonction qui se différencie de plus en plus à mesure que l'on s'élève dans l'échelle animale. Pendant que la fonction de contraction se localise dans les cellules musculaires, la fonction de transmission irritative se spécialise dans les cellules nerveuses. Cela est si vrai que les excitations extérieures portées directement sur un muscle produisent moins facilement la réponse motrice que si elles sont portées sur le nerf qui commande ce muscle, parce que le muscle est moins apte à ressentir les perturbations extérieures.

Telles sont les notions qui se dégagent de l'étude du réflexe simple chez les animaux. Nous devons surtout en retenir deux données fondamentales.

La première est que le conducteur nerveux est un cordon de plasma actif et non un fil passif inerte, siège de translation d'un agent quelconque.

La deuxième est que la perturbation plasmique transmise de proche en proche dans ce cordon actif est toujours la même quelle que soit la cause extérieure perturbatrice agissant à un bout de la chaîne et quelle que soit la réaction commandée à l'autre bout.

Cela posé, il nous est relativement facile de situer l'acte d'option, c'est-à-dire le travail d'élaboration propre au deuxième terme des phénomènes irritatifs.

L'élaboration ne consiste pas en une modification qualitative de l'influx : l'observation nous le révèle *partout le même.*

Elle ne consiste pas en une opération savante pratiquée au niveau des organes du déclenchement réactionnel, *le déclenchement est toujours le même.* Il se fait, ou il ne se fait pas.

Ce qui fait la diversité de la réponse, ce en quoi consiste par conséquent l'élaboration de l'influx, c'est le *régime des laisser-passer*. Dans la chaîne à deux neurones isolés, deux solutions sont seules possibles : l'influx passe au niveau des terminaisons de chaque neurone, ou il ne passe pas. S'il passe la réaction a lieu. Sinon, elle ne se produit pas.

L'option consiste à laisser passer ou à arrêter l'influx. C'est l'activité plasmique qui a ce rôle. C'est dans ce phénomène *actif* que la mémoire du déjà fait joue son rôle.

Lorsque, comme cela a lieu dans la réalité, il y a non pas une chaîne simple de deux neurones, mais une série de chaînes dérivées les unes sur les autres, alors l'élaboration est beaucoup plus compliquée. L'activité plasmique a beau jeu. Elle peut envoyer l'influx dans les voies les plus variées. Le travail de l'aiguilleur est alors complexe et d'après l'aiguillage la réponse varie. L'acte réactionnel est sous la dépendance de l'activité plasmique des chaînes nerveuses où se déroule le deuxième terme.

L'élaboration qui se fait aux carrefours pour le

choix de la voie décide de la réponse. Bien souvent deux réponses diamétralement opposées sont possibles suivant l'aiguillage. Ce sont les nuances de l'impression qui constituent le signal utile à l'aiguilleur, non pas en créant un influx à nuances diverses, mais en agissant plus ou moins sur telles ou telles cellules réceptrices, qui transmettent un influx toujours le même, mais plus ou moins intense, dans telle ou telle chaine réflexe.

β) *L'option dans les actes spontanés chez les protozoaires et chez les végétaux.*

Ces notions restent vraies, si du réflexe simple de la chaîne à deux neurones, nous passons à l'acte irritatif des organismes à plasma non différencié. Là, dans un hyaloplasme non spécialisé baignent les mitochondries ou les granulations du morphoplasme qui paraissent jouer un rôle essentiel dans la contractilité réactionnelle. C'est presque sur place que se produit la réponse. Pourtant à la réflexion, on se rend compte qu'entre la zone d'impression où le plasma a reçu la perturbation extérieure et les organites contractiles, il y a une certaine épaisseur de plasma à franchir. Si bien que le deuxième terme de l'acte irritatif : impression, influx nerveux transmis de proche en proche, élaboration et déclenchement du mouvent réactionnel, s'accomplit dans cette traversée comme tout à l'heure dans la traversée de la chaine à deux neurones. Tout nous porte donc à croire que là aussi l'état irritatif transmis de proche en proche est toujours le même, quel que soit l'agent perturbateur.

Il n'y a pas plusieurs espèces d'impression plasmique transmise chez les protozoaires, pas plus qu'il n'y a plusieurs espèces d'influx nerveux transmis par les neurones.

Il n'y a pas plusieurs modalités de réactions mécaniques de la part des mêmes organites contractiles touchés par ce même influx, pas plus qu'il n'y a plusieurs modalités de contraction d'un muscle touché par un influx moteur.

Mais où l'option s'exerce vraisemblablement, c'est dans l'acheminement de l'impression plasmique transmise et dans la transmission ou la non-transmission de cette impression à telle ou telle partie du corps cellulaire, à telle ou telle région du morphoplasme. Ainsi s'expliquent les mouvements ciliaires, les mouvements des pseudopodes, etc., qui mettent en jeu l'activité des organites contractiles d'une région seulement du corps de la cellule.

Ce que nous venons de dire des organismes monocellulaires peut se répéter pour les organismes polycellulaires dépourvus de tissu nerveux et pour les végétaux, à cela, près que l'influx irritatif, au lieu de dénouer le dernier acte du réflexe dans la cellule qui a subi la perturbation, va porter plus loin le signal du déclenchement.

Chez les végétaux, le mouvement produit se manifeste souvent très loin du point impressionné. Quand on touche une feuille de sensitive, les folioles très éloignées se replient aussi. Seulement là ce n'est pas une conduction d'influx irritatif qui est en jeu. Ce qui commande les mouvements, c'est la turgescence et le dégonflement de certaines parties des articulations des folioles. Cette commande se fait à distance par un acte mécanique banal, par la propagation d'ondes liquides compressives ou décompressives dans les voies vasculaires. Le phénomène de transmission à distance appartient donc au troisième acte du réflexe, à la réaction chimio-mécanique commandée par le déclenchement irritatif. Quant à ce déclenchement, il se produit par propagation de l'impression irritative depuis le point perturbé jusqu'aux organites contractiles, agents de la compression, habituellement situés à très courte distance. D'ailleurs les processus intimes des réflexes mécaniques chez les végétaux ne sont pas mieux connus que ceux des protozoaires ou des animaux supérieurs. Le modèle mécanique du phénomène irritatif des plasmas nous échappe partout.

Mais ce que nous savons, c'est que l'option propre au deuxième terme existe ici comme ailleurs. Le processus irritatif est transmis ou n'est pas transmis suivant les modalités de l'impression agissant plus ou moins sur tels ou tels organites récepteurs.

§ 7. L'option des actes spontanés est fatalement dirigée dans le sens de l'utilité. D'ou la loi d'option régissant ces actes.

Quand nous avons étudié les actes de nutrition, nous avons vu l'option chimique subir une évolution fatale.

Nous avons pu schématiser cette évolution de la façon suivante :

Stade initial. Option de hasard. Application simple des formules de probabilités. Exemple : deux isomères ou deux corps équipotentiels ont les mêmes chances de se former suivant les lois de la thermochimie, mais les réactions étant exclusives l'une de l'autre, le hasard fait que l'un quelconque apparaît et l'autre pas.

Deuxieme stade. Option dirigée. Le deuxième postulat des probabilités est mis en défaut par la facilité de répétition du déjà fait. La matière vivante qui a opté une première fois par hasard pour une direction quelconque tend à choisir la même direction quand les mêmes circonstances se présentent à nouveau. Cette propriété met en défaut le postulat d'indépendance des coups successifs dans les formules de probabilités.

Troisieme stade. Option forcée. Loi d'option. La

facilité de répétition du déjà fait crée l'habitude. Le résultat de l'option, ainsi dirigée dans un certain sens par habitude, peut être favorable ou défavorable à l'individu et à sa descendance. D'où emprise possible de la sélection naturelle qui tend à faire triompher les lignées à habitudes favorables dans la lutte pour l'existence. D'où enfin fixation de fait, dans les lignées d'avenir, des habitudes favorables.

Ainsi l'*option de hasard* devient fatalement *une option systématisée*, puis *une option imposée comme une loi*.

Quand nous nous sommes demandé quel était le mécanisme de cette option chimique de nutrition, nous avons dû y reconnaître l'entrée en scène d'*agents de triage relevant de l'irritabilité*.

A présent, nous nous trouvons en présence de ces agents du domaine de l'irritabilité et nous venons de les saisir en travail dans un champ bien plus accessible que celui des actes de nutrition.

Nous venons de prendre sur le vif l'influx irritatif résultant d'une perturbation extérieure quelconque et capable de provoquer un déclenchement de réaction mécanique, physique ou chimique.

Nous venons de voir que cet influx, durant la phase de l'acte irritatif propre à l'élaboration, ne va pas tout droit du lieu de sa production au siège des déclenchements. Dans les cas les plus simples, il lui faut seulement un laisser-passer. Il est transmis ou il n'est pas transmis. La matière vivante, en présence de l'ensemble des circonstances provoquant l'influx, a la possibilité de transmettre ou de ne pas transmettre la modification plasmique, et l'une des deux solutions peut être répétée par l'habitude. L'habitude peut être fixée dans les lignées par l'œuvre de la sélection naturelle qui élimine peu à peu les lignées privées des habitudes favorables.

Dans les cas plus complexes, plusieurs voies sont

ouvertes à l'influx nerveux. L'activité plasmique entre en scène pour décider de la voie suivie. Un aiguillage s'opère, qui met en jeu cette activité de l'unité vivante. L'aiguillage peut être un aiguillage de hasard au début Il est susceptible de devenir un aiguillage d'habitude et l'habitude peut être imposée par la sélection naturelle.

Ainsi, à la lueur de ces notions, les mots un peu mystérieux *d'option chimique*, d'*habitude matérielle*, de *facilité de répétition du déjà fait*, prennent un sens précis. Qu'il s'agisse des actes de nutrition ou du premier degré des actes de relation, nous voyons la propriété essentielle des plasmas, l'irritabilité, nous rendre compte de tous les faits observés et l'activité des systèmes stationnaires vivants dont nous avions parlé au début de ce livre devient une propriété accessible en partie au moins à notre conception.

Quel que soit le domaine dans lequel s'exerce cette activité, domaine des actes de nutrition ou domaine des actes de relation, nous voyons l'option favorable, l'option utile à l'espèce, s'installer fatalement comme une habitude nécessaire dans les lignées d'avenir. *La faculté d'option*, grâce à la sélection naturelle, devient une *loi d'option*.

Nous allons voir cette option située dans la phase d'élaboration irritative de tous les actes vitaux se perfectionner d'une façon remarquable quand les voies nerveuses dérivées sur le réflexe simple des animaux inférieurs se centralisent et permettent une systématisation savante des réponses réactionnelles.

§ 8. — L'option dans les actes instinctifs

a) *Ce qui caractérise l'acte instinctif. Multiplicité des connexions et synergies des réactions élémentaires avec représentation cérébrale.*

Par degrés insensibles, sans franchir de fossé profond, sans dépasser de frontières limitées par des bornes précises, nous voyons quand nous gravissons l'échelle des espèces animées, les chaînes de neurones dérivées sur la chaîne du réflexe simple se disposer suivant une orientation remarquable.

Des convergences s'opèrent, des centres se constituent, des ganglions nerveux prennent naissance.

Quelque chose de nouveau se prépare : c'est la centralisation des processus irritatifs propres à la phase d'élaboration dans les actes de relation. De cette centralisation naîtra bientôt la manifestation la plus particulièrement étonnante de l'unité de l'être, la représentation idéale des phénomènes qui se déroulent dans l'une quelconque des parties de l'organisme et la conception idéale de l'individualité, c'est-à-dire d'un tout formant un système autonome distinct du reste du monde : le moi pensant.

On a cru, quand l'anatomie et l'histologie ont commencé à pénétrer les secrets de la morphologie animale, que les chaînes nerveuses dérivées, groupées en systèmes fonctionnels distincts, constituaient des territoires parfaitement différenciés. On a pensé en particulier que chez les animaux où se développe un centre unique, dominant largement les autres centres, c'est-à-dire un centre cérébral, tel territoire de ce centre était en relation avec tel organe sensitif ou sensoriel, tandis que tel autre territoire central était en relation avec tel organe moteur, glandulaire, etc., siège de réaction. On a admis le principe des localisations fonctionnelles cérébrales et des divisions topographiques étanches.

Une étude plus approfondie a montré l'inanité de cette opinion.

Les progrès de la fonction de relation marchent non pas avec les spécialisations topographiques, mais avec la complexité des connexions dérivées sur les voies primitives, avec leur enchevêtrement de plus en plus inextricable, et par suite *avec la multiplication indéfinie des aiguillages possibles à chaque carrefour.*

C'est grâce à ces connexions que l'être vivant, au lieu d'être constitué par une série d'automates indépendants correspondant à chaque groupe de réflexes simples, possède une unité d'autant plus accusée que le réseau des connexions est plus touffu.

Il y a bien des localisations fonctionnelles dans les centres supérieurs, il y a bien une division du travail qui s'opère dans les régions centrales, mais cette division du travail est comparable à celle qui s'opère entre les sujets d'une même nation, spécialisés suivant les besoins. Si tout d'un coup les ouvriers d'une spécialité viennent à manquer, d'autres se mettent à la besogne et s'adaptent à un nouveau rôle. De même si une région des centres vient à être lésée, une autre la supplée dans son rôle laissé en souffrance.

Voilà une première considération, considération tout anatomique, qu'il est utile de retenir pour aborder l'étude des actes instinctifs et les caractères de l'option dans ces actes. En voici une seconde, relative à la physiologie des fonctions de relation et qui est non moins importante.

Quand nous étudions un mouvement exécuté par une unité vivante, par exemple un mouvement de défense ou d'attaque, ce mouvement n'est pas simple. Il est fait de plusieurs mouvements élémentaires combinés. Il y a synergie de plusieurs réactions motrices élémentaires concourant au but utile.

La dionée gobe-mouches qui capture un insecte, la sensitive qui dérobe ses surfaces foliolaires, la grenouille décapitée qui, piquée à la cuisse, chasse avec l'autre patte l'objet qui la blesse, exécutent des mouvements complexes faits de la combinaison de plusieurs contractions simples siégeant dans des éléments contractiles variés. Peu frappantes chez les végétaux et chez les protozoaires, les synergies réactionnelles deviennent remarquables chez les animaux à fonctions différenciées, mais toujours les mouvements les plus savants peuvent être ramenés à des composantes élémentaires qui sont réductibles chacune à un phénomène simple, analogue au dernier acte du réflexe à deux neurones.

Dans la réalité, même chez les êtres qui ne possèdent aucun centre important, un grand nombre de neurones sensitifs ou sensoriels périphériques se trouvent connectés avec des neurones dérivés, eux-mêmes connectés entre eux, et articulés d'autre part avec des neurones moteurs multiples ou avec un réseau de neurones intermédiaires les séparant des neurones moteurs périphériques.

Grâce à ces connexions, les synergies sont possibles et sont susceptibles d'une perfectibilité indéfinie. D'échelon en échelon, dans la chaîne phylogénique, cette perfectibilité se manifeste parce qu'elle constitue un caractère utile, permettant de plus en plus l'adaptation des fonctions aux besoins et donnant par suite prise à la sélection naturelle.

Ces deux considérations, l'une anatomique, l'autre physiologique, s'appliquent d'ailleurs aux actes spontanés, aussi bien qu'aux actes instinctifs. Si nous les avons placées en tête de ce paragraphe, c'est parce que le développement du système de connexions centrales que nous avons en vue s'accompagne ordinairement de l'apparition de ce phénomène étrange, propre à l'acte instinctif et à l'acte volontaire de l'animalité supérieure : la représentation idéale du phénomène accompli.

Dès lors, en effet, qu'un phénomène irritatif évoque devant l'unité vivante une représentation idéale, ce phénomène n'est plus un acte spontané, mais un acte instinctif.

β) *La représentation cérébrale qui caractérise l'acte*

instinctif ne constitue qu'un épiphénomène d'ordre statique greffé sur les phénomènes irritatifs et ne changeant rien à leurs lois.

Qu'est-ce que cette représentation idéale? Comment apparaît-elle? Comment concevoir cette image perçue par quelque chose qui se confond avec l'unité vivante et qui est l'embryon de la personnalité? Comment concevoir cette personnalité que l'analyse réduit à la sommation des images idéales déjà perçues? Ce sont là des questions qui, nous l'avons déjà dit, dépassent les limites de la science actuelle. Tout ce que nous savons, c'est qu'il s'agit d'une manifestation statique, c'est-à-dire d'une manifestation qui ne consomme pas d'énergie par elle-même, pas plus que le champ statique autour d'un corps chargé d'électricité ne demande de consommation d'énergie pour son entretien[1].

Mais ce qu'il nous importe de bien comprendre ici, c'est que la représentation idéale qui accompagne les phénomènes de l'irritabilité ne change rien aux lois de ces phénomènes et en particulier à l'option propre à la phase d'élaboration de l'influx nerveux. Elle ne modifie pas, elle ne peut pas modifier le sens de cette option.

De ce que l'individualité vivante se trouve être non seulement le siège de l'acte accompli, mais le témoin conscient susceptible de percevoir cet acte, d'en connaître une image, d'assister idéalement à son exécution, il ne s'ensuit pas qu'elle ait à en comprendre le pourquoi, le comment, ni le but, il ne s'ensuit pas surtout qu'elle puisse en changer le cours.

Il faudra franchir un nouvel échelon pour que l'individu puisse discerner les causes qui provoquent

1. Cf *Les Nouveaux Horizons de la Science*, t IV, pp 608, 625, 629, sqq

l'acte réactionnel, les moyens de son exécution et son but utilitaire. Mais à ce moment-là se produira une évolution non moins étrange que celle que nous venons de voir : l'individualité idéale se confondra avec les agents de triage de l'option irritative; le moi pensant s'identifiera avec l'aiguilleur. Alors se posera le problème de la liberté chez les êtres doués de discernement. Mais à ce stade d'évolution l'acte ne sera plus un acte instinctif, ce sera un acte volontaire.

Le domaine de l'instinct, limité en bas par cet échelon où cesse la représentation idéale de l'acte, en haut par cet autre échelon où commence le discernement des raisons d'agir et où apparait la liberté apparente d'action, est assujetti aux mêmes lois que le domaine de la spontanéité et reste tributaire en particulier de la loi d'option vitale. C'est là une affirmation capitale et qui mérite une démonstration. Nous allons nous y arrêter un moment.

§ 9. — Les actes instinctifs restent tributaires de la loi d'option.

Prenons un acte irritatif quelconque chez un être placé au seuil de la représentation idéale, ce sera par exemple celui qu'accomplit un cœlentéré qui, tel que les méduses, commence à avoir un système nerveux déjà différencié.

Tout le monde connait ces beaux organismes marins dont le corps en forme d'ombrelle nous offre des aspects si variés. Un cordon nerveux formant un anneau le long du bord du disque présente quelques renflements ganglionnaires. Il est assez vraisemblable que les actes sont spontanés chez la plupart des espèces de méduses, et à peine peut-on admettre, chez les espèces les plus élevées, la possibilité d'une représentation idéale de certaines impressions. Chez celles-là, en effet, on observe des organes sensitifs répartis au bord du disque: les corpuscules marginaux, les vésicules marginales. Il semble bien que ces dernières formations soient adaptées à la réception des ondulations lumineuses. S'agit-il d'une impression plasmique simple, analogue à celle qui, chez les protozoaires, prend naissance sous l'action de l'énergie lumineuse extérieure? Ou bien faut-il admettre qu'en même temps que ces cellules se différenciaient pour la réception des ondes lumineuses dans la chaîne des espèces, une ébauche de représentation visuelle se produisait dans les ganglions nerveux centraux? Il serait bien difficile de rien affirmer à cet égard. Quoi qu'il en soit, l'étude de l'anatomie des méduses d'une part et d'autre part l'étude de leur vie, de leurs mœurs, nous conduit à les regarder comme un type d'animal où l'on sent la représentation idéale sur le point d'être possible, sans qu'elle paraisse encore se manifester d'une façon évidente. Nous aurions aussi bien pu choisir pour exemple certains arthropodes doués de poils auditifs, certains polypes dont les formations tentaculaires sont assimilables à des rudiments d'appareils gustatifs, ou en général tout animal qui nous donne l'impression d'une ébauche de conscience durant la phase d'élaboration des actes réactionnels.

Eh bien, considérons donc un acte spontané de capture de proie chez une méduse supposée privée de toute représentation idéale. Chez elle existe tout un appareil savant d'attaque et de défense, cellules de tact, bras préhenseurs, cellules urticantes, etc. Le contact de la proie ayant donné le signal qui va déclencher les mouvements de capture, tout l'appareil d'attaque et de préhension entre en fonction. La proie est prise et mangée.

Par quel système d'élaboration, d'aiguillage d'influx

nerveux, est obtenu ce mécanisme de réactions compliquées et savantes déterminant la capture? C'est à l'enchaînement des actes spontanés, à leur perfectionnement progressif en dehors de toute représentation idéale qu'il faut en demander l'explication, nous n'y reviendrons pas ici. Prenons les faits tels qu'ils sont. Les synergies réactionnelles de l'acte spontané existent, elles déterminent la capture. Nous les constatons. Cela suffit pour servir de point de départ à notre raisonnement.

Admettons maintenant que l'espèce de méduses, siège de cet acte spontané, subisse un progrès tel que le même acte qui tout à l'heure n'éveillait aucune représentation idéale, à présent au contraire soit accompagné d'une image représentative devant la personnalité ébauchée.

Est-ce que cette représentation empêchera l'utilité de l'acte préhenseur? Est-ce que tous ses rouages préparés par l'option inconsciente sous le contrôle de la sélection cesseront de fonctionner de la même façon parce qu'une image sera évoquée devant un moi naissant? Mais si par hasard à cette occasion les synergies de l'acte préhenseur étaient troublées, si l'acte réactionnel n'aboutissait plus à la préhension de la proie, est-ce que l'animal n'en souffrirait pas? Est-ce que sa lignée n'en subirait pas une dépréciation? Est-ce qu'elle ne serait pas frappée d'une tare d'infériorité dans la lutte pour la vie? Est-ce qu'elle ne serait pas appelée à disparaître de la scène du monde devant des lignées mieux douées qui auraient conservé toute leur organisation réactionnelle, toutes leurs traditions, toutes leurs habitudes matérielles?

La ratification de l'acquis est la première condition nécessaire à la continuation du progrès quand on passe du domaine de la spontanéité au domaine de l'instinct.

Par contre, le mécanisme réactionnel est susceptible de s'enrichir de rouages nouveaux. Les organes sensoriels, les perceptions visuelles, auditives, etc., qui, à distance, révèlent la présence d'une proie ou d'un ennemi, peuvent, grâce aux images représentatives qu'ils provoquent, entrer en scène dans l'élaboration des réponses. Mais les facteurs ainsi surajoutés ne peuvent en aucun cas aller à l'encontre des progrès du passé.

Ainsi, à l'occasion d'une perturbation extérieure, des impressions plus nombreuses et plus complexes que dans le domaine des actes spontanés pourront prendre naissance et pourront conduire à un travail d'élaboration de plus en plus délicat. Les carrefours d'option seront plus nombreux, les aiguillages plus compliqués, mais toujours la répétition du déjà fait, l'habitude, justifieront la voie suivie en mettant en défaut le deuxième postulat des probabilités et les formules de hasard. La sélection naturelle, gardienne vigilante des habitudes utiles se charge toujours et partout de châtier les dissidences, en éliminant les lignées où naîtraient des révoltes contre la direction imposée à l'option, des écarts à la loi de triage des voies ouvertes aux phénomènes réactionnels.

Les seules lignées d'avenir, les seules espèces capables de faire souche sont en un mot les lignées, les espèces, chez lesquelles la conscience de l'acte accompli ne changera rien à la direction de la réponse, aidera au contraire à son accomplissement au mieux, en vue de l'utilité et du progrès ultérieur.

Cela étant bien compris, franchissons d'un bond les nombreux échelons où s'étagent les progrès croissants des actes instinctifs et arrivons à ces espèces très élevées qui sont sur les confins de l'instinct et du discernement volontaire.

Voici un oiseau qui fait son nid, une poule qui couve, des oies sauvages qui pour émigrer se disposent en deux branches de V divergentes à la suite de celle qui tient la tête, voici un mammifère nouveau-né qui prend la mamelle, voici une ruche d'abeilles qui, l'été, travaille a faire ses réserves d'hiver, des fourmis qui hâtivement réparent le logis attaqué par un ennemi du dehors pendant que d'autres sauvent les œufs et les nymphes; y a-t-il discernement dans tous ces actes?

Certes il y a perception au moins partielle du but immédiat poursuivi dans beaucoup de cas. L'oiseau ne fait pas son nid parce que la vue d'une paille ou d'une brindille de bois déclenche en lui les réflexes qui le portent en haut d'un arbre pour y enchevêtrer les matériaux du nid. Quand il fait son nid, il sait qu'il fait ce nid. S'il ne trouve pas de pailles et de brindilles, il va les chercher plus loin, il les remplace au besoin par autre chose. La fourmi qui sauve ses œufs et ses nymphes sait qu'elle les soustrait a un danger extérieur, et ce n'est pas le reflexe déclenché par le grand jour pénétrant la fourmilière renversée qui a pour effet reactionnel de provoquer le transport inconscient des jeunes.

Mais dans la plupart des circonstances l'animal, tout en ayant la représentation idéale de ce qu'il fait, tout en percevant des sensations correspondantes, n'a pas la notion de l'utilité poursuivie. Cela est si vrai qu'il exécute presque toujours les actes habituels a son espèce, même si, expérimentalement, on rend évidente leur inutilite, même si l'on s'arrange de manière que ces actes soient dès à présent manifestement sans objet. C'est ainsi que la poule continue à couver le nid duquel on a retiré les œufs, que certains oiseaux vivant en cage enchevetrent de la laine de barreau à barreau au printemps, acte qui rappelle la confection du nid sans aucune réalisation de nid possible.

L'animal est poussé vers leur accomplissement par une impulsion interne, consciente, contre laquelle il ne peut rien. C'est cette impulsion consciente que nous appelons à proprement parler *l'instinct*.

C'est elle qui caractérise vraiment les actes de la deuxième catégorie.

La représentation floue de l'impression perçue et de la réaction accomplie en est le premier degré, mais *l'instinct* ne se caractérise vraiment que quand apparaît cette *force impulsive consciente* qui dit à l'animal : va, marche où je te pousse.

Dès lors, l'acte réactionnel, dans sa partie consciente au moins, est un acte d'obéissance envers cette force impulsive.

Eh bien, cette force impulsive elle-même, nous allons le voir, ne peut que confirmer l'option inconsciente.

Que l'on veuille bien remarquer que ce terme de *force impulsive* signifie *objectivement* facteur d'option réductible à la plus facile répétition du déjà fait et *subjectivement* contrainte ressentie idéalement par l'individu et l'obligeant à agir. Il faut que le lecteur peu entraîné au langage de la psychologie, s'accoutume à envisager sous ces deux faces, *objective* et *subjective*, chaque cause déterminant l'option. Les facteurs objectifs, ceux que l'évolution de la matière vivante a fixés comme nécessaires sont indépendants de toute participation du moi idéal. Les facteurs subjectifs sont au contraire propres au sujet pensant, au moi idéal. Un même facteur peut être à la fois objectif et subjectif ou plutôt avoir son aspect objectif étranger à la conscience et son aspect subjectif connu par le sujet qui en est le siège ; par exemple le déficit alimentaire et l'utilité de l'apport forment un facteur objectif qui justifie l'acte de capture de la proie ; la faim, sensation éprouvée et la recherche du plaisir ressenti en mangeant constituent un facteur subjectif concourant au même but et ratifiant le premier.

On peut même dire que la plupart des facteurs objectifs d'option sont susceptibles d'avoir un jour ou l'autre leur image subjective. En bas de l'échelle de la vie, tous les facteurs d'aiguillage sont inconscients, ce sont des habitudes matérielles, ou mieux des habitudes inscrites dans la cinétique des systèmes stationnaires vivants. Aux échelons où apparaît la conscience, certains de ces facteurs se révèlent au moi individuel et évoquent une image.

Il y a là d'ailleurs un phénomène bien fait pour capter notre étonnement. Alors que nous étions incapables de figurer par un modèle mécanique les agents d'option, facteurs de triage de l'acte irritatif, voilà que ces facteurs deviennent tout à coup susceptibles de faire surgir devant nous un modèle tout différent, de s'offrir sous un aspect qui renverse toutes les notions des sciences physiques. L'image mentale qu'ils font naître est en effet quelque chose que le sujet voit à travers le prisme de l'idéalisation et qui ne correspond à la notion objective que comme la notion que nous avons de la lumière, par exemple, correspond à l'ondulation éthérée qui en est objectivement la cause.

Quoi qu'il en soit, l'instinct est donc l'idéalisation de certains facteurs d'élaboration irritative déterminant l'option entre les actes vitaux possibles.

Les actes instinctifs sont des actes régis par les anciens facteurs d'option dont quelques-uns évoquent une image et prennent la forme d'une force impulsive, idéale, d'un ordre mental irrésistible. Au fur et à mesure que l'on s'élève dans l'échelle animale, on voit ce facteur d'option prendre une autorité de plus en plus considérable par rapport aux facteurs de la vie irritative inconsciente.

Tous les organes sensitifs, tous les organes sensoriels se mettent à son service. Tous les organes moteurs de la vie de relation lui obéissent. Les mouvements de la vie végétative, de la vie de nutrition chimique continuent par contre à lui échapper et restent tributaires de la spontanéité.

Eh bien, ce facteur d'option ne saurait, à cause de l'image subjective à laquelle il donne naissance et à cause de la forme d'impulsion consciente qu'il revêt, se dérober aux lois qui régissaient les facteurs d'option irritatifs inconscients. Il reste fatalement soumis en particulier à la loi d'utilité. L'impulsion consciente, pour qu'elle ait le visa de la sélection naturelle, doit rester une impulsion poussant aux actes utiles, sans quoi les lignées qui en seraient dépositaires ne sauraient pas bien longtemps demeurer des lignées d'avenir. Frappées d'une tare héréditaire, un jour ou l'autre elles seraient victimes de leur infériorité dans la lutte pour la vie.

La loi d'option qui a imposé sa direction utilitaire aux actes spontanés, impose cette même direction aux actes accomplis en vertu d'une impulsion instinctive consciente. Cette impulsion consciente est même *une expression de la loi d'option*. Elle est la *première expression consciente de cette loi*. Avec elle pour la première fois, nous voyons l'animal présenter dans son bagage cérébral, dans son idéalité un caractère qui traduit fidèlement le *sens de l'option vitale*, et qui est *son image directe*.

Loi d'option et direction de l'instinct sont deux choses qui se confondent, la seconde est un aspect subjectif de la première. La direction de l'instinct est si l'on veut un cas particulier de la loi d'option envisagé du côté subjectif.

Si ces rapports de la force impulsive d'instinct et de la loi d'option vitale ont été bien compris, il va être facile de concevoir ceux de la volonté libre et de la morale humaine avec la loi que nous avons présentée comme la loi essentielle à l'évolution de la vie.

§ 10. — L'option dans les actes volontaires.

Pas plus qu'il n'y a d'hiatus entre les actes spontanés et les actes instinctifs, pas plus, il n'y a de frontières précises entre le domaine de l'instinct et celui de la volonté raisonnée.

Tout à l'heure, l'anatomie nous a fait voir que la représentation idéale des phénomènes, la conscience des impressions et des réactions, est liée, non pas à l'existence d'un organe nouveau, mais au perfectionnement progressif des neurones dérivés, groupés en petits centres unis par des commissures, ou en centres plus gros de moins en moins nombreux.

La physiologie nous a fait voir que cette représentation idéale est de plus en plus manifeste à mesure qu'on s'élève dans l'échelle de l'animalité. Elle nous a montré que peu à peu la force impulsive de l'instinct prend une valeur croissante comme facteur d'option dans les actes de relation.

Or, il est un fait sur lequel nous n'avons pas insisté au paragraphe précédent, parce que inutile à notre démonstration, et qui va devenir l'un des éléments les plus importants établissant une jonction entre l'instinct et la volonté libre. C'est le fait d'un *delai* dans l'élaboration, suivi d'un travail de synthèse des impressions et d'une réaction à terme.

Ce fait demande une explication.

Nous savons qu'entre la perturbation extérieure et la réaction propre aux actes de relation, il n'y a d'abord pas de relais. Un relais apparaît avec les différenciations nerveuses. Il se complique avec les chaînes de neurones dérivées. Il se complique encore avec les centralisations ganglionnaires puis cérébrales des chaînes dérivées.

Mais, ce que nous n'avons pas spécifié, c'est que plus le relais se complique, plus il y a possibilité de dissocier les deux termes *impression* et *réaction*, si bien que l'élaboration peut comporter dans le temps un *délai* indéfini.

Dès lors plusieurs impressions peuvent se produire, des séries d'impressions peuvent se succéder, sans qu'il en résulte autre chose qu'un travail d'élaboration non suivi de déclenchement réactionnel. Par contre, ce déclenchement peut se faire ultérieurement. C'est alors un déclenchement à terme, et un déclenchement qui est la conséquence, non pas de l'impression n° 1, n° 2 ou n° 3, mais de l'ensemble des impressions groupées, synthétisées dans une élaboration centrale.

Ce travail d'élaboration centrale réductible objectivement[1] à des perturbations plasmiques circulant par des voies dérivées plus ou moins tortueuses dans le lacis des neurones centraux, s'accompagne ordinairement d'une image idéale. Il est alors conscient et s'appelle le raisonnement.

Eh bien, ce raisonnement qui est essentiellement constitué par une élaboration consciente de plusieurs impressions en vue d'une réaction à terme, se développe peu à peu concurremment avec la progression des actes instinctifs, mais en modifiant peu à peu la nature de ces actes.

Prenons un exemple.

Voici un chien. Son maître a l'habitude, pendant certaines heures de la journée, de l'enfermer dans une cour. Il subit des impressions visuelles et tactiles qui lui donnent l'image de sa prison. Le mouvement réactionnel immédiat est d'essayer de franchir la barrière. Ce mouvement étant inefficace finit vite par ne plus se produire.

Chaque fois que, enfermé, le chien perçoit la même

1 Voir sur la nature de cet influx *Les Nouveaux Horizons de la Science, loc cit*, pp 610, 614, sqq

sensation de clôture, il commence un travail d'élaboration réactionnelle qui s'arrête en route.

Il voit son maître, à son entrée et à sa sortie, agir sur un loquet. Chaque fois qu'on agit sur ce loquet la porte s'ouvre. Le chien enregistre une impression, une image établissant un lien entre l'idée de la pesée sur le loquet et l'ouverture de la porte.

Il constate d'autre part que, s'il profite d'un moment d'ouverture fortuite de la porte pour sortir pendant que son maître est là, celui-ci le fait rentrer et l'enferme. La présence de son maître révélée par la vue, l'ouïe ou l'odorat, détermine une impression, une élaboration, qui se traduit par l'idée : mauvais moment pour sortir.

Finalement, choisissant un moment où rien ne lui révèle le voisinage du maître, il répète l'acte d'appuyer sur le loquet, il sort. On a cité maints exemples de ces actes, et même la rentrée après la fugue accomplie, l'incarcération volontaire pour dissimuler la désobéissance (sans cependant qu'on ait, à ma connaissance, signalé la refermeture de la porte).

L'élaboration devient donc de plus en plus complexe à mesure qu'elle admet ces deux phénomènes capitaux : le délai de la réaction et la synthèse des impressions. Ces deux phénomènes existent déjà dans les actes instinctifs, ils prennent un caractère de plus en plus accusé dans les actes volontaires.

Tant que l'on se tient dans le domaine de l'instinct, l'acte réactionnel est *imposé* à l'être vivant. Il est imposé non pas par un lien mécanique serré entre les impressions causales et la réaction, mais par une *impulsion* à terme qui commande cet acte. L'impulsion à la vérité est réductible à un influx nerveux procédant de la synthèse des influx d'impression, mais elle est caractérisée par ce fait qu'elle évoque une image, qu'elle est perçue subjectivement. L'être se fait une représentation d'une partie au moins des mouvements d'influx, il perçoit le travail qu'il accomplit en déclenchant les actes réactionnels.

De ce que l'influx élaboré a été retardé, de ce que plusieurs influx ont été synthétisés, de ce que l'influx déclenchateur prend l'aspect d'une impulsion consciente, il ne s'ensuit pas, nous le savons, que cette impulsion consciente ne soit pas tributaire de la loi d'option qui aiguille le choix des actes de la vie vers l'utilité générale de l'individu et de sa lignée. Bien au contraire, l'impulsion instinctive est comme nous l'avons dit la première traduction subjective de la loi qui règle le choix de la route dans tous les actes de la vie de relation.

Si l'on passe du domaine de l'instinct au domaine de la volonté libre, une nuance nouvelle s'introduit peu à peu.

Le moi conscient devant lequel se produit l'image représentative évoquée par la circulation des influx, ce moi qui s'identifie avec l'influx lui-même et qui en est l'expression subjective, arrive à percevoir non seulement les images résultant des influx d'impression et des influx de réaction, mais les *images mêmes de l'option produite durant l'élaboration.*

Ainsi ce phénomène si mystérieux de l'option que nous avons analysé au cours de cet ouvrage et que nous avons décrit comme une particularité de la matière irritable, ce phénomène que nous n'avons pu définir objectivement que comme une facilité plus grande de répétition du déjà fait, comme une habitude, comme une manifestation de facteurs labiles et intrinsèques liés à la cinétique des systèmes stationnaires vivants, ce phénomène rebelle à toute figuration mécanique donne soudain une figuration toute différente, une image subjective devant le moi conscient : l'être sent qu'il peut opter, qu'il peut faire ou ne pas faire, qu'il peut réagir par ceci ou par cela, qu'il peut obéir à une impulsion qu'il sent en lui, à l'impulsion instinctive qui règne dans beaucoup de ses actes, ou lui désobéir. En un mot, voici la *liberté subjective de la réaction qui apparaît.*

Or, dès que l'être commence à avoir conscience de sa faculté d'option, il commence en même temps à discerner les objectifs de ses actes qui deviennent des *motifs*. Franchement alors la finalité subjective, c'est-à-dire une finalité entrevue par le sujet, entre en ligne de compte. L'être agit en vue de rechercher ou d'éviter quelque chose; la recherche du plaisir médiat ou immédiat, l'éloignement de la douleur, la satisfaction des sentiments altruistes entrent les premiers au nombre des motifs conscients. Ces raisons subjectives d'option se surajoutent aux causes utilitaires objectives lentement accumulées dans l'ascendance phylogénique. De plus en plus, l'option se trouve à la merci des motifs subjectifs.

Il s'agit de savoir si cette option volontaire va être une option objectivement libre, une option de caprice, ou bien si elle va continuer comme précédemment à subir une directive déterminée. Autrement dit, il s'agit de savoir si la *loi d'option* démontrée jusqu'ici comme régissant les actes spontanés et les actes instinctifs va s'appliquer encore aux actes volontaires.

C'est ce que nous allons examiner en étudiant la finalité subjective et le problème de la liberté.

§ 11. — Loi d'option et finalité subjective dans les actes volontaires.

Lorsque nous recherchons les causes finales utilitaires qui, objectivement, justifient les actes spontanés et instinctifs, nous trouvons que les unes se rapportent à l'utilité de l'individu qui agit, les autres à l'utilité de l'espèce, à la pérennité de la matière vivante dans les lignées intéressées.

Au fur et à mesure que l'intellectualité se développe, *la finalité des actes utiles à l'individu*, actes qui rentrent ordinairement dans la classe des actes égoïstes, admet à titre de motifs subjectifs la recherche du plaisir médiat ou immédiat, la crainte de la douleur médiate ou immédiate. La finalité des actes utiles à l'espèce, actes qui sont ordinairement des actes altruistes, admet à titre de motifs subjectifs la satisfaction des sentiments qualifiés aussi d'altruistes.

Il est à peu près impossible de marquer le moment où, dans la vie individuelle et dans la chaîne des espèces, les motifs égoïstes et altruistes prennent une part effective à l'accomplissement des actes de relation. Mais ce qui paraît démontré d'une façon indiscutable, c'est que fatalement, dès lors qu'un motif subjectif entre en jeu, il doit en principe agir dans le sens des facteurs d'option inconsciente. En principe, le plaisir doit confirmer l'utilité, la douleur doit confirmer la nocivité, les sentiments altruistes doivent inciter l'indivivu à agir dans le sens de l'utilité spécifique.

Voici pourquoi :

α) *Rôle du plaisir et de la douleur dans les actes égoïstes.* — Tout d'abord, il est assez logique d'admettre que l'état habituel de l'individu va avec un certain bien-être modéré qui est l'état moyen de la vie. Il est non moins logique d'admettre que, l'état de l'individu pouvant être momentanément meilleur ou plus mauvais que l'état moyen, l'état meilleur s'accompagne d'une sensation de bien-être, l'état moins bon d'une sensation de mal-être ou de douleur.

A supposer que cette logique paraisse douteuse, la conjonction du plaisir et de l'utilité, de la douleur et de la nocivité, n'en serait pas moins fatale dès que les motifs volontaires deviennent efficaces dans l'accomplissement des actes.

En effet, supposons, par exemple, que des êtres qui jusqu'ici mangeaient par un réflexe spontané, non accompagné de sensation, ni de représentation idéale, commencent à présent à éprouver une sensation quand ils sont en déficit d'aliments et une autre sensation quand ils mangent.

Quand ils sont en déficit d'aliments, état défavorable pour leur vie, ils peuvent théoriquement éprouver une sensation de bien-être ou de mal-être. Nous avons dit tout à l'heure qu'il nous paraissait logique que ce soit une sensation de mal-être, mais nous avons ajouté que cette logique est incertaine. Supposons donc que les uns aient une sensation de bien-être, les autres une sensation de mal-être. Les premiers se trouvant bien, ne feront aucun effort volontaire pour sortir de cette situation ; les seconds, se trouvant mal, seront prêts à agir pour remédier à la cause du mal.

Quand ils mangent, opération favorable pour rétablir l'équilibre organique, ils peuvent éprouver une sensation agréable ou désagréable. Si la logique ici encore nous incite à croire que cette sensation doit être agréable, cette logique ne s'impose pas. Supposons donc que parmi les êtres considérés, les uns, ceux qui tout à l'heure se trouvaient bien de l'état de jeûne, éprouvent un déplaisir à manger, les autres, au contraire, une satisfaction. Les seconds dès que les motifs volontaires deviendront efficaces dans leurs actes, mangeront par recherche du plaisir, alors que les premiers s'en abstiendront, dépériront de plus en plus, se mettront volontairement dans des conditions de vie défavorables.

Le résultat est que les êtres chez lesquels le plaisir et la douleur confirment l'utilité et la nocivité, auront une supériorité manifeste dans la lutte pour la vie.

La sélection naturelle fera triompher leurs lignées.

L'exemple pris ici est un peu simpliste. Il est

schématique. Mais il donne l'image de ce qui se passe dans la réalité, de ce qui s'est passé dans l'histoire phylogénique de tous les réflexes égoistes, évoluant de la spontanéité vers la volonté réfléchie.

D'ailleurs, avec les progrès de l'intelligence. la recherche du plaisir et la crainte de la douleur se compliquent. L'être sait apprécier les motifs à terme. Il sait faire le sacrifice d'un plaisir immédiat, tel que l'excès d'ingestion alimentaire, pour rechercher un plaisir médiat, le bien-être qui suit le repas modéré, ou pour éviter une douleur médiate, le malaise des indigestions. Il sait affronter une douleur immédiate, telle que la sensation de froid qui résulte de la traversée d'une rivière dans les jours d'hiver, pour aller chercher une proie sur l'autre rive, proie qui lui procurera le plaisir médiat d'assouvir sa faim.

En général on peut conclure que les actes égoistes, a mesure qu'ils deviennent volontaires, admettent comme motifs conscients et réfléchis le plaisir et la douleur immédiats ou à terme.

Mais ce n'est pas à dire pour cela qu'il doive toujours y avoir coincidence entre le plaisir et l'utilité, entre la douleur et la nocivité.

Cette coincidence ne s'impose à nous avec nécessité que si la sélection naturelle a pu avoir son emprise sur les actes accomplis. Il est forcément des cas qui lui échappent, au milieu du dédale des facteurs qui entrent en jeu dans la lutte pour l'existence. Ainsi par exemple trouvons-nous fréquemment des aliments agréables qui sont nocifs, des substances désagréables qui sont utiles.

β) *Rôle des sentiments dans les actes altruistes.* — Les actes altruistes, c'est-à-dire les actes faits par un individu au profit d'un individu voisin, d'un commensal, d'un parent, d'un descendant, de la collectivité de même espèce, ou d'êtres d'espèces différentes sont parfois très complexes dans leur finalité utilitaire objective, et en général l'individu qui les accomplit ne discerne pas du tout cette utilité ; il agit simplement par instinct ou spontanément.

Avec l'évolution de l'intellectualité, tandis que le plaisir et la douleur s'introduisent comme facteurs dans les actes égoïstes, la satisfaction de certains sentiments entre en scène dans la préparation des actes altruistes.

Un animal, qui, dans la chaîne phylogénique, se trouve à cet échelon où la délibération commence à jouer son rôle, est poussé vers l'accomplissement des actes altruistes par des sentiments tels que l'amour maternel, les sympathies pour les proches, l'amour sexuel, etc. Ces sentiments sont communs à l'homme et aux animaux, mais nous ne connaissons pas plus le phénomène nerveux qui leur sert de substratum que nous ne connaissons l'explication intime des sensations de plaisir et de douleur ni la raison cachée des impulsions instinctives ni l'influx irritatif lui-même. Mais ce que nous pouvons prévoir et ce que confirme l'expérience, c'est que ces sentiments doivent fatalement prendre un rôle tel dans la conduite individuelle qu'ils ratifient l'orientation utilitaire imposée jusque-là par le jeu des réactions spontanées ou instinctives.

En effet si à cette étape de l'intellectualité se développaient chez les parents, par exemple, des sentiments dont l'effet annule ceux de la sollicitude spontanée ou instinctive, si dans une lignée prenait naissance chez les mères un sentiment d'éloignement ou de haine contre la couvée ou la nichée, ce serait une cause de destruction, la plus efficace de toutes, qui s'ajouterait aux causes nocives de la nature, intempéries, manque de vivres, risques de toutes sortes. Les lignées dans lesquelles les parents auraient des sentiments autres que des sentiments d'amour, de protection, d'attirance, de dévouement pour les petits, seraient les lignées vouées à l'infériorité certaine dans la lutte pour la vie.

Forcément donc, quand des sentiments maternels prennent naissance, ils ne peuvent agir que dans le sens de l'utilité collective et alors ils ajoutent leur effet à ceux de l'instinct.

On en a de nombreux exemples dans la nature. Certains oiseaux, comme la fauvette, protègent au cours des pluies, leur nichée contre le froid au point de ne pas pourvoir a leur propre nourriture et meurent d'inanition sur le nid.

On a vu une femelle d'ours blanc frappée de cinq blessures, qui ne songeait qu'à protéger son ourson contre les chasseurs et les chiens, puis qui, le voyant tomber inanimé sur le sol, se mit à le lécher avec tendresse, cherchant à le relever (Hayes).

On a vu une femelle de singe Stentor Niger, blessée d'un coup de feu, rassembler ses dernières forces pour lancer son petit sur des rameaux voisins, puis expirer (Spix).

On a vu une guenon blessée envoyer son petit vers les hautes futaies, trop grêles pour la supporter, et l'exhorter à fuir, oubliant son propre danger.

Les singes Cebus chassent parfois avec sollicitude les mouches qui tourmentent leurs rejetons, les hylobates lavent la figure de leurs petits des guenons meurent de chagrin à la perte de leurs enfants, et tout le monde a entendu les plaintes lamentables de la vache à laquelle on a retiré son nourrisson.

Ce que nous venons de dire de l'amour maternel pourrait être répété pour l'amour sexuel, la sympathie pour le prochain. C'est l'amour sexuel qui chez les oiseaux et chez certains mammifères crée l'ébauche du sentiment de famille, si utile aux lignées. Il s'accompagne parfois d'une idée nette de possession chez le mâle. Ainsi il est facile d'observer chez le pigeon domestique, qu'un mâle quelconque, se trouvant en présence d'une femelle, lui fait une cour des plus actives si elle est seule, mais il suffit que paraisse le conjoint habituel, même s'il est incomparablement plus faible, pour que tout de suite cessent les travaux d'approche. Il y a là évidemment un certain respect de la possession d'autrui. On a rapporté beaucoup de cas où l'amour sexuel chez les animaux va jusqu'à inspirer des actes d'héroïsme.

L'amour du prochain est manifeste aussi chez beaucoup d'espèces. L'individu éprouve souvent une satisfaction évidente à rendre service à ses voisins, aux faibles, quelquefois aux malades. Sans parler des caresses, du grattage réciproque des oiseaux, des chevaux, etc., on assiste à des scènes parfois impressionnantes. On a vu des pélicans, des corbeaux, nourrir de vieux compagnons aveugles, des fourmis soigner plusieurs mois une estropiée, des serins nourrir bec à bec une aïeule malade, pendant plusieurs années. On a vu un éléphant tombé dans une fosse avec un camarade, parvenir à sortir et une fois sur le bord, au lieu de fuir, aider de sa trompe son compagnon moins agile à gravir les bords. Chez les espèces qui vivent en groupes, un individu fait ordinairement le guet ; quand un danger apparait, il donne le signal d'alarme et parfois, chez les lapins par exemple, ne part lui-même qu'après s'être assuré de la fuite de tous les autres.

D'autres sentiments entrent aussi en jeu dans la genèse des actes altruistes, l'émulation, la fierté, l'orgueil, le souci de l'opinion, l'obéissance, la jalousie, la honte. La plupart de ces sentiments se trouvent déjà très développés chez le chien.

Il ne faut donc pas se laisser aveugler par les spectacles de lutte incessante des individus et des espèces. A côté de la colère, de la rivalité, de la haine qui se manifestent bruyamment dans les luttes directes, on trouve facilement, à l'examen, des sentiments qui justifient la conduite altruiste et qui sont de plus en plus manifestes à mesure que s'organise la vie sociale.

De ce paragraphe, nous pouvons conclure qu'en principe nous concevons très bien que des sensations et des sentiments éprouvés par le sujet qui agit et servant de motifs subjectifs à ses actes, puissent par leur concordance avec l'utilité objective, doubler la raison utilitaire inconsciente. Je veux dire par là que ces sensations, ces sentiments peuvent déterminer l'individu à accomplir volontairement ce que jusqu'ici ses ancêtres accomplissaient en vertu d'un instinct aveugle. Cette concordance d'ailleurs est entièrement justifiée et expliquée par la sélection naturelle.

Cependant il faut se hâter d'apporter un correctif à ces conclusions. Plus la vie de relation se complique, plus complexes deviennent les rouages qui déterminent un acte réactionnel.

L'entrée en scène de motifs égoïstes ou sentimentaux prepare la discussion, la pesée du pour et du contre. Dès lors la concordance entre l'ensemble des motifs subjectifs qui déterminent un acte et l'utilité objective de ces actes n'est pas rigoureuse. Il y a une certaine marge dans cette concordance, et ce n'est que d'une façon très générale qu'on peut l'affirmer.

Pour employer le langage des probabilités, on peut dire que le *maximum de probabilités dans la genèse des actes* est, du fait de la sélection naturelle, que *les motifs et mobiles subjectifs soient tels qu'ils ratifient l'utilité objective.*

Mais dans la réalité, il est fatal que le plaisir et la douleur incitent dans certains cas à des actes tout à fait opposés à cette utilité. Ceci nous amène à un chapitre très intéressant de l'évolution de la vie de relation : c'est le chapitre des conflits entre les causes finales subjectives, les impulsions internes et l'utilité objective. Ce chapitre peut s'appeler le chapitre du sens moral.

§ 12. L'impulsion morale, suite de l'impulsion instinctive, expression idéale de la loi d'option. Les ordres de la conscience morale considérés comme facteurs d'option.

Il y a des cas, et ils sont nombreux chez les êtres doués de discernement, où les motifs et mobiles conscients, tels que la recherche du plaisir, la crainte de la douleur, l'affection pour les proches, poussent à accomplir des actes conformes à l'intérêt particulier, mais contraires à l'utilité de l'espèce.

Prenons un exemple. Le vol est un irrespect de la propriété d'autrui qui peut être utile à l'individu qui le commet, mais qui nuit, quand il est systématique, à l'intérêt de l'espèce.

Les animaux supérieurs, l'homme surtout, éprouvent le sentiment de la propriété personnelle et ont un certain respect de la propriété d'autrui. Le chien qui voit un autre chien, même plus faible, ronger un os, ne se précipite pas toujours sur lui pour le lui arracher. Un chien et un chat élevés ensemble respectent souvent leurs repas individuels tout au moins pendant que le camarade est attablé. Le respect du nid, du terrier, de l'abri, du panier de couchage, de la niche, est bien connu.

Ce respect de la propriété d'autrui existe en fait avant que l'idée de propriété soit discernée. C'est dire qu'il est instinctif et exempt de tout calcul subjectif, avant d'être conscient et raisonné.

Quand, chez les animaux supérieurs, il devient conscient et raisonné, il admet dans sa genèse ontologique l'entrée en scène de facteurs subjectifs : les risques de la bataille, la crainte d'interventions étrangères, parfois la crainte de la réciprocité, parfois aussi certains sentiments altruistes qui éloignent de l'attaque, du mal fait au prochain.

Pourtant l'effet immédiat du vol est utile au voleur, il est utile à ses proches très souvent.

De cette utilité résulte qu'il y a conflit entre des motifs opposés, des sentiments variés, les uns poussant à l'idée du vol, les autres poussant au respect de la propriété.

Ordinairement, chez les animaux supérieurs et chez l'homme sans culture, le vol est pratiqué largement, lorsqu'il est exempt de risques, c'est-à-dire en particulier en l'absence du propriétaire.

Avec les progrès de l'intellectualité le respect de la propriété individuelle s'étend. C'est qu'alors s'introduit un facteur d'option nouveau qui de plus en plus va se révéler sous son aspect définitif dans l'élaboration d'un très grand nombre d'actes de relation. C'est une impulsion analogue dans sa nature à l'impulsion instinctive, mais d'un aspect subjectif tout différent. On l'appelle l'impulsion morale, le sens moral.

L'impulsion morale est moins brutale, moins aveugle, moins impérieuse que l'impulsion instinctive. Elle s'ajoute discrètement aux motifs égoïstes ou altruistes des actes, mais elle se distingue de ces motifs simples parce qu'elle dispose d'une sanction pour imposer l'obéissance. Cette sanction est, pour le sujet, un bien-être moral, récompense de l'obéissance et une souffrance morale qu'on appelle le remords, châtiment de l'insoumission.

L'instinct étant impérieux, brutal, indiscutable, toute sanction était inutile. L'impulsion morale est un ordre discret admettant la discussion. C'est par la sanction subjective qu'elle s'impose.

Le sens moral, en principe, pousse l'être à accomplir des actes utiles à la collectivité, même à l'encontre de l'intérêt individuel, à l'encontre du plaisir égoïste médiat ou immédiat, à l'encontre même de certains sentiments altruistes pourtant utiles, dans la généralité des cas, à la vie sociale.

Il s'offre à nous, *a priori*, comme s'il avait pour objet de parer à une insuffisance des facteurs d'option ordinaires, plaisir, douleur, sentiments divers, qui dans la complexité de la vie sociale ou de la vie privée, peuvent, déviés de leur raison d'être primordiale, nous pousser à des actes nuisibles pour nous-mêmes ou pour la collectivité.

Il apparait à un premier examen comme s'il avait pour mission de redresser les écarts, de corriger les erreurs d'option auxquelles nous exposent les finalités égoïstes ou altruistes recherchées par nous.

Cette manière de considérer le sens moral tend à nous le représenter comme ordinairement en conflit avec les appétits, les motifs égoïstes et même les sentiments affectifs. Ce conflit a tellement frappé certains philosophes auxquels manquait une éducation biologique suffisante, que l'un d'eux a pu affirmer que les actions faites par sentiment, comme celles qui résultent de la recherche du plaisir ou de la crainte de la douleur, ne sont pas des actions morales, au contraire. Il va jusqu'à déclarer que les actes faits par sympathie, par compassion, par charité sont contraires à la morale, parce qu'en les faisant on se donne le plaisir de satisfaire un sentiment.

Il est grand temps que la philosophie, au moins celle qui est enseignée à la jeunesse, apprenne à combattre, autrement que par des discussions doctrinales, ces élucubrations de cerveaux tortueux, même apostillées par des noms tels que celui de Kant. Un peu de biologie, de physique biologique même, introduite dans l'enseignement de la psychologie, jetterait plus de lumière sur ces questions que de longues analyses des fameuses antinomies de l'histoire.

La méthode scientifique en effet explique tout autrement la genèse, la nature et l'effet du sens moral.

La satisfaction de conscience est un état de bien-être moral, qui, *en principe*, accompagne l'accomplissement des actes réfléchis conformes à l'utilité individuelle ou collective. De sorte qu'il y a *en principe* dans l'accomplissement des actes utiles concordance entre les motifs et mobiles d'ordre égoïste ou altruiste et une certaine satisfaction morale qui est un plaisir d'un ordre particulierement élevé.

Seulement, tant que les motifs et mobiles ordinaires suffisent à faire opter pour les actes utiles, le bien-être moral qui accompagne leur accomplissement ne se manifeste pas. Il n'entre en scène, il ne prend un caractère différencié, que le jour où il y a conflit entre l'utilité collective et les motifs et mobiles d'ordre égoïste ou altruiste ordinaires et seulement à condition que les actes accomplis conformément à ces mobiles et motifs introduisent une cause de déchéance dans les lignées. En effet la sélection naturelle a prise alors et il est facile de comprendre que grâce à elle l'évolution du sens moral comme caractère différencié deviendra possible, probable, nécessaire. Voici pourquoi :

Plaçons deux lignées en présence.

Admettons que l'une agisse simplement en vertu des motifs et mobiles simples, (plaisir, appétits, sentiments altruistes), et de ce fait accomplisse systématiquement et sans malaise moral certains actes contraires à l'intérêt collectif. Admettons que chez la seconde la satisfaction de conscience ne coïncide pas tout à fait avec l'obéissance aux motifs et mobiles simples et que de ce fait s'établisse l'habitude de ne pas accomplir ces actes nuisibles. Pour fixer les idées, admettons que la première éprouve la satisfaction de conscience parfaite après un rapt capable de satisfaire ses appétits égoïstes et de causer un plaisir aux proches, tandis que la seconde ressente, à côté de la satisfaction des appétits et des désirs, un certain malaise moral dû à l'irrespect de la propriété d'autrui. La seconde lignée aura en elle un caractère favorable devant le jugement de la sélection naturelle, la vie collective étant favorisée par le respect de la propriété.

Ainsi la dissociation du sens moral d'avec les motifs et mobiles égoïstes et même d'avec les sentiments altruistes en quelques cas, est un caractère utile, donnant prise à la sélection naturelle et susceptible de perfectibilité indéfinie. Mais de ce que la satisfaction morale et le remords se trouvent être dans ces cas des facteurs d'option en opposition avec les motifs, mobiles et sentiments, il ne s'ensuit pas qu'il y ait opposition fondamentale entre eux et hétérogénéité d'origine. L'origine est la même ; il y avait au début confusion parfaite. La dissociation ne s'est opérée que peu à peu à la faveur de certains conflits entre les facteurs d'option habituels et l'utilité collective. Cette dissociation a constitué un caractère utile qui a donné prise à la sélection. On trouve cette ébauche de dissociation non seulement dans les races humaines primitives, mais chez les animaux supérieurs, chez le chien en particulier. La satisfaction de conscience et le remords existent manifestement chez cet animal. J'ai cité quelques cas frappants dans lesquels, après un acte de désobéissance, des chiens, quoique assurés de l'impunité par les caresses du maître, présentent le facies caractéristique du malaise moral. J'ai relaté aussi des cas, chez les singes en particulier, où l'accomplissement d'un acte de vaillance s'accompagne du facies de fierté bien voisin de celui de la satisfaction de conscience (*Les Nouveaux Horizons de la Science*, t. IV).

Je crois utile, pour bien préciser l'idée que je développe ici, de donner un tableau récapitulatif de l'évolution des facteurs d'option qui déterminent le sens des actes réactionnels, des actes de la vie de relation.

1er degré. CARACTÉRISTIQUE : Spontanéité sans représentation subjective.

FACTEURS D'OPTION : Habitudes d'aiguillage d'influx durant l'acte d'élaboration. Ces habitudes sont développées, fixées et maintenues grâce à la sélection naturelle.

LOI D'OPTION : L'option est rigide, invariablement dirigée dans le sens de l'utilité.

2e degré. CARACTÉRISTIQUE : Élaboration plus complexe. Réactions à terme. Ébauche de représentation subjective.

FACTEURS D'OPTION : Comme dans le premier degré, à cela près que l'acte réactionnel est accompagné ou peut etre accompagné d'une image subjective.

LOI D'OPTION : L'option est rigide. La perception subjective des images ne change rien à sa direction. La sélection naturelle maintient invariablement le sens utilitaire.

3e degré CARACTÉRISTIQUE : Élaboration s'accompagnant de représentation et de sensations subjectives. Plaisir, bien-être, douleur, malaise.

FACTEURS D'OPTION : Quelques-unes des habitudes objectives ont un aspect subjectif : recherche du plaisir ou du bien-être, crainte de la douleur ou du malaise. Recherche du plaisir, crainte de la douleur sont les *premières manifestations subjectives des facteurs d'option.*

LOI D'OPTION : Option moins rigide. Les facteurs subjectifs, recherche du plaisir, crainte de la douleur, commencent à entrer en scène. Flottement dans certains actes, ceux dont l'utilité ne donne pas grande prise à la sélection. Pour les actes rigoureusement utilitaires : option rigide conservée grâce à l'instinct. Impulsion instinctive, *première expression subjective de la loi d'option.*

4e degré. CARACTÉRISTIQUE : Intelligence, discernement, sensations et sentiments subjectifs. Ébauche de volonté réfléchie.

FACTEURS D'OPTION : Motifs, mobiles subjectifs, impulsions provoquées par certains sentiments altruistes. Les facteurs subjectifs ratifient ordinairement les habitudes antérieures.

LOI D'OPTION : Option de moins en moins rigide. L'instinct demeure le gardien des actes les plus utilitaires. Plus les facteurs subjectifs prennent d'extension, plus l'utilité objective perd de son autorité.

5e degré. CARACTÉRISTIQUE : Complexité croissante des actes de relation. Instinct parfois mis en défaut. Conflits possibles entre les actes volontaires et l'utilité collective.

FACTEURS D'OPTION : Motifs, mobiles, satisfaction des sentiments altruistes. Recherche d'une utilité plus ou moins lointaine.

Loi d'option : L'impulsion instinctive est de plus en plus effacée. Elle ne joue plus un rôle important que durant les premières étapes de la vie individuelle. La loi d'option reçoit une nouvelle expression : *l'impulsion morale*.

Ainsi au fur et à mesure que se perfectionne la cérébralité, on voit tour à tour différents groupes de facteurs d'option prendre une place capitale pour assurer la direction de l'option, puis devenir insuffisants et être redressés par un nouveau groupe.

Le dernier groupe apparu est celui des facteurs relevant du sens moral. Il n'y en a pas de plus élevé dans l'échelle. Mais celui-là même, nous allons le voir, ne saurait donner l'image de la loi d'option absolue. Il est souvent déformé, torturé par la complexité de la vie. Ses prescriptions sont relatives, elles n'ont rien d universel, ni d'absolu. Il ne se traduit pas par un code du bien et du mal, mais par des indications que l'intelligence doit adapter suivant les temps et suivant les lieux.

De fait on conçoit que la nature ait pu louvoyer et tâtonner devant cette tâche de géant : transformer des facteurs objectifs d'option en facteurs conscients mis à la discrétion et au caprice d'une volonté libre tout en conservant une direction obligatoire aux actes qui en résultent. Il n'y avait qu'une arme pour faire cela : le remords et le bien-être moral jalousement cultivés, développés et transmis par le concours de tous les individus de la collectivité intéressée. Mais combien d'errements peuvent *a priori* être prévus dans son application et sa mise en pratique.

§ 13. — La conscience morale et sa relativité pratique.

Le *sens moral* est donc, d'après la définition que nous venons de donner de sa genèse, *l'expression subjective d'une habitude d'option conforme à l'intérêt collectif*, et plus élevée dans l'échelle de la cérébralité que tous les autres facteurs subjectifs d'option, instinct, motifs et mobiles égoïstes, satisfaction de sentiments altruistes, etc.

Il est, après l'instinct, la plus frappante expression subjective de la loi d'option que l'on puisse imaginer. Il est la *traduction idéale devant le moi pensant d'une habitude d'élaboration d'influx nerveux imposée comme caractère utile par la sélection naturelle.*

Le sens moral nous oblige ainsi *en principe* à choisir entre deux actes possibles celui qui est conforme à l'intérêt de l'espèce. Mais à la différence de l'instinct, il est soumis au contrôle et à la discussion du sujet et ses ordres sont relatifs.

Le remords et le bien-être moral sont des états d'âme communs à tous les sujets doués de sens moral, mais les actes qui procurent ce remords ou ce bien-être sont différents suivant les temps, les lieux, les sociétés ou les races et cela pour deux raisons.

D'une part, l'utilité ou la nocivité collectives, étiquetées sous les appellations de Bien et de Mal, n'impliquent pas du tout un code universel des actions bonnes et mauvaises, parce que ce qui est bon ici peut être mauvais là et inversement.

D'autre part, le bien-être moral étant constitué par le respect, l'observance d'une habitude héréditaire qui nous fait accomplir ou éviter certains actes, et le remords étant occasionné par la rupture volontaire de cette habitude, il se peut que certaines habitudes inutiles s'implantent dans le bagage héréditaire transmis de générations en générations, sans avoir donné prise à la sélection, et deviennent cependant des facteurs moraux. Il se peut même qu'à la faveur de certaines circonstances elles s'implantent avec la force d'obligations supérieures tout en présentant pour les lignées un certain caractère de nocivité, mais de nocivité modérée, trop faible pour créer une infériorité manifeste.

Grâce à l'éducation, à l'exemple collectif, à la suggestion sociale, le sujet qui se dérobe à leurs ordres s'expose à des remords atroces, bien qu'en fait le résultat de leur observance puisse être contraire à l'intérêt collectif.

C'est là ce qu'on appelle la déformation du sens moral.

Les scrupules religieux, le respect des tabous, des icones, les craintes superstitieuses en offrent des exemples. Ce sont des raisons de cette nature qui ont rendu traditionnels chez certains peuples des actes nettement nuisibles à l'avenir de l'espèce, comme par exemple l'offrande du premier né à la divinité pratiquée en particulier dans la Judée ancienne, les sacrifices humains de personnes chères consentis, pour apaiser le courroux céleste, sacrifices terribles produisant des conflits moraux effrayants chantés par les poètes et les littérateurs de tous les siècles.

Aujourd'hui encore ne voit-on pas à chaque instant des personnes élevées dans l'observance des rites quotidiens de leurs religions sacrifier à l'accomplissement d'insignifiantes habitudes cultuelles les devoirs les plus urgents de la vie familiale sous peine de remords cuisants, tandis que ces mêmes personnes se livrent sans scrupule à des actes hautement réprouvés par l'intérêt collectif ou l'avenir de la race.

Ces déviations possibles du sens moral mettent en lumière toute l'importance de l'éducation, car dans l'espèce humaine, c'est surtout par l'éducation des premiers âges que s'édifie la conscience et que s'installent les habitudes dont l'ensemble constitue la valeur morale de chaque individu.

§ 14. — Le problème de la liberté. Les bases rationnelles de la morale humaine.

Ce que nous venons de dire sur les raisons subjectives qui, dans l'élaboration des actes volontaires, se sont substituées aux habitudes inconscientes ou instinctives de l'animalité ancestrale, pose devant nous un problème d'une importance capitale pour la conduite de la vie humaine, c'est le problème de la liberté.

Le probleme de la liberté n'est pas du domaine de la métaphysique, ni de la psychologie abstraite, il est entièrement résoluble par les données de la biologie et de l'énergétique générale. Nous allons l'étudier sous ses deux faces, sous sa face objective où il se présente comme un corollaire de la loi d'option, puis sous sa face subjective où il a donné lieu à de si fameuses erreurs.

α) *Asservissement objectif de toute unité vivante a la loi d'option.* Une proposition fondamentale domine le problème de la liberté. C'est la suivante :

La loi d'option vitale, qui régit la vie chimique comme la vie de relation de tous les êtres, oblige toute unité vivante à réagir dans le sens de l'utilité collective, sous peine de sanction pour l'avenir des lignées.

Que cette unité soit consciente ou non consciente, qu'elle soit douée de discernement ou qu'elle agisse par instinct, qu'elle possède le raisonnement, le sens moral ou qu'elle en soit dépourvue, elle est assujettie objectivement, sous peine de sanction, à collaborer à l'utilité collective, parce qu'une collectivité dont les individus agiraient dans un sens différent présenterait une infériorité dans la lutte pour la vie et serait vouée à la disparition devant d'autres collectivités mieux douées.

Donc objectivement, sous peine de déchéance plus

ou moins lointaine, tout être vivant est tributaire de la loi d'option.

Telle est la proposition fondamentale qui doit être parfaitement assimilée et comprise avant que l'on entame toute discussion sur la liberté subjective, la liberté que sent en lui-même le sujet qui agit.

Cet asservissement des lignées à la *loi d'option*, qui, dans la vie de relation supérieure, prend le nom de *loi morale*, étant bien établi, on peut, sans risquer de s'égarer, aborder le problème de la liberté subjective, c'est-à-dire envisager cette liberté ressentie par le sujet comme une chose évidente, cette liberté qui fait dire à chacun de nous au moment d'accomplir un acte : je vais le faire ou je vais ne pas le faire, à mon gré.

β) *Discussion de la liberté subjective.* On a prétendu trancher la question de la liberté en tenant le raisonnement suivant : si je fais l'acte, j'obéis aux motifs positifs qui me poussent à le faire. Si je ne le fais pas, j'obéis aux motifs négatifs. Dans le premier cas, les motifs positifs l'emportent, dans le deuxième ce sont les motifs négatifs. Donc, ma conduite n'est pas libre, puisqu'elle est déterminée par des motifs et puisqu'il y a par suite rapport de cause à effet entre ces motifs et l'acte que j'accomplis.

Oui, a-t-on répondu, mais je puis à volonté obéir aux uns ou aux autres motifs, même si les uns sont beaucoup plus décisifs que les autres ; et cela est si vrai que je peux aller jusqu'au seuil de l'exécution et à ce moment-là, pour me démontrer à moi-même ma liberté, je peux ne pas exécuter.

C'est vrai, ripostent les partisans du déterminisme, mais ce geste d'inexécution est lui-même le résultat d'un motif qui détermine l'acte, qui le commande, ce motif est le désir de faire l'épreuve de la volonté. De ce désir, pas plus que des autres causes morales, pas plus que de ses idées directrices, l'homme n'est le maître. Toutes le dominent à son insu et l'homme n'est libre à aucun moment de sa durée, suivant l'affirmation formulée par d'Holbach.

Ces discussions doctrinales, tout en s'offrant à nous sous l'aspect des tournois inoffensifs auxquels se livraient les champions de la vieille scolastique, ont malheureusement des conséquences pratiques d'une étendue incalculable. Elles conduisent en effet certains esprits à la morale lâche du fatalisme absolu ou du déterminisme, tandis que d'autres savent tirer d'elles la conception la plus large de la liberté humaine avec la responsabilité pleine et entière des actes accomplis et la nécessité pour chacun d'une initiative intelligente et d'une finalité rationnelle bien comprise.

Or ce n'est pas avec la logique pure qu'on peut résoudre un problème de cette importance. Il faut se baisser sur la nature et regarder vivre les êtres pour se faire une opinion. En effet il y a une confusion un peu enfantine à éviter ici et que beaucoup d'auteurs ne paraissent pas avoir bien aperçue. Le problème de la liberté subjective ne consiste pas à savoir quand l'homme accomplit une action, s'il agit en raison de certains motifs. L'homme qui agirait sans motif, c'est-à-dire au hasard, serait le parfait idiot, dont la conduite est réductible aux formules de probabilités. Non, le problème de la liberté subjective consiste à rechercher si l'homme, poussé par les circonstances extérieures et par les impulsions internes, peut, *pour des motifs faisant partie de sa personnalité, de son moi pensant*, obéir ou désobéir à volonté aux facteurs d'option qui le poussent. Il consiste à rechercher en un mot si l'individu, devenu conscient et intelligent, peut à son gré se *dérober à la loi d'option.*

Le problème ainsi posé se résout de lui-même, nous allons le voir, en regardant sur le théâtre de la nature l'évolution parallèle *des facteurs d'option* dans la vie de relation et *du moi conscient.*

γ) *Préparation de la liberté au cours de l'évolution de l'élaboration irritative.* Tout en bas de l'échelle chez les protozoaires, les éponges, chez beaucoup de cœlentérés, on constate la réaction simple, le lien serré entre l'action extérieure et la réponse. Le travail d'élaboration est peu compliqué. Pourtant chez ces êtres même on trouve un rôle actif des facteurs d'option dans les actes de nutrition comme dans les actes de relation. L'unité vivante la plus simple dans son chimisme nutritif le plus rudimentaire peut être comparée, nous le savons, à un système stationnaire physique, mais à condition de concéder à ce système un caractère spécial, à condition de lui reconnaître une activité propre dans la mise en œuvre de ses facteurs d'option. Cette activité, nous le savons aussi, est le fait de facteurs intrinsèques liés à la cinétique du système stationnaire, au mouvement ininterrompu des phénomènes de la vie. Leur mise en jeu est non pas le résultat direct des agents extérieurs provoquant la réaction, mais le fait d'une habitude de la matière vivante due à la facilité de répétition du déjà fait et jugée par la sélection naturelle.

Ainsi, à ces degrés les plus bas de l'échelle de la vie, l'accouplement rigide qui fait que telle ou telle action extérieure provoque chez l'être vivant tel ou tel acte réactionnel, est tempéré par ce fait que l'élaboration de la réponse admet la pluralité des voies, que plusieurs réponses sont possibles pour une même impression et que le choix de la réponse est dû non pas aux seules conditions de l'impression, mais à l'intervention de facteurs actifs intrinsèques qui introduisent une considération de finalité utilitaire imposée par l'œuvre de la sélection.

Il est entendu que chez ces êtres inférieurs, il n'est pas question de liberté. Il est entendu que ces facteurs actifs entrent forcément en jeu toujours dans le même sens utilitaire et que l'unité vivante n'est en fait que le théâtre où se déroule l'acte irritatif. Mais il n'en est pas moins vrai que sous le couvert de ce lien rigide entre l'action et la réaction, on doit reconnaître une option propre à l'être. La reconnaissance de cette option est un exercice préparatoire excellent qui nous aidera à constater plus tard une élaboration plus active et plus indépendante.

Montons à présent d'un degré dans l'échelle de la vie. Voici des cœlentérés déjà complexes, tels que les méduses, des échinodermes, des mollusques, des vers simples possédant des centres ganglionnaires, des organes sensoriels et chez lesquels on est en droit de supposer une ébauche de représentation idéale. En fait, ce degré diffère peu du précédent. L'accouplement entre l'impression et la réaction est tout aussi rigide. Mais il y a une considération capitale qui doit fixer notre attention à ce stade de l'évolution, c'est que les facteurs actifs d'option que nous constations tout à l'heure chez les êtres plus simples deviennent ici susceptibles d'évoquer des images pendant qu'ils agissent. Ces facteurs d'option perçus sous l'apparence de sensations agréables ou pénibles *s'identifient précisément avec les éléments subjectifs, les perceptions variées, dont la sommation constitue peu à peu la personnalité.*

De liberté, c'est évident, il n'y a encore pas de trace. Le lien serré entre l'action et la réaction est incompatible avec l'idée de la liberté subjective, mais si l'on dissèque, comme tout à l'heure, ce lien serré, on y aperçoit non seulement l'option active propre à l'unité vivante, mais une option active dont l'image subjective s'identifie avec les éléments de la personnalité naissante.

Montons encore d'un degré. Voici les vers supérieurs, les arthropodes, les vertébrés inférieurs. Non seulement l'élaboration de la réaction évoque une image, mais les facteurs d'option, qui ouvrent la voie réactionnelle à la façon d'un aiguilleur de chemin de fer, sont en partie soumis au contrôle de la personnalité déjà bien affirmée. Les motifs et mobiles, la recherche du plaisir, la crainte de la douleur, certains sentiments même commencent à entrer en action. La personnalité n'est plus uniquement le théâtre où s'accomplit l'acte, elle prend part à son accomplissement, elle joue un rôle actif dans sa préparation. En le faisant, il est vrai, elle obéit à des motifs qui sont l'expression subjective des habitudes d'option imposées à la matière vivante et cette obéissance lie l'individu à une option qui n'est pas libre. Mais dès lors qu'on parle d'obéissance, on prévoit la désobéissance possible et c'est la porte ouverte pour l'avenir au caprice individuel, à la liberté.

En fait, cette liberté existe-t-elle à ce stade de l'évolution des êtres? D'une façon générale, non, elle n'existe pas, nous avons insisté sur ce point. Elle n'existe pas, parce que la conduite de l'individu est dans la généralité des cas, assujettie aux ordres de l'instinct ou a des impulsions impératives ou à des motifs qui ne souffrent pas la discussion.

Pourtant si l'on observe de près la vie de ces êtres chez lesquels l'impulsion instinctive est l'expression subjective de la loi d'option et chez lesquels en même temps entrent en scène des motifs ou mobiles très simples, on s'aperçoit que les actes marqués d'un caractère utilitaire évident sont exécutés fatalement, nécessairement, soit sous la poussée instinctive, soit pour un motif impératif, recherche impérative du plaisir, crainte impérative de la douleur, le plaisir étant ordinairement conforme à l'utilité, la douleur à la nocivité. Au contraire dans certains actes, qu'on peut qualifier d'indifférents, parce qu'ils n'ont pas une valeur utilitaire marquée, on observe un certain flottement, le plaisir peut ne pas toujours correspondre à l'utilité, la douleur à la nocivité; la recherche du plaisir n'est pas impérieuse, la crainte de la douleur ne l'est pas davantage. L'instinct reste muet pour leur exécution, ce que prouvent les observations statistiques.

Alors il n'y a rien de fatal dans l'accomplissement de ces actes. On sent chez l'animal une ébauche de pesée des motifs pour ou contre l'exécution. Il n'est pas libre de désobéir aux ordres formels de la loi d'option traduite subjectivement sous la forme d'impulsion instinctive ou de motifs ou mobiles impératifs, mais il offre une ébauche de liberté dans l'accomplissement des actes indifférents, ébauche bien vague et bien imprécise à la vérité, mais qu'il est utile de faire entrevoir dès qu'elle est possible. Cette ébauche possible, mais non manifeste au stade d'épanouissement de l'instinct, va s'accentuer et entrer en pleine floraison au stade des actes volontaires et du discernement.

δ) *Eclosion de la liberte.* Envisageons donc à présent ce stade supérieur, caractéristique de l'intelligence de l'homme et des vertébrés supérieurs.

A ce stade, la loi d'option se manifeste de moins en moins sous la forme d'impulsion instinctive, et de plus en plus sous la forme d'impulsion morale. Les facteurs d'option ne comprennent plus seulement la recherche du plaisir et la crainte de la douleur, mais une série de sentiments égoïstes ou altruistes. Ces facteurs d'option étant d'ordre tout à fait subjectif, s'identifient avec la personnalité, avec le moi pensant. Ce que nous appelions tout à l'heure une habitude irritative dans l'élaboration des réactions devient une habitude subjective, ou simplement une habitude au sens vulgaire du mot. Le sens moral est l'expression de la conduite habituelle utile. La satisfaction de conscience, le remords, le plaisir, la douleur, la satisfaction de certains sentiments sont les armes dont s'est servie la sélection pour faire respecter les habitudes utiles par les êtres conscients.

Mais l'obéissance à l'impulsion morale, aux sensations et aux sentiments, n'est pas une chose rigoureusement impérative. La désobéissance est possible, et d'autant plus aisée qu'il y a souvent conflit entre le sens moral et les motifs de la sensibilité ou de la sentimentalité.

A mesure que l'intelligence se développe, des motifs bien plus délicats, liés à la conception d'une finalité plus ou moins lointaine, entrent en jeu. L'éducation, l'instruction dans les races humaines introduisent des considérations nouvelles dans la préparation des actes. Les habitudes sociales, les coutumes, les croyances, les craintes religieuses, les préoccupations de l'au-delà deviennent la source de motifs souvent conformes à l'utilité collective, souvent confirmatifs d'habitudes antérieures, parfois aussi contraires à l'avenir de la race et aux habitudes établies par la loi d'option.

Ces différents motifs s'offrent à l'esprit humain comme des facteurs d'option plus au moins impératifs. mais ils n'excluent pas la délibération. Ni les ordres du sens moral, ni les motifs et mobiles de la sensibilité ou de la sentimentalité, ni les habitudes implantées comme bonnes par l'éducation et la vie sociale ne s'imposent formellement à l'individu. Si l'individu obéit à leur impulsion, il obéit en toute connaissance de cause et les raisons conscientes qui l'ont fait agir, tout en ayant pour substratum objectif les facteurs d'option propres à l'animalité inférieure, sont des raisons assimilées par son moi subjectif, identifiées avec sa personnalité et qui sont tellement siennes qu'il peut à son gré en tenir compte ou n'en pas tenir compte.

Il faut d'ailleurs bien reconnaître que beaucoup d'actions humaines sont des actions machinales dans lesquelles on ne constate guère la liberté réfléchie. Elles sont machinales soit parce que l'homme, surtout dans les premiers stades de son enfance, obéit à des habitudes irritatives héréditaires sans les discuter, soit parce que, répétant une série de fois le même acte pour les mêmes motifs, soigneusement pesés d'abord, moins réfléchis ensuite et bientôt exempts de toute attention intelligente, il finit par les exécuter en vertu d'habitudes synthétiques qui se reproduisent automatiquement au signal déclenchateur. La facile répétition du déjà fait est en effet une propriété de la matière vivante qui ne se dément pas plus dans la vie intellectuelle que dans la vie chimique.

Mais avec les progrès de l'esprit humain, ni les actes machinaux habituels, ni les actes dictés par les facteurs d'option les plus impérieux, ni les actes commandés par le sens moral, ni même la plupart des actes ressortissant aux instincts ancestraux, ne peuvent se dérober au contrôle de la volonté. Tous peuvent se heurter au veto de la personnalité qui se confond avec le jeu des aiguilles, des clenches, de l'acte d'élaboration et qui est maîtresse des aiguillages et des déclenchements. Tous exigent pour se produire que les facteurs d'option qui les commandent entrent en scène non plus comme autrefois en vertu d'une habitude matérielle inéluctable, mais au su et au voulu du moi pensant, l'habitude irritative ayant peu à peu fait place au rôle actif de la personnalité.

Il faut donc proclamer hautement cette liberté subjective de l'homme, pressentie dès le stade de l'instinct.

L'individu est libre, absolument libre.

Il est sollicité par des habitudes antérieures qui sont ordinairement conformes à l'intérêt de l'humanité. Il est guidé par des motifs, par des sentiments, par des impulsions qui sont ordinairement l'expression subjective de facteurs d'option utiles. Tout un cortège de phénomènes subjectifs s'offrent à lui pour lui dicter sa conduite conformément aux lois qui ont conduit la matière vivante depuis ses premiers stades jusqu'à la réalisation merveilleuse des unités supérieures. Mais il est libre de suivre ces sollicitations, ces guides, ces conseils, ou de les rejeter.

ε) *Relativité de la liberté subjective.* Il est libre, mais cependant sa liberté est relative parce que la sanction objective de ses actes demeure et parce que pas un seul de ses actes n'échappe à la sanction.

Je vais répéter ici une comparaison que j'ai déjà faite (T. IV. Les nouveaux Horizons de la Science) et qui va bien faire comprendre ma pensée.

L'être intelligent possède vis-à-vis de la loi d'option la liberté et l'indépendance que possède le collégien vis-à-vis de la discipline scolaire sous la garde du surveillant de classe ou d'études. Il lui est défendu de causer, de rire, de lire des romans, d'être dissipé; mais cette défense, il peut l'enfreindre. Il est libre de faire tout ce qui est défendu. Il peut fumer derrière son pupitre, caricaturer ses maîtres, écrire des vers à la boulangère d'en face, nier s'il est pris en faute, insulter si on l'accuse, riposter si on veut le mettre à la porte. Il est libre de faire tout cela, libre de se soustraire à la discipline scolaire, mais il n'est pas libre d'échapper à la punition qui le menace et qui lui sera octroyée par le surveillant.

Dans la conduite humaine, la *discipline scolaire* est représentée par la *loi d'option* qui prend ici le nom de *loi morale* : le *surveillant* qui distribue les sanctions et les peines s'appelle la *sélection naturelle*.

Seulement il se passe dans la nature un fait qui révolte la justice humaine et qui nous laisse désemparés quand nous prétendons apprécier avec nos vues individuelles les lois qui mènent le monde. Souvent, bien souvent, celui qui commet la faute n'est pas celui qui récolte le châtiment; celui qui désobéit n'est pas celui qui est exposé à la sanction.

L'alcoolique qui mène une vie joyeuse dans les plaisirs de la table échappe parfois à tous les troubles organiques du poison quotidien et c'est son fils, son petit-fils, qui verra son existence empoisonnée par la tuberculose, l'epilepsie, la débilité physique.

Le syphilitique que le mépris des devoirs envers soi-même aura éloigné des traitements opportuns en temps utile et que l'irrespect des devoirs altruistes aura poussé trop tôt au mariage pourra ignorer dans sa vie privée toute sanction, et c'est un enfant innocent de toute faute qui, à l'âge où pour les autres s'ouvrent toutes les espérances, subira une cécité définitive, une maladie longue et incurable de la moelle ou quelque autre tare qui lui préparera un calvaire monstrueux.

L'écrivain qui, par des œuvres immorales, flatte la curiosité populaire, semant dans les esprits des germes d'actions contraires aux devoirs égoïstes et aux devoirs intersexuels, pourra recueillir les joies du succès, de la vogue, des honneurs, de la fortune, sans connaître aucun revers et c'est dans l'intimité des familles ignorées, chez des adolescents inexpérimentés, chez des jeunes filles naïves, qu'il faudra chercher le châtiment. Bien plus, c'est toute une société, tout un peuple, qui, s'il est sollicité sans cesse dans la même voie, subira peu à peu une déformation telle du sens moral que sa descendance aveulie encourra la sanction de la sélection naturelle qui élimine de la scène du monde les défaillants de la loi d'option.

L'ambitieux des charges électives, qui pour arriver aux honneurs flatte les bas appétits populaires et déforme la conception de la vie sociale en condamnant les sacrifices individuels qu'elle impose, peut toute sa vie recueillir les satisfactions d'une brillante carrière et c'est tout un peuple qui paiera dans la suite les revers auxquels conduit une conception artificielle de la vie sociale, infiltrée peu à peu dans la masse.

Le commerçant peu scrupuleux, qui s'enrichit par des opérations déloyales et qui de ce fait donne au monde l'exemple du mépris de la morale altruiste et de l'illégalité récompensée, peut jouir toute sa vie des avantages de la fortune, de l'autorité qu'elle procure, du prestige que donne le luxe, et c'est la race tout entière qui paiera dans l'avenir, parce qu'il aura contribué à détruire la conscience de la dignité, de la droiture et de la loyauté, caractères nécessaires aux races d'avenir.

Chaque fois que nous agissons contrairement à la loi d'option et en particulier à la loi morale, on peut affirmer qu'il en résulte une nuisance dont nous récoltons ordinairement nous-mêmes les sanctions dans un avenir plus ou moins éloigné, mais dont souvent aussi la peine retombe sur notre descendance, sur notre prochain, sur la collectivité dont nous faisons partie.

Cette conclusion fait prévoir combien délicate et fragile est la conception de la finalité morale pour chaque individu, car le souci de la collectivité, du prochain, de la descendance même n'est pour l'égoïsme ordinaire de l'homme qu'une bien faible considération dans l'élaboration de ses actes et la direction de sa conduite.

C'est à ce côté pratique de l'étude de la loi d'option et de la morale scientifique ou optionniste, que nous allons consacrer le dernier chapitre de cet ouvrage.

CHAPITRE IV

La loi d'option et la conduite humaine. Morale progressiste ou optionniste. Les grands problèmes sociaux.

---

§ 1. — Les grands problèmes liés à la conception de la liberté subjective et de la responsabilité intégrale.

L'étude qui précède nous a montré 1°) que la *loi morale*, expression la plus élevée de la loi d'option dans la vie de relation, oblige objectivement les êtres doués de discernement, comme la loi d'option oblige toute l'animalité inférieure ; 2°) que le *sens moral* chez l'homme est, après l'instinct, la manifestation *subjective* la plus frappante de la loi générale qui, à côté de la loi de Carnot, régit l'évolution des êtres vivants ; 3°) que l'homme est pleinement libre de se dérober aux ordres de la loi morale, mais qu'en lui désobéissant il expose à des sanctions plus ou moins graves, soit lui-même, soit sa descendance, soit la collectivité dont il fait partie ; 4°) que, par suite, il est intégralement responsable de ses fautes vis-à-vis de lui-même, de sa lignée et de la société.

Cette conclusion relative à la responsabilité intégrale de l'homme sain d'esprit, soulève l'un des problèmes les plus épineux qui se dresse devant le monde civilisé.

C'est le problème de la finalité dernière et de la notion de cette finalité par l'homme responsable.

En effet, pour que l'homme, maître de sa conduite, soit déclaré intégralement responsable, il apparaît nécessaire *a priori* qu'il comprenne les raisons de sa responsabilité. Or, même si son degré intellectuel lui permet d'accéder à la généralité de la loi d'option qui conduit les chaînes vivantes vers un progrès sans fin, il n'est pas forcément subjugué par l'admiration de ce progrès, il ne se fait pas forcément un collaborateur bénévole de l'œuvre de la nature.

Il est entendu que s'il refuse cette collaboration, lui, sa lignée, ou sa collectivité, un jour ou l'autre, paiera la désobéissance. La sélection naturelle redressera fatalement les dissidences; mais ce redressement est un phénomène objectif, il est postérieur à l'acte du sujet et ne joue aucun rôle dans la préparation de cet acte, à moins que le sujet considère l'éventualité de cette conséquence posthume comme contraire à l'idéal qu'il se fait de l'avenir de l'univers ou de la finalité suprême de la loi d'option et par suite comme une raison suffisante entraînant sa responsabilité. Ainsi regardée du point de vue subjectif, la responsabilité apparaît comme admettant la discussion et comme dépendant de la mentalité de chacun.

Le problème énoncé se ramène en fait à deux questions fondamentales, toutes deux angoissantes par leur importance pratique.

La première intéresse l'homme instruit, l'élite intellectuelle des peuples : comment concevoir la finalité dernière de la loi morale, quelle réponse donner au *quo vadis* que l'homme pose à la nature ; ou si l'on veut quel est l'aboutissant de la loi d'option?

La deuxième intéresse les foules : sous quel aspect subjectif accessible faut-il présenter aux foules la nécessité objective de la loi morale? Quelle finalité, accessible à une intelligence moyenne, faut-il mettre en lumière devant elles? Quel enseignement moral faut-il donner à l'enfance pour préparer le sentiment de la responsabilité individuelle?

Nous allons les envisager successivement. Nous verrons ensuite comment les dirigeants d'une collectivité doivent collaborer activement à l'œuvre de la nature en développant par les lois sociales l'initiative individuelle, le sentiment de la responsabilité personnelle et la conception de la liberté bien entendue.

Nous terminerons en parlant des demi-responsables, des malades de la cérébralité, et de la façon dont la société doit se comporter vis-à-vis d'eux.

§ 2. — Raisons subjectives d'obéissance à la loi morale et à la loi d'option. Finalité dernière accessible à l'élite intellectuelle des peuples.

Où va la nature? quel est le terme de son évolution? Le progrès de l'espèce, la pérennité de la descendance, la finalité entrevue dans l'amélioration du monde vivant, sont-ce là des objets qui suffisent *à l'homme instruit* pour se justifier à lui-même l'obligation dans laquelle il se place volontairement d'aider les lois de l'univers où il évolue?

Voyons ce que répond à ces questions la connaissance que nous avons de notre monde. A première vue, cette réponse sera un peu décevante.

Toutes les données des sciences physiques contemporaines en effet nous représentent notre globe comme évoluant entre un commencement et une fin : un commencement au sujet duquel les théories cosmogoniques nous apportent des hypothèses très plausibles à partir des particules cosmiques; une fin que nos vues actuelles sur la désagrégation des atomes nous représentent comme un évanouissement dans l'énergie pure.

Un peu plus de hardiesse métaphysique nous autorise même à avancer l'hypothèse que l'éther serait d'une part le milieu générateur, l'océan d'énergie potentielle servant de matrice aux particules cosmiques et de *primum movens* aux forces vives des mondes à leur début, et d'autre part l'aboutissant final, le Nirvaña suprême des univers finissant leurs cycles et de leurs énergies dégradées.

Les sciences naturelles de leur côté nous font voir, au cours de l'évolution de notre planète, la naissance des premières formes de la vie, leur progression vers la complexité croissante et l'épanouissement des espèces actuelles. Elles nous donnent à penser que le monde vivant poursuivra sa route durant des siècles et des siècles et qu'il disparaîtra un jour avec l'abaissement et l'extinction de la radiation solaire, laissant notre globe longtemps encore répéter ses révolutions annuelles dans la mi-clarté glacée des soleils lointains.

Ainsi cette œuvre fantastique de l'édification progressive de la matière terrestre dans ses couches géologiques successives, et de la matière vivante à travers ses chaînes variées aurait pour aboutissant la léthargie dans le refroidissement général, la mort dans l'éternel repos des éléments.

Ainsi cette étonnante genèse du système solaire, comme celle de tous les systèmes sidéraux, aurait pour terme la désagrégation finale et le retour à la poussière cosmique, à l'océan d'énergie pure, pendant que des systèmes nouveaux prendraient leur place et recommenceraient les cycles d'une évolution pareille.

Ainsi, les grandes lois d'évolution que nous connaissons, la loi de Carnot qui conduit notre monde solaire de ses états d'origine à ses états séniles et qui paraît régir aussi la vie des autres soleils de l'espace, la loi d'option qui conduit les êtres de notre planète des formes les plus simples aux formes les plus élevées et qui sans doute édifie d'autres êtres sur d'autres terres lointaines, ces grandes lois générales ne seraient que les formules de cycles éphémères, semblables aux règles d'un jeu stérile dont rien ne demeure quand la partie est terminée.

Alors que devient donc notre idéal de progrès? Que deviennent nos aspirations d'avenir, notre soif de savoir, notre désir d'améliorer, de perfectionner l'intelligence humaine? Sur quoi repose ce labeur quotidien qui nous fait peiner, souffrir, afin d'aider aux lois qui nous mènent, afin de collaborer à l'œuvre de la nature?

N'est-ce donc qu'une ironie monstrueuse cet épanouissement de l'intelligence qui donne à l'homme la pleine conscience de sa vie passagère et la notion de son destin limité dans le temps!

N'est-ce donc qu'une plaisanterie barbare cette curiosité de l'inconnu mise dans son cerveau juste pour lui donner l'idée du néant!

Ne suffisait-il pas qu'il paie à la nature la rançon de sa sentimentalité, ses quelques joies par de longues douleurs, son altruisme par les peines de la vie, ses affections par le déchirement des séparations éternelles? Faut-il encore que les compensations suprêmes, que son imagination pouvait trouver dans un idéal futur, aillent sombrer lamentablement dans la conception hideuse de l'inutile effort et de l'inutile souffrance?

Avant de se révolter contre les lois de la nature, l'homme doit méditer longuement sur l'étendue de son ignorance. Avant d'affirmer une doctrine universelle aussi décevante et capable de retentir sur la conduite de sa vie, il doit songer que le peu qu'il sait est une base bien fragile pour ses inductions vers l'au-delà.

S'il sait en effet que tous les phénomènes dont il est témoin, que toutes les propriétés de la matière et la matière elle-même sont réductibles à des mutations ou des modalités de l'énergie, sait-il ce que c'est que l'énergie? Non.

S'il sait que toute unité nouvelle qui se forme, l'électron, l'atome, la molécule, l'unité vivante présente dès sa formation des propriétés nouvelles que ne possédaient pas les éléments constituants, l'inertie, la gravité, l'irritabilité, sait-il comment ces propriétés surgissent du milieu générateur? Non. Sait-il ce que sont ces propriétés? Non.

S'il sait de la constance de succession des phénomènes tirer l'idée de lois invariables, sait-il quelle est la raison d'être de cette constance et la nature des liens de cause à effet? Non.

S'il sait que lui, qui occupe le sommet de la chaîne animale terrestre, possède une représentation idéale merveilleuse du monde et de lui-même, s'il se sait existant et s'il sait le monde existant, sait-il ce qu'est ce phénomène statique étrange de la représentation idéale? Non.

Sait-il si dans ce milieu générateur, qu'il soupçonne à travers ses conceptions nébuleuses, existent sous une forme quelconque, les raisons d'être de ces phénomènes dont il ignore la nature intime?

Arrivé aux confins de la connaissance humaine, pris du vertige du vide, quand il se penche sur l'immensité où vont sombrer les mondes. sait-il si ce gouffre où il ne perçoit ni son, ni lumière, ni forme, ni rien de ce qui se traduit par une idée, équivaut au néant? Sait-il si dans cette immensité vide, tombeau et berceau des univers, rien ne demeure, sinon quelque état potentiel ou larvé de l'énergie dégradée à la fin de ses cycles matériels et endormie dans son sommeil hivernal en attendant les genèses de l'avenir?

Levant les yeux vers le ciel étoilé, voyant des mondes et des mondes peupler l'espace sans bornes, pressentant au delà des confins lactéens d'autres univers pareils et d'autres encore indéfiniment, sait-il si l'ensemble de ces univers, si l'agrégat de ces mondes, de ces terres sans nombre, n'a pas son individualité comme nos systèmes matériels limités ?

Les milliards de soleils qui s'agitent dans l'univers lactéen, les milliards d'univers semblables qu'il soupçonne disséminés dans l'infini ne lui rappellent-ils pas les unités de l'infiniment petit, les électrons qui s'agitent dans l'atome, les atomes ou les molécules qui s'agrègent dans les cellules vivantes? Quelle branche de la science pourrait l'autoriser à affirmer l'indépendance et l'isolement de ces monstrueux atomes de l'espace et l'absence de propriétés d'agrégat insoupçonnées dans l'assemblage fantastique de ces grains épars?

Perdu sur une poussière de l'espace, s'épuisant derrière les verres grossissants de tous les télescopes de la science et de son raisonnement, sait-il s'il n'y a pas une vie totale de ces agrégats sans limites faite de la vie de chaque atome cosmique, comme il y a une vie des agrégats organiques faite de la vie des cellules et de leur renouvellement, comme il y a une vie de l'atome faite de l'évolution des grains électroniques qui le forment?

Limité dans son observation au champ de la matière tangible, bridé dans ses inductions par les bornes de son intelligence qui s'arrête où finissent les images cérébrales, l'homme commettrait-il la folie de nier au nom de la science ce qui échappe à son contrôle?

La négation de l'inconnu est un système. Elle est un système anti-scientifique qui pour certains est un article de foi. Elle est une religion intolérante, au moins aussi puérile que l'affirmation des dogmes édifiés sur les révélations légendaires.

C'est à cause d'elle que la science positive a pu être accusée d'assécher les cœurs et de fermer la porte à toute espérance.

Il faut délibérément l'écarter.

Il faut prendre conscience des limites de notre savoir.

Il faut, sans chercher à rien bâtir sur l'incertain, discerner, dans le doute qui encadre comme une pénombre le cercle lumineux de nos connaissances acquises, les possibilités compatibles avec ce que nous savons.

Ces possibilités renferment toutes, pour l'homme instruit et affranchi de tout parti pris et de tout préjugé, une consolation, une source d'espoir et quelques raisons d'obéissance aux instincts secrets qui lui dictent sa conduite.

Tâchons de faire entrevoir quelques-unes de ces raisons.

Il en est une qui touche notre altruisme humanitaire, c'est l'intérêt que nous portons à notre descendance.

Ne pouvant pas prévoir où s'arrêtera l'évolution intellectuelle de l'humanité ou des espèces qui la suivront, avant que le linceul de glace qui nous est préparé recouvre à jamais le monde vivant de notre terre, nous ignorons si la science future ne dévoilera pas des mystères inattendus et n'apportera pas de ce fait à ceux qui continueront notre œuvre, quelques joies compensatrices et quelque baume consolateur à notre angoisse du doute. Cette préparation des joies éventuelles et des consolations possibles de l'avenir pour nos descendants est certes une raison subjective qui a sa valeur pour nous encourager à collaborer à l'œuvre de la nature.

Il y en a d'autres plus hypothétiques, mais d'une valeur subjective non moins grande.

Nous ignorons, quand nous avançons comme possible l'hypothèse d'une vie suprême de l'agrégat indéfini des mondes, quelle peut être cette vie et de quelle manifestation insoupçonnée son individualité peut être le siège; mais ce que nous pressentons, c'est que, si elle est réelle, dans l'harmonie de son évolution, entre en jeu l'ordonnancement de vie de chacun de ses atomes, je veux dire de chacun des mondes constituants, comme dans la vie d'une unité vivante le travail régulier de chaque cellule est une condition indispensable au bon fonctionnement général. L'homme qui conçoit cette possibilité métaphysique a quelque raison de vouloir contribuer au mieux à cette vie suprême, sans se plaindre du rôle modeste assigné à chaque unité dans l'harmonie universelle.

Nous ignorons tout de notre pensée, de la conscience que nous avons de nous-mêmes. Nous disons bien que c'est une propriété statique d'agrégat, dont la raison d'être est dans le milieu générateur et dont les manifestations relatives doivent s'éteindre vraisemblablement avec la dissolution de cet agrégat, mais nous ne pouvons pas avec certitude présumer quoi que ce soit de la nature intime de ce phénomène étrange. Par suite il serait présomptueux d'affirmer que l'agrégat vivant qui a connu des images cérébrales, qui a eu conscience de sa vie ou qui a perçu sa personnalité comme une entité indivisible, ne laisse pas une trace quelconque de cette manifestation morale quand il fait retour à la masse.

De ce que les phénomènes statiques de gravité disparaissent quand la matière se désintègre en énergie pure, nous ne sommes pas autorisés à regarder la raison d'être de l'attraction gravifique comme disparaissant en même temps dans le milieu impondérable où elle se manifestait. Nous ne sommes pas plus autorisés à regarder la raison d'être des phénomènes idéaux ou conscients comme devant forcément s'annihiler avec la désagrégation des unités qui en ont été le siège. C'est la porte ouverte aux hypothèses de l'au-delà, que la science n'a ni à approuver, ni à combattre, et que pour le moment elle doit simplement ignorer.

L'homme, qui admet la permanence d'une trace de son individualité quelle que soit cette trace et sous quelque forme continue ou discontinue qu'il se l'imagine, est naturellement porté à respecter les lois de nature que lui révèle sa conscience.

Les dogmes religieux avec leur conception de l'immortalité de l'âme et des peines ou récompenses futures ont cristallisé sous leur forme la plus impressionnante cette idée de la survivance de quelque chose de soi-même.

Ils ont, chez presque tous les peuples de notre globe, à quelque croyance qu'ils appartiennent, si bien mis en relief cette raison subjective et tout égoïste de se conformer aux lois qui mènent le monde, que la finalité morale des religions a pu être considérée comme la seule qui soit capable de contraindre l'individu à l'obéissance.

Actuellement, chez les peuples civilisés, la classe instruite compte encore beaucoup de croyants fidèles aux enseignements des religions les plus élevées et en particulier aux enseignements du christianisme.

Pour ceux là l'observance de la loi morale ou de la loi d'option en général ne souffre aucune discussion, à la condition, bien entendu, que leur éducation scientifique soit suffisante pour leur démontrer l'identité des lois de la science et de la volonté de leur Dieu, l'identité de l'asservissement à la loi d'option et de l'obéissance à la morale sacrée, adaptée à l'époque où ils vivent.

Tel est dans son exposé un peu difficile, un peu délicat, la réponse que nous pouvons donner à la question posée au paragraphe précédent : est-il pour l'élite intellectuelle d'un peuple une conception subjective de la finalité de la loi morale et de la loi d'option qui puisse le contraindre à l'obéissance et confirmer pour sa volonté libre les ordres donnés par les impulsions du sens moral?

La conscience de son ignorance, ses sentiments d'altruisme pour sa descendance, son désir de participer au mieux à l'harmonie universelle et enfin sa conception de certaines possibilités, telles que l'individualité suprême de l'agrégat universel, la permanence de quelque chose de sa propre individualité, toutes ces raisons forment un faisceau convergent et lui dictent sa conduite résumée en un seul mot : obéis.

§ 3. — Les bases subjectives de l'obéissance à la loi morale (*suite*). Finalité accessible aux foules Le problème de l'éducation morale.

Les foules sont ennemies du doute, de l'hypothèse, des conclusions incertaines. Elles affirment ou elles nient. Elles préfèrent croire avec conviction à une erreur que d'admettre sous réserve une vérité.

Aussi sont-elles versatiles. On les voit passer brusquement d'une opinion à l'opinion contraire. Souvent ces revirements brusques ont des répercussions sociales étendues et peuvent compromettre l'avenir de la société.

On affirme communément aujourd'hui que les peuples civilisés traversent une crise et sont à un tournant de leur histoire morale. Cette affirmation paraît exacte, quoique la plupart des historiens de tous les siècles aient de même cru constater la crise et le tournant d'histoire de leur époque, si bien que l'évolution ne serait faite que de crises et l'histoire que de tournants. Elle paraît exacte du point de vue qui nous intéresse dans ce livre, parce que la raison majeure de la crise contemporaine est l'éclosion subite d'une morale égoïste à outrance, la suppression de l'altruisme individuel et la négation de la responsabilité intégrale. En effet, la doctrine qui en ce moment fait tache d'huile dans les classes les moins instruites peut se résumer en trois propositions : Jouissance maxima pour chacun. Droit pour l'individu placé fortuitement en état de moindre jouissance, d'exiger de la collectivité le supplément auquel il a droit (solidarité). Suppression de la concurrence et inutilité de l'initiative individuelle, la collectivité ayant la charge d'assurer à chacun la même part de jouissance (étatisme).

Ce n'est pas évidemment sous cette forme un peu brutale que la doctrine nouvelle s'infiltre dans les masses, mais, quelque aspect spécieux qu'elle revête, son aboutissant est conforme à la formule énoncée. Or ses résultats sont en opposition formelle avec les lois qui régissent l'évolution des êtres vivants et en particulier avec la loi d'option, qui implique la concurrence des volontés libres, la conscience de la responsabilité intégrale pour chacun et le développement indéfini de l'initiative individuelle travaillant dans le sens du progrès de chaque lignée, toutes choses que le collectivisme ou l'étatisme contemporain menace d'endormir dans la léthargie égalitaire de toutes les aptitudes.

On peut donc à juste titre s'alarmer de ce mouvement contraire au progrès et à l'idéal de finalité entrevu. C'est un devoir social de chercher à l'enrayer.

Mais nos sociétés sont organisées de telle façon aujourd'hui que ce n'est pas par des lois, des contraintes que l'on s'opposera à la progression de la tache d'huile. Il faut prendre l'erreur à la base et, sans rompre en visière avec des doctrines qui certes ont leur côté humanitaire, il faut vulgariser la connaissance des lois de la vie. Il faut en particulier semer dans l'âme de l'enfant les germes d'une conception rationnelle des choses, conception qui le mette en état de juger plus sainement les théories subversives qui lui seront offertes un jour. La culture intellectuelle peut, en effet, dans une très large mesure, assurer une directive à l'âme d'un peuple et le prémunir contre les dangers moraux qui le menacent.

L'enseignement des lois de la vie, l'enseignement de la morale est un élément capital dans la formation de l'esprit humain. Il a été et est encore très négligé dans les écoles publiques, surtout parce que, conformément à une tradition séculaire, la pratique des devoirs dictés par le sens moral est considérée comme un corollaire des dogmes enseignés par chaque religion. L'école publique devant, par principe, n'enseigner que les choses communes à tous les citoyens, à quelque église qu'ils appartiennent, l'étude de la loi morale demeure, dans le programme, un article difficile, qu'on réduit, autant qu'on le peut, à l'énumération pure et simple des devoirs civiques et à l'énoncé de ce qui est bien et de ce qui est mal, sans définir d'une façon suffisante le sens de ces mots.

On peut faire mieux.

Nous allons envisager dans ce paragraphe quelles sont les notions qu'on peut regarder comme accessibles à l'intelligence moyenne de l'enfant du peuple sur l'évolution de l'humanité, sur les lois qui la conduisent, sur la loi morale en particulier et sur sa finalité.

A. *Ce qu'on peut enseigner de l'évolution humaine pour mettre en relief l'idée du progrès.*

Il est tout d'abord une notion de la science positive qui est très accessible à l'enfant, même dans les écoles primaires : c'est la notion du progrès de l'intelligence humaine depuis les premiers âges. Humanité sauvage, groupements de familles, organisation de sociétés, aperçu de paléontologie humaine, de préhistoire et d'histoire générale, ce sont là des notions qui intéressent l'élève, qui sont faciles à exposer, qu'on peut illustrer d'images, de projections. De cet enseignement doit sortir pour l'enfant cette idée nette : l'humanité évolue, son intelligence se développe, ses sentiments s'affinent, sa connaissance de l'univers s'améliore, elle devient de plus en plus apte à connaître les mystères de la nature.

B. *Ce qu'on peut enseigner des origines de la vie pour mettre en relief le progrès.*

En principe, il faut éviter de placer l'enfant en face de questions dont la solution est controversée. Parlant des origines de la vie, on ne dressera pas devant lui l'épouvantail de la question brutale : comment la vie est-elle apparue sur la terre? Non, on lui fera voir sous son jour très accessible l'histoire des couches géologiques. Par des images, par des tableaux projetés, on lui fera saisir la succession des terrains, telle que nous la révèle simplement la géologie sans aucune hypothèse surajoutée.

Quand il aura bien compris la formation des sédiments, des plissements, des déplacements des mers, on lui montrera comment l'étude des fossiles, des empreintes des animaux et des plantes, des coquilles, des ossements, etc., nous permet de savoir que successivement la terre a présenté à sa surface des formes simples, puis des formes de plus en plus complexes, au point que l'on peut diviser l'évolution terrestre en âges successifs, longues périodes multimillénaires, caractérisées chacune par leur flore et leur faune.

Cet enseignement dès à présent est inscrit aux programmes des écoles primaires et secondaires. Il faut travailler à le rendre clair, frappant, et il faut surtout entraîner peu à peu l'enfant à en tirer nette et formelle cette idée que dans l'histoire du monde les êtres vont d'âge en âge en se perfectionnant, en se compliquant, que la vie a commencé par les formes simples, qu'elle a continué par les formes de plus en plus complexes, qu'il y a en un mot progression dans la succession des formes de la vie.

Une fois ces données bien assimilées par l'enfant, il faut lui montrer la supériorité remarquable de l'intelligence humaine, par rapport à celle des animaux, mais en lui faisant voir que tous les caractères de l'homme, sensations, sentiments, se trouvent chez les animaux supérieurs. Des lectures appropriées lui montreront des preuves de la sentimentalité chez les vertébrés supérieurs.

La question qui se pose lorsqu'on arrive à ce point de l'enseignement est de savoir si l'on peut donner à l'enfant une idée de la descendance des espèces les unes des autres, ou bien laisser ce problème dans le vague. Il est certain que le fait de la progression des formes deviendrait grâce à cette notion beaucoup plus lumineux, mais il ne faut pas se dissimuler qu'à notre époque on considère encore dans certains milieux le transformisme comme une *hypothèse*, ou même comme une *croyance* contraire aux croyances du traditionnalisme chrétien. Pour nous évidemment il s'agit là d'une confusion monstrueuse entre la partie positive, scientifique d'une théorie, et les déductions métaphysiques qu'un certain matérialisme en a tirées. Cette confusion a été du reste comprise par nombre de traditionnalistes chrétiens, parmi les plus autorisés, et ceux-là acceptent délibérément l'idée transformiste comme compatible avec leur corps de doctrines. Il n'en est pas moins vrai que l'enseignement systématique de la descendance pourrait être regardé actuellement comme dépassant les limites des connaissances positives acceptées par tous les citoyens.

Mais ce qu'on peut faire entrevoir sans toucher aux origines premières de la vie, ni à la descendance de toutes les espèces à partir d'une souche unique, c'est le fait que la vie s'est poursuivie sur la terre sans solution de continuité à travers les âges géologiques et que les espèces fossiles des périodes anciennes représentent des ancêtres des espèces actuelles.

Cette notion a son intérêt parce qu'elle permet de développer d'une façon plus ample l'idée du *progrès*, si utile pour asseoir un idéal moral commun à tous les citoyens.

C. *Ce qu'on peut enseigner de l'évolution générale des êtres vers le progrès et de son mécanisme.*

Après avoir montré à l'enfant le progrès des races humaines et le progrès des espèces connues, il est possible, grâce aux notions développées ci-dessus, de lui montrer le progrès à travers l'histoire générale de la vie sur la terre.

L'enfant accède facilement, j'en ai plusieurs fois fait l'expérience, à cette idée du progrès des êtres, sans pour cela se préoccuper d'une façon prématurée du problème de l'origine première et de la communauté de souche de toutes les formes.

La comparaison de la vie des êtres supérieurs avec celle des inférieurs, la comparaison des animaux doués d'intelligence avec les animaux de cérébralité fruste, la comparaison de l'homme civilisé et instruit avec le sauvage, le fortifieront avec avantage dans cette idée que *le progrès constitue un idéal désirable.*

Cette idée du progrès sera d'ailleurs étayée par l'exposé simple de la concurrence de tous les êtres pour la vie et du triomphe des plus aptes. Nous avons insisté sur ce fait que la sélection naturelle est un phénomène général reconnu par tout le monde, par toutes les opinions et indépendant de tout corps de doctrines. Son action est facile à expliquer, saisissable pour l'esprit de l'enfant. Elle constitue une notion qui frappe son imagination d'autant plus qu'elle peut être enseignée par l'image et le récit de scènes intéressantes de la vie des animaux.

Le progrès devient ainsi une chose tout à fait tangible, claire, précise et surtout une chose désirable. *Collaborer à la marche de l'humanité vers le progrès* et *assurer à sa propre lignée le triomphe dans l'avenir*, telle est la formule à laquelle aboutit cet exposé à tableaux multiples et simples des lois d'évolution de la vie. Nous verrons tout à l'heure comment se fera la conjonction de cette formule avec celle de l'obéissance au sens moral. Auparavant nous devons dire un mot d'un autre groupe de notions justifiant cette obéissance et la montrant nécessaire.

D. *Ce qu'on peut enseigner des sanctions individuelles et des sanctions altruistes de nos actes.*

Ce chapitre de la finalité morale est connu de tout le monde, c'est si l'on peut dire la finalité immédiate reposant sur des sanctions directes ou indirectes, mais peu éloignées. C'est la finalité pratique. Ici l'éducateur a beau jeu. Il ne risque de choquer aucune opinion. L'enfant comprend facilement que certains actes, tels que l'intempérance, entraînent des sanctions personnelles (maladies) ou plus lointaines (effets de l'alcoolisme sur la descendance, exemple des enfants idiots, etc.).

Il comprend non moins facilement que d'autres actes entrainent pour lui et les siens le mépris de l'opinion, la haine du prochain, toutes conditions défavorables au bonheur.

Il est facile par des lectures appropriées de développer le sentiment de la responsabilité, d'exalter le souci d'éviter ces sanctions individuelles ou posthumes.

Personne n'a jamais mis en doute l'utilité de cet enseignement. Personne n'y a jamais rencontré aucune difficulté. Ce qu'on lui a seulement reproché, c'est d'être insuffisant, le souci de l'opinion, l'intérêt de la descendance, comptant peu parfois devant l'entraînement des milieux.

Néanmoins, il ne doit pas être négligé ; il constitue une part importante dans ce faisceau de raisons qui convergent vers le même but : fournir à l'individu des motifs subjectifs suffisants pour le contraindre à suivre volontairement les lois d'évolution qui le mènent.

E. *Ce qu'on peut enseigner finalement de la nécessité pour chacun d'obéir à la loi morale. Finalité égoïste, finalité altruiste, finalité lointaine.*

Ce qui manque dans l'enseignement actuel de la morale, c'est la conjonction de l'idée du devoir, de la nécessité de faire le bien et d'éviter le mal avec une finalité précise, capable de constituer pour le sujet une raison d'agir dans un sens déterminé.

Trois degrés de finalité paraissent accessibles à l'enfant. Voici comment l'éducateur peut procéder pour les faire comprendre.

1°) *Finalité égoïste.* Opérer la conjonction de l'idée du devoir et de l'obéissance morale avec le bonheur individuel acquis par l'estime, la sympathie d'autrui et le profit individuel procuré par l'accomplissement des devoirs envers soi-même.

2°) *Finalité altruiste.* Opérer la conjonction de l'idée du devoir et de l'obéissance morale avec le souci des sanctions frappant les enfants, la descendance, ou même la société.

3°) *Finalité lointaine.* Montrer qu'en faisant son devoir et en suivant la loi morale, l'homme contribue à l'évolution vers le progrès et prépare un avenir meilleur à l'humanité.

Ici il ne m'appartient pas d'entrer dans le détail d'un programme dont l'élaboration est du ressort des spécialistes de l'enseignement, mais de tous les faits positifs que nous avons passés en revue dans cet ouvrage, il est facile de faire ressortir cette idée que si la nature pousse inconsciemment tous les êtres vers le progrès, il y a chez l'homme conscient deux éléments qui, plus que tous les autres, contribuent au progrès de l'humanité : *l'intelligence* toujours cultivée, toujours augmentée, qui lui donne l'initiative individuelle indispensable pour surmonter les difficultés de la vie, pour résoudre les problèmes quotidiens, pour améliorer les conditions d'existence de la société tout entière, et le *sens moral* qui est une voix intérieure lui imposant certains actes comme utiles au progrès social, lui interdisant d'autres actes comme nuisibles. Il est facile de rapprocher cette voix intérieure propre à l'homme, d'une autre voix intérieure développée chez les animaux, *l'instinct*, qui les éloigne de certains actes et les pousse vers d'autres. Le sens moral et l'instinct pourront ainsi être présentés à l'enfant comme des manifestations de la loi universelle du progrès. L'obéissance aux ordres moraux pourra être donnée comme synonyme d'obéissance aux grandes lois de la nature et de contribution au progrès. La désobéissance pourra lui être montrée comme le chargeant d'une lourde *responsabilité* vis-à-vis de lui-même, vis-à-vis de ceux qu'il aime, vis-à-vis de la société.

D'ailleurs il faut bien se rendre compte qu'une fois cette explication générale reçue sur le sens des mots : morale, devoir, bien et mal, l'esprit de l'enfant a bien plus besoin que l'on insiste sur la nécessité pratique de faire le bien et d'éviter le mal, que sur les difficultés relatives à la conception d'une finalité lointaine. Qu'il conserve l'idée très générale qu'en obéissant à la morale, il travaille *pour le progrès* et que le progrès est une *chose désirable*, cela lui suffit ordinairement et ses préoccupations ne vont pas au delà.

Peut-être dira-t-on que certains enfants recevant un enseignement moral à l'école et un autre dans la famille ou dans les centres d'instruction religieuse, risqueront de ne pas établir la conjonction entre ces deux enseignements et tendront à les regarder comme contradictoires. A mon avis, la conjonction se fera d'elle-même si les deux éducateurs en jeu sont assez intelligents pour la vouloir, et je ne crois pas que l'éducateur scolaire en particulier serait désapprouvé par aucune famille si, une fois son enseignement général terminé, il disait aux enfants : « En dehors de ces raisons, qui vous sont communes à tous, de faire en toutes circonstances le bien, d'accomplir toujours votre devoir, il y en a d'autres que nous ne vous enseignons pas ici, parce qu'elles sont particulières à chacun de vous, parce qu'elles vous sont enseignées suivant les traditions et les croyances de vos familles, traditions et croyances que vous devez respecter, parce que vos parents les aiment. Quelles qu'elles soient, toutes vous pousseront encore à obéir à la loi morale. Pas une ne vous offrira une excuse ou un prétexte pour vous y dérober. Mais si au cours de votre vie, vous changez d'opinion, si vous modifiez vos croyances, vous devez vous rappeler que l'obligation d'agir suivant votre devoir ne changera pas pour cela. Cette obligation est indépendante de toutes vos vues personnelles et vous ne mériterez votre nom d'être intelligent et libre qu'en travaillant toujours pour l'idéal commun à tous les hommes. »

Cet enseignement de la morale à l'école aura un double résultat. C'est d'abord de préciser la notion de la pleine responsabilité, c'est ensuite d'exalter le sentiment de la liberté et de l'initiative individuelle, si utile dans la lutte pour la vie.

§ 4. — Nécessité de développer l'initiative individuelle et le sentiment de la responsabilité intégrale par les lois sociales.

Ce n'est pas seulement par l'éducation de l'enfance que l'on peut agir sur la mentalité d'un peuple. Les lois sociales, dans une certaine mesure, sont capables d'aider l'évolution des esprits vers la conception d'un idéal désirable, d'un but conforme aux lois naturelles d'évolution.

Malheureusement aujourd'hui, chez la plupart des peuples civilisés, une série de lois nouvelles, votées sous la pression du mouvement collectiviste dont nous parlions plus haut, sont invariablement aiguillées dans un sens opposé au développement de l'initiative individuelle et de la notion de la responsabilité intégrale.

Ce mouvement en effet comporte plusieurs éléments dont quelques-uns nous intéressent particulièrement ici.

C'est d'abord une révolte contre l'inégalité de situation des hommes à leur naissance.

C'est en second lieu la recherche pour chacun du maximum de jouissance égoïste, même à l'encontre de lois naturelles ou conventionnelles qui ont figuré parmi les facteurs d'évolution de la race.

C'est enfin la substitution de l'initiative sociale à l'initiative individuelle pour assurer à chaque citoyen sa part de bonheur.

Ces éléments d'ailleurs ont leurs raisons spécieuses.

L'inégalité de situation des hommes à leur naissance est, quand nous portons notre attention sur l'enfant lui-même, la chose la plus inique, la plus blessante, que puisse concevoir la justice humaine. L'enfant qui ouvre les yeux dans l'opulence et celui qui trouve la vie sous un pont sont deux êtres humains qui ont vis-à-vis de notre sentimentalité les mêmes droits à la vie et au bonheur. Devant le spectacle de la nature qui au premier prépare un chemin semé de roses, avec l'abondance du superflu, et qui trop souvent condamne le second, à traîner une vie misérable, malgré un labeur incessant, à cause de sa tare originelle de paupérisme, notre altruisme éprouve un ressaut de révolte.

Dès lors, nous ne pouvons considérer que comme très louables en principe les efforts des conducteurs de peuple qui s'évertuent d'atténuer ces inégalités et de niveler ces écarts originels.

De même nous apparaissent comme très désirables les conditions d'organisation collective qui permettraient à chacun d'arriver le plus près possible des chances de jouissance maxima; très désirable aussi la prévoyance d'un Etat tutélaire qui, parant aux défaillances individuelles, tendrait une main secourable au deshérité ou au sujet déchu qui n'a pas su arriver seul au bonheur.

Seulement la machine sociale est la chose la plus complexe qui se puisse imaginer. La moindre modification apportée à l'une de ses parties a parfois les répercussions les plus inattendues sur les autres. Aussi n'est-ce qu'avec une extrême prudence qu'on doit se permettre le moindre remaniement des conditions de vie. Le collectivisme français d'avant-guerre n'a pas eu cette prudence. Edifié sur la foi de conceptions humanitaires séduisantes il a fait preuve d'une cécité néfaste par la méconnaissance de certains facteurs mille fois séculaires de l'œuvre du progrès. En voulant assurer à chacun, même malgré lui, les droits aux avantages que peuvent donner la prévoyance, l'épargne, le travail, l'initiative individuelle, avec une égale répartition de la jouissance des richesses collectives, il a fait preuve d'une ignorance complète des lois naturelles, sélectrices des caractères utiles.

Ces affirmations méritent quelques explications. Je vais les faire entrevoir sous les rubriques des questions les plus importantes que je viens d'énumérer : équipartition des richesses publiques, expropriation avouée ou déguisée de la fortune individuelle et familiale, droit au travail, prévoyance, épargne, assurance, etc. Sous chacune d'elles, nous verrons comment les lois économiques et sociales peuvent être inspirées des notions tirées de l'étude de la loi d'option. Il ne faudrait d'ailleurs pas voir dans cette recherche d'une assise naturelle aux lois économiques et sociales une idée nouvelle. Le système que l'on a appelé *la Physiocratie*, formulé par Quesnay au milieu du XVIIIe siècle, estime que les lois qui assurent l'ordre social ne sont qu'un aspect des lois physiques assurant l'équilibre universel.

A. *Utilité de la propriété individuelle et de la succession familiale pour le progrès social. Erreurs des doctrines tendant à l'équipartition systématique des richesses.*

Le droit de propriété n'est pas une chose qui se démontre scientifiquement. Il ne s'impose pas à la raison humaine avec l'autorité des principes de la physique. Mais il prend place dans le corps des doctrines rationnelles de la sociologie, parce qu'il est très général et surtout parce qu'il a joué un rôle de premier plan dans l'évolution des races humaines vers le progrès.

En effet, s'il n'est pas possible d'asseoir ce droit sur autre chose que sur une possession prolongée, ou une acquisition soit par le travail, soit par la lutte naturelle des individus, on ne conçoit pas le progrès possible sans le développement de l'idée de propriété.

Pour passer de l'état sauvage aux premiers degrés de la civilisation qui impliquent l'usage de vêtements, d'abris, d'approvisionnements en réserve, la constitution d'un foyer, la possession réciproque et exclusive des conjoints l'un par l'autre et la possession des enfants par les parents, il faut bien de la part des voisins un certain respect de la propriété du vêtement confectionné, de la hutte construite, des réserves constituées, de la femme ou des enfants réunis au foyer. Nous savons d'ailleurs que ce respect de la propriété d'autrui est déjà fortement ébauché chez les animaux supérieurs.

Le droit de propriété est donc un fait établi naturellement. Il a été confirmé par la sélection naturelle à cause de la supériorité acquise par les lignées chez lesquelles il était le plus solidement établi et respecté.

Il est aujourd'hui universel et existe partiellement même chez les collectivités qui ignorent la propriété immobilière, comme les peuplades nomades, vivant de chasse ou de rapines, ou chez celles qui pratiquent le renoncement à la possession des biens terrestres, comme certaines communautés religieuses.

Le droit de propriété entraîne le droit de disposer de ses biens et par conséquent de les transmettre aux enfants, aux proches, lors de la mort. Les droits de succession établis par nos lois ne sont que la confirmation légale d'une présomption, la présomption que le mourant qui n'a pas dit ses dernières volontés a eu l'intention de faire profiter ses descendants ou ses parents les plus proches de la jouissance de ses biens.

Le collectivisme contemporain, choqué par les inégalités de naissance dont nous parlions plus haut, s'est attaqué au droit de propriété individuelle et, par des moyens avoués ou plus ou moins déguisés, s'est efforcé de frapper ceux qui possèdent. Les droits de succession exagérés même en ligne directe, la déclaration obligatoire de la fortune privée avec impôt personnel global et progressif remplaçant l'impôt impersonnel sur la chose, les entraves à la liberté des transactions, etc., sont un acheminement vers l'expropriation et une atteinte au droit de propriété.

Cette mise en question du droit de propriété n'est du reste pas neuve. De tout temps la légitimité de la propriété individuelle a été discutée.

De ce que la possession des biens utiles à la vie procure une certaine somme de jouissances, il en résulte fatalement une lutte pour la possession, et beaucoup de philosophes n'apercevant que les inconvénients de cette lutte ont cru que le seul remède consistait à supprimer radicalement le droit de propriété dont l'origine leur apparaissait factice. Le christianisme partant d'idées très larges de fraternité entre les hommes et professant un mépris systématique pour les biens de la terre ne toléra qu'avec regret la propriété individuelle. « De qui tiens-tu ta richesse, écrit saint Jean Chrisostome (1re épître à Timothée). De mon aïeul, diras-tu, ou de mon père. Remonte aussi loin que tu pourras dans la série de tes ancêtres et montre-moi, si tu peux, que cette possession est légitime? Tu ne le pourras jamais. Le principe et la source de ces biens, c'est l'injustice. Il le faut nécessairement. Pourquoi? Parce que Dieu n'a pas créé celui-ci riche, celui-là pauvre. » D'ailleurs le même auteur regarde comme un saint homme celui qui donne sans compter, quoique, pour donner, il faille bien posséder. « Le riche est un larron » déclare plus énergiquement saint Basile, et « la propriété privée est une usurpation » dit saint Ambroise

Quoi qu'il en soit, nous nous trouvons aux prises aujourd'hui avec un corps de doctrines sociales dont l'un des articles principaux est la substitution de la propriété collective à la propriété individuelle, sous prétexte d'éviter les inégalités de naissance et de préparer à chacun les mêmes droits aux jouissances matérielles de la vie.

Au stade actuel d'évolution de nos sociétés cette formule est un leurre, et son application est inutile et néfaste.

Elle est inutile parce qu'elle ne peut pas atteindre son but : l'égalité des chances de bonheur distribuées à chaque individu dès sa naissance. En effet, admettons un moment comme réalisable la dotation par l'Etat d'un même lot de richesses à chaque être qui naît, d'une même part de travail choisi suivant les aptitudes, d'une même part de jouissances des biens superflus. Est-ce que l'égalité de bonheur pourra jamais en résulter? Est-ce que le chétif, est-ce que le débile aura la même part de joie que l'enfant robuste? Est-ce que l'être intelligent doué d'initiative personnelle sera astreint à limiter l'épanouissement de jouissance au même degré que le *minus habens* ou l'aveuli qui se laisse pousser dans la vie? Est-ce que le dégénéré qui subit la tare héréditaire de l'alcoolisme ancestral sera l'égal du sujet sain, héritier d'une lignée sans diathèses, devant les luttes de la vie? Est-ce que c'est l'égalité du lopin de terre, du pécule individuel, ou du lotissement de la fortune immobilière ou mobilière collective, qui abrogera la loi fondamentale de la nature, d'après laquelle les êtres naissent avec des différences individuelles et avec des chances inégales de succès pour les luttes de la vie? Ce qui est la tare héréditaire ce n'est pas le paupérisme, c'est le manque d'initiative de certaines lignées pour en sortir. Ce qu'il faut traiter c'est non pas l'indigence par l'apport d'un lot factice de richesses, mais la tare cérébrale d'infériorité.

Si cette tare est pathologique, les œuvres sociales d'assistance ont qualité pour intervenir, mais c'est tout. Vouloir mettre sur pied d'égalité dans la lutte pour la vie, les êtres physiquement et moralement inégaux, c'est vouloir par une œuvre artificielle, s'opposer à la loi naturelle qui a poussé notre race vers le progrès.

L'application de la formule rêvée par le collectivisme n'est pas seulement inefficace, mais elle est dangereuse, parce que contraire à la loi d'option. En effet, dans l'organisation de nos sociétés l'un des plus puissants stimulants de l'activité et de l'initiative individuelles est l'idée de la constitution d'un pécule, d'une réserve familiale. Les parents, qui ont le risque de léguer, suivant la loi fatale de l'hérédité, des tares pathologiques, des faiblesses ou des infirmités organiques à leur descendance, peuvent bien du moins avoir la légitime aspiration de lui laisser quelques avantages compensateurs, par la transmission du bien-être matériel qu'une vie laborieuse leur a acquis à eux-mêmes.

D'ailleurs si le collectivisme égalitaire supprime la propriété et le droit de succession, il devra supprimer du même coup les avantages que procurent à l'enfant la tradition familiale des qualités altruistes et morales et le respect d'un nom auquel est attachée l'estime de la société, car il n'y a pas de raison absolue pour que le fils d'un bandit soit moins considéré que le fils d'un homme de bien.

S'il ne le fait pas, son œuvre sera boiteuse et incomplète. S'il le fait, il n'aura plus qu'à abolir l'usage des noms patronymiques et donner à chacun un simple numéro d'ordre dans la collectivité sociale. La nouvelle société sera prête alors pour la course à la déchéance dans l'aveulissement général, la ruine de l'initiative individuelle et l'anéantissement de tout idéal autre que la jouissance du présent.

En résumé tout programme d'économie politique applicable aux temps présents et à la mentalité actuelle des sociétés civilisées, doit, s'il a la prétention d'être en accord avec la loi d'option et d'aider au développement de l'initiative individuelle et du sentiment de la responsabilité, comporter en tête de tous ses articles le respect de la propriété privée.

L'Etat ne peut prétendre égaliser les situations matérielles des citoyens. Les seuls individus que l'altruisme social puisse lui donner mission de relever sont les individus anormaux placés par leur naissance dans des conditions d'infériorité physique, morale et matérielle, telles que leurs chances de succès dans les luttes pour la vie sont en dessous d'un certain minimum. Ceux-là doivent être regardés comme justiciables d'une des nombreuses formes d'assistance données par les collectivités aux déshérités.

En dehors de cette intervention, l'Etat devra se borner pour lutter, dans la mesure du possible, contre les trop grandes inégalités sociales, a favoriser l'initiative des travailleurs considérés chacun en particulier, mais il ne devra jamais chercher à avantager une classe sociale en portant atteinte au droit de propriété des citoyens d'une autre classe.

B. *La question de l'épargne, des retraites, des assurances. Utilité des encouragements à l'épargne et aux assurances facultatives et volontaires. Rôle néfaste de l'épargne et de l'assurance obligatoires vis-à-vis de la loi d'option et du progrès social.*

Il est une question qui touche de près à celle de la propriété individuelle : c'est celle de l'épargne, des assurances et en général de la prévoyance. Les divergences de vues relatives a cette question montrent combien il est utile pour les hommes qui prétendent conduire les sociétés, de posséder une culture générale leur permettant de voir plus loin et plus haut que la scene où se déroulent les luttes électorales et les difficultés propres a tel ou tel groupement.

On sait en effet que le rôle et les limites d'action de l'Etat dans l'Epargne sont très diversement envisagés. Les uns demandent à l'Etat d'intervenir seulement pour protéger, garantir et encourager la prévoyance individuelle, pour favoriser la constitution de caisses de retraites, de mutualités, de sociétés d'assurances, etc. D'autres veulent que l'Etat prenne en mains l'administration et la gérance de l'épargne individuelle, des fonds d'assurances, de prévoyance de toute nature, se fasse lui-même caisse de prévoyance, d'assurances, de retraites, tout en laissant chaque individu libre de venir à lui ou de s'abstenir. D'autres enfin veulent que l'Etat intervienne dans la vie privée des citoyens et se substitue à l'initiative individuelle pour imposer à chacun l'obligation d'épargner, de se constituer une retraite, de s'assurer contre certains risques. C'est en partie dans ce sens qu'a évolué l'étatisme allemand à la fin du siècle dernier. Les partisans de cette immixtion de l'Etat lui trouvent deux avantages. D'abord elle rend possible la généralisation du principe de l'épargne et des retraites à certaines classes de citoyens. Ensuite elle permet le prélèvement sur la masse des épargnes sociales de certaines fractions destinées a compléter l'insuffisance des épargnes de telle ou telle catégorie. Ce prélèvement dont la légitimité est discutable en droit, se présente certainement avec un aspect humanitaire au moins spécieux.

La discussion de ces graves problèmes économiques est des plus complexes et n'entre pas dans le cadre de cet ouvrage, mais il en est une donnée qui relève directement des sciences biologiques. C'est celle qui touche à la question de l'initiative individuelle dans la constitution d'un pécule de réserve, dans la prevoyance de l'avenir et de ses risques. Suivant que l'on en pose les termes d'une façon ou d'une autre façon, on agit conformément aux principes révélés par ces sciences, ou l'on commet une erreur.

C'est cette partie du problème seule qui trouvera place ici.

Les avantages que procurent l'épargne, la prévoyance, ne peuvent être considérés que comme une prime à l'initiative individuelle dont a fait preuve l'intéressé. Les revers et les difficultés éprouvés un jour par l'individu qui n'épargne pas et qui n'a pas songé aux risques de l'avenir ne peuvent être regardés que comme une sanction de l'imprévoyance dont il a fait preuve et dont il a la responsabilité intégrale.

Toute doctrine qui rend l'épargne et la prévoyance obligatoires met sur le pied d'égalité l'individu qui a fait preuve d'initiative et l'imprévoyant. Elle donne donc une prime à l'inertie, à l'insouciance, à la paresse. Et cette prime se trouve prélevée sur la masse de la prévoyance sociale. Cela équivaut à un impôt coercitif sur les individus qui possèdent en faveur d'imprévoyants qui n'ont fait aucun effort pour vouloir les avantages de la possession.

« Les conséquences de cette ingérence excessive de l'Etat, comme le dit M. M. Lacombe dans un article[1] plein de bon sens pratique sur la liberté de l'épargne, peuvent aboutir à la suppression de l'Epargne et à l'extinction des qualités morales qu'elle suppose : la conscience personnelle qui crée l'initiative, la vertu morale qui produit l'effort libre et le sacrifice volontaire, le sentiment de la responsabilité individuelle qui est la condition et la sanction de la liberté. Ces qualités sont chez l'homme les seuls ressorts du progrès. C'est dans l'exercice et le développement de ces énergies morales que le travailleur éloigné de la fortune trouve la possibilité d'améliorer son sort et de s'élever au-dessus de sa condition première. Détruire ces qualités dans la classe ouvrière, c'est la vouer à la stagnation matérielle et morale, si ce n'est même la condamner à un abaissement progressif. »

Ces réflexions montrent à quelles objections de principe se heurtent les lois relatives aux retraites ouvrières élaborées en France au cours des années qui ont précédé le grand conflit européen de 1914. Le législateur a voulu que l'ouvrier devienne un retraité malgré lui, avec le minimum de sacrifices durant ses années de travail. Il n'a pas craint pour arriver à ce résultat de grever le patron malgré les

1. *Economie Politique*, Say et Chaillet, t. I, p. 915.

risques généraux de retentissement économique et de grever l'Etat malgré le retentissement par l'impôt sur des classes de citoyens, qui en général acceptent volontiers de contribuer aux œuvres d'assistance pour les malades, les infirmes, les déshérités du sort, mais qui n'aperçoivent pas la nécessité de contribuer aux charges de tous les sujets d'une autre classe. Evidemment qui veut la fin veut les moyens et cette forme de l'impôt, pour choquante qu'elle soit, serait soutenable si le principe de la retraite obligatoire l'était lui-même, mais ce principe est néfaste, contraire à la liberté individuelle et à la culture de l'initiative privée.

Toutes ces questions d'économie politique sont d'une complexité telle que ce serait folie de vouloir les discuter, même sommairement, dans un ouvrage aussi général que celui-ci. Mais les quelques points particuliers que nous venons de mettre en lumière suffisent, je pense, à montrer l'utilité, dans le dédale des controverses où se heurtent les opinions variées, d'une directive certaine telle que l'est la prise en considération du respect de l'initiative individuelle et de la volonté libre entraînant la responsabilité pleine et entière des intéressés.

C. *Quelques autres questions sociales intéressant l'évolution des peuples vers le progrès.*

Les deux questions que nous venons de considérer, la propriété individuelle, la prévoyance par l'épargne par les retraites, par les assurances, ne sont que deux exemples quelconques capables de faire voir combien les lois sociales peuvent avoir de retentissement sur l'avenir d'un peuple. Si l'on voulait montrer toute la portée de ces lois, c'est toute l'économie politique qu'il faudrait passer au crible de la conception optionniste du progrès. Cette révision, entreprise par les physiocrates du XVIIIe siècle dans un ordre d'idées un peu différent, équivaudrait à l'élaboration d'une profession de foi sans intérêt pour le lecteur. C'est à chacun de faire la sienne.

Ce qu'il importe seulement de mettre en lumière, c'est l'opposition avec les lois d'évolution biologique de certaines directives qui, sous un aspect humanitaire parfois très spécieux, inspirent, souvent à leur insu, les auteurs de la désorganisation sociale actuelle. Ce qu'il importe surtout de démasquer, à cette phase de notre histoire où l'anarchie, savamment camouflée sous les couleurs d'un étatisme égalitaire, envahit de toutes parts les rouages de notre organisme national, ce sont les raisons réelles qui nourrissent le mouvement révolutionnaire caractéristique du XXe siècle.

Or, ces directives, ces raisons réelles se retrouvent non seulement dans l'ensemble des lois nouvelles qui visent la propriété individuelle et la prévoyance, mais dans la plupart des dispositions intéressant la classe ouvrière.

Presque toujours en regard de ces dispositions on peut inscrire deux groupes de motifs qui les expliquent. Le premier groupe forme la façade; c'est le groupe des motifs humanitaires, des motifs spécieux, des motifs pour le grand public et pour les programmes électoraux. Le second, c'est le groupe noir, le groupe des motifs qu'on laisse dans l'ombre, qu'on n'avoue pas en public, qu'on ne s'avoue pas à soi-même et qui sont réductibles à la satisfaction de bas appétits populaires et d'instincts ou de sentiments en opposition avec la vie collective : la haine contre la fortune et l'intelligence, la négation des inégalités d'aptitudes avec son corollaire, le droit à l'égalité des richesses et des jouissances.

Malheureusement aujourd'hui on a trop tendance à confondre et à fusionner les motifs de façade qui camouflent l'œuvre désorganisatrice de nos sociétés avec les motifs très logiques, très valables des revendications de la classe ouvrière sérieuse, de celle des travailleurs intelligents et actifs qui cherchent à améliorer leur sort et qui étudient les moyens d'accéder au bien-être individuel et familial. Et ce qu'il y a de plus alarmant pour l'équilibre national, c'est que les sociétés de défense des intérêts ouvriers, les syndicats librement constitués par ces travailleurs sérieux et justement approuvés par les pouvoirs constitués, se trouvent entraînés, sous la pression de meneurs qui les conduisent à leur perte, à formuler des revendications, des prétentions qui rendent presque fatale la confusion énoncée et qui tendent à jeter le même discrédit sur deux doctrines dont les directives primordiales sont opposées, le syndicalisme rationnel et l'étatisme collectiviste.

De là la haine croissante des classes et la division sociale profonde qui place d'un côté ceux qui par le travail ou les droits familiaux sont arrivés à la constitution de réserves suffisantes pour assurer un bien-être moyen, et de l'autre ceux qui, dépourvus de réserves, ne vivent que de leur travail.

Eh bien, à l'analyse, les directives, même les plus avouables, qui égarent les partisans du collectivisme égalitaire, sont réductibles à un sophisme qui prend la valeur d'un dogme. C'est le dogme de l'*irresponsabilité*, ce mot étant pris ici dans un sens que je vais préciser.

Vous prétendez, disent les partisans de ce dogme, que l'homme laborieux est plus digne de récompense que le paresseux, que l'homme intelligent a plus de droit à la réussite que le simple d'esprit, que le « débrouillard » est plus méritant que « l'empoté » pour employer deux termes d'argot qui n'ont pas leur équivalent dans le dictionnaire académique, erreur! Le paresseux est paresseux par nature, paresseux de naissance. Il n'est pas *responsable* de sa paresse naturelle et innée. S'il travaillait autant que le sujet labo rieux, il aurait double mérite. S'il travaille moins que lui, s'il travaille proportionnellement à sa propre activité, il a autant de mérite.

L'homme intelligent, le « débrouillard » n'a fait aucun effort pour être tel. Le simple d'esprit, « l'empoté », *n'est pas responsable* de son insuffisance. Il suffit que l'un et l'autre produisent un travail proportionnel à leurs aptitudes pour qu'ils aient le même mérite.

D'une façon générale, si la nature admet la diversité des aptitudes entre les individus, chacun d'eux a les mêmes droits à la vie quand il travaille selon ses aptitudes. N'ayant ni le *mérite de sa supériorité, ni la responsabilité de son infériorité*, il a droit quel qu'il soit au même profit, au même salaire, parce qu'il a les mêmes besoins.

Que l'on ne croie pas que cette déduction du dogme de l'irresponsabilité soit exagérée. Elle est si vraie que les théoriciens dont je parle voudraient proscrire le travail à la tâche, plus lucratif pour l'ouvrier actif doué d'initiative, d'intelligence et de la volonté de bien faire, et généraliser le travail à la journée, qui nivelle les inégalités individuelles.

Ce genre de travail d'ailleurs se prête mieux à une nouvelle immixtion de l'Etat dans la vie individuelle, puisqu'il permet la réglementation des heures de travail et la fixation des salaires minima. De là est née la loi des trois 8 ou journée de huit heures, qui ne suffit plus du reste aux meneurs de certains syndicats ouvriers.

Il est inutile, je pense, de faire voir l'engrenage fatal entraîné par ces conceptions. Dès lors que les salaires doivent en principe être les mêmes pour le même temps de travail fourni par un bon et un mauvais ouvrier, en vertu de ce fait que tous deux ont les mêmes besoins, la seule sélection patronale possible consiste dans l'exclusion des ouvriers inférieurs. Mais si le patron n'ouvre pas toutes grandes ses portes à toutes les aptitudes et à toutes les inaptitudes, tout en respectant les entraves à la liberté des contrats et les minimums de salaire, que deviendront les moins favorisés ? Vont-ils manquer de travail à force d'être protégés ? Ainsi se trouve-t-on entraîné à admettre le droit au travail et à fournir à chaque individu le moyen de le faire valoir. C'est naturellement la Société, l'Etat-Providence, qui devra pourvoir à ces besoins et fournir du travail aux « besogneux ». On sait à quel désastre le malheureux essai de ces principes a conduit la République de 1848. Les patrons des gros centres industriels ayant dû fermer leurs ateliers pour ne pas courir à la ruine, les partisans des théories de Fourier, de V. Considérant et de Louis Blanc, furent contraints pour rester logiques avec eux-mêmes de préparer l'expropriation des grandes industries et leur rachat par l'Etat. De vastes ateliers nationaux furent créés au Champ de Mars pour assurer le droit au travail. L'aventure se termina par les journées de juin.

Ainsi à l'analyse, il ressort toujours des doctrines collectivistes et du socialisme étatiste, sous quelque forme qu'on les voie apparaître dans l'histoire, une formule absolument contraire aux lois de nature. Cette formule implique d'abord la négation de ce fait que l'inégalité des aptitudes, entraînant une inégalité de chances dans la lutte de la vie, est un facteur du progrès. Elle implique ensuite la méconnaissance de cet autre fait que l'intelligence et la volonté sont perfectibles et qu'il faut cultiver les stimulants de cette perfectibilité. En égalisant les conditions de vie, le collectivisme abolit le stimulant et détermine une sélection à rebours des progrès de la race. En propageant la doctrine de l'irresponsabilité, il éloigne chaque individu de l'effort nécessaire pour mettre à profit cette perfectibilité.

D'ailleurs la doctrine de l'irresponsabilité a été plus

loin. Capable d'apporter une excuse aux penchants immoraux et aux actes contraires aux lois sociales, elle devait séduire une certaine classe de philosophes, de moralistes et même de juristes enclins à l'indulgence et à une commisération presque sympathique pour les coupables qui tombent sous le coup des lois pénales.

Puisque le sujet qui naît avec une intelligence, une activité et une bonne volonté inférieures à la moyenne n'est pas responsable, pourquoi donc regarderait-on comme plus responsable celui qui naît avec la propension au crime ! Heureux l'individu qui, né honnête homme, n'aurait aucun effort à faire pour ne pas tuer, ne pas voler, ne pas nuire à son prochain. Digne de notre sollicitude et de notre compassion, au contraire, celui qui naît avec le mécanisme du crime gravé dans son cerveau, celui auquel l'éducation et l'ambiance n'ont pas appris ce que c'est que le Devoir. N'étant responsable ni de ses qualités natives, ni de l'ambiance où le sort l'a placé, ni de l'éducation qu'il a reçue, criminel, il ne serait pas coupable.

Il le serait si peu que dans les cas les plus caractéristiques son anatomie même clamerait son irresponsabilité.

Le professeur Lombroso et l'Ecole d'Anthropologie de Turin ont étudié les caractères anatomo-pathologiques des criminels. D'une statistique de plus de 3.500 sujets est sortie la conclusion que le futur criminel se révèle par des stigmates qui le marquent du sceau de la criminalité fatale. Capacité cranienne plus faible, aplatissement de la voûte du crâne et du front, capacité orbitaire augmentée, acuité des sens diminuée, face irrégulière, mâchoire inférieure lourde et proéminente, oreilles mal ourlées, etc., tels seraient les principaux caractères qui permettraient de dire : si plus tard cet enfant tue, pardonnez lui, il ne pouvait être un honnête homme, et n'a pas la responsabilité de son crime.

Tous les criminalistes, il est vrai, ne sont pas d'accord sur la valeur de ces stigmates et je sais un pince-sans-rire qui, dans une critique humoristique[1] où le dogme de l'irresponsabilité est traité à sa juste valeur, rapporte une séance de la Cour d'Assises de Paris où sur 7 accusés, un seul portait les stigmates de Lombroso, tandis que deux des juges sur trois présentaient d'une façon outrageante les marques fatales.

Quoi qu'il en soit la théorie de l'irresponsabilité conservera un caractère spécieux et exercera une action néfaste sur l'esprit des foules, tant que l'on n'affirmera pas partout et très haut sa fausseté vis-à-vis de la loi d'évolution vers le progrès. Elle est fausse parce que les caractères physiques et moraux de chaque individu sont perfectibles et que la société doit tout mettre en œuvre pour développer cette perfectibilité, si elle veut être une société d'avenir et tenir sa place dans la marche de l'humanité.

A l'enfant fainéant, dissipé, débauché, il est des mères qui trouvent toujours une excuse. Le « pauvre enfant » n'a-t-il pas eu une convalescence longue et difficile, n'a-t-il pas un état nerveux qui demande des ménagements, n'a-t-il pas une nature délicate qui défend le travail, n'a-t-il pas des antécédents qui font que ses vices sont « plus forts que lui ». Le « pauvre enfant » avait tout ce qu'il fallait pour faire, avec une éducation solide et une discipline de fer, un sujet moyen normal ayant conscience au moins de l'utilité de l'effort. Il ne fera qu'un crétin aveuli livré au hasard des événements de la vie. Les revers qui l'attendent et le frapperont un jour ou l'autre seront le châtiment indirect de l'imprévoyance maternelle.

1. Dr. H. Thierry. *La responsabilité atténuée*

Les sociétés, en négligeant la culture de la responsabilité intégrale chez chaque individu, en semant dans les masses le venin de l'irresponsabilité, font œuvre de mauvaise mère et préparent elles aussi un châtiment fatal. C'est au législateur à ouvrir les yeux. Tant que notre système électoral impliquera, de la part des candidats aux charges publiques, certaines flatteries ou même certaines bassesses à l'égard des masses, nombreux seront les « pauvres enfants » qu'il faudra excuser et dont la collectivité devra subir les caprices.

La conclusion de ces discussions est donc qu'une discipline sociale est nécessaire au progrès et que chacun doit s'imposer cette discipline à l'encontre même de ses intérêts individuels. S'il ne le fait pas, il doit être considéré comme intégralement responsable.

Toutefois cette conclusion ne s'applique qu'aux sujets normaux moyens, c'est-à-dire aux sujets dont les qualités physiques et morales sont supérieures à un certain minimum *au-dessous duquel l'individu doit être regardé comme un malade, un infirme ou un insuffisant.*

Dès lors qu'on a affaire à un malade, à un infirme, à un insuffisant, la situation change. Ces états provoquent de la part d'autrui et par suite de la part de la société tout entière des sentiments de pitié, de commisération, de charité. Il nous reste à dire un mot des charges rationnelles des collectivités vis-à-vis de ces déshérités nettement pathologiques.

D. *Devoirs de la société vis-à-vis des malades, des infirmes, des insuffisants. Limites des œuvres d'assistance.*

L'assistance a pour objet de venir en aide aux individus qui, ne détenant aucune part de la richesse publique, sont empêchés par quelque cause indépendante de leur volonté et en particulier par la maladie, les infirmités, l'insuffisance mentale, de subvenir, grâce au travail, à leurs besoins.

Elle peut être volontaire de la part du donateur, elle est alors une manifestation de la charité, conseillée par la morale de tous les peuples et par les religions.

Elle peut être obligatoire dans le cas où une société prend à sa charge les œuvres d'assistance et impose le contribuable pour y subvenir.

Lorsque la société prend cette charge, elle crée du même coup un droit pour la classe d'indigents visée. Ce droit est plus ou moins complet. Quand il est complet, l'assistance devient une manifestation non plus de la charité, mais de la solidarité.

Le fait d'assister n'est plus une vertu, c'est une charge sociale. Le fait d'être assisté n'est plus le résultat d'une faveur, c'est l'exercice d'un droit.

On a beaucoup discuté dans toutes nos sociétés contemporaines sur l'opportunité de l'assistance obligatoire.

La morale optionniste qui est formelle pour contre indiquer l'intervention de l'Etat dans la vie des sujets normaux moyens, ne paraît pas ici susceptible de donner une ligne de conduite absolue.

Toutefois, il semble désirable, en raison de ce fait qu'il n'y a pas de limites précises entre les sujets normaux moyens et les pathologiques, que l'on ne risque pas d'annihiler le sentiment de la responsabilité chez des sujets capables de se relever, d'autant plus que l'indigence peut être due à des causes passagères, à des sinistres dont les effets ne dureront qu'une partie de la vie.

Il semble désirable que jamais l'individu ne puisse compter sur la certitude du secours, qu'il ne puisse se dire à lui-même : je n'ai pas besoin de travailler même selon mes forces, je n'ai pas besoin d'épargner quand les circonstances le permettent, puisque, quelque malheur qu'il m'arrive, la vie m'est assurée. Aux riches de nourrir les pauvres.

Il semble désirable que même dans les cas pathologiques, dans les cas d'insuffisance mentale, ou du moins dans une part importante de ces cas, l'individu soit sollicité par son intérêt même à faire le maximum d'effort, à montrer le maximum de prévoyance, afin de cultiver dans la mesure du possible le sentiment de la responsabilité qui ne saurait devenir nul qu'exceptionnellement chez des sujets dénués de toute intelligence, tels que les idiots de naissance.

En France l'assistance se manifeste sous des formes variées.

La charité privée est pratiquée, surtout dans les campagnes, sur une assez vaste échelle. Quand elle est bien faite, elle est conforme aux desiderata de la morale optionniste, parce qu'elle est facultative, parce qu'elle ne crée pas un droit chez le secouru, parce qu'elle peut relever son état moral grâce à l'action moralisatrice directe des personnes qui la pratiquent. Mais elle n'est pas assez efficace, parce qu'elle peut ignorer de grandes détresses. D'autre part, elle fait souvent des dupes qui, pris une fois au piège, s'éloignent de la charité.

La charité privée peut aussi être pratiquée par des œuvres communales, paroissiales. Le contrôle exercé est plus effectif. Mais ces œuvres n'existent pas partout. Elles sont même assez rares s'il ne s'y mêle pas une direction officielle, auquel cas elles changent de caractère et deviennent œuvres de charité ou d'assistance publique.

L'assistance publique est organisée chez nous dans tous les grands centres. Ses deux manifestations principales sont les Bureaux de Bienfaisance et les Hôpitaux et Hospices.

Cette forme de l'assistance est plus efficace. Le

contrôle est sérieux. Son effet paraît répondre aux desiderata de la morale d'option, à condition toutefois que l'organisation en soit telle que le secours matériel puisse s'accompagner d'une action morale de relèvement et que le secouru ne s'habitue pas à l'idée d'un droit absolu à l'assistance.

Il paraît très désirable aussi que les œuvres d'assistance tirent, en partie au moins, leurs fonds des libéralités volontaires, afin de cultiver le sentiment altruiste de charité, sans pour cela vouloir exclure totalement leur alimentation par les impôts d'Etat ou les taxes communales ou départementales. C'est là dans la plupart des cas une nécessité contre laquelle personne ne songe à protester, parce que la contribution de chacun est minime et parce que chacun consent volontiers à alléger le malheur d'autrui. Mais on devra toujours éviter l'écueil caché derrière l'assistance obligatoire : l'idée pour l'assisté du droit au secours social. Là encore il y a un équilibre difficile à conserver pour entretenir la culture de sentiments altruistes utiles, pour éviter de créer des droits démoralisateurs pour ceux qui se les attribuent, tout en assurant une large pratique de l'assistance.

Le droit à l'assistance a été proclamé à plusieurs reprises et en particulier en Angleterre en vue de guérir le paupérisme regardé comme un état morbide. Les essais n'ont jamais donné les résultats attendus. Trop facilement leur application déborde les limites de la classe des déshérités pathologiques et alors le droit à l'assistance appelle le droit au travail. C'est l'acheminement direct à l'organisation collective du travail et des conditions d'existence.

En résumé, ces considérations très générales montrent que l'assistance apparaît comme un devoir de l'altruisme social, devoir si formel qu'il peut dans une certaine limite être imposé par la société. Mais deux conditions paraissent devoir accompagner cette contrainte. La première est de ne pas annuler la culture du sentiment de charité et d'entretenir une large part à la manifestation volontaire de ce sentiment. La deuxième est d'éviter, contrairement aux doctrines collectivistes, de créer un droit à l'assistance chez les sujets même très déshérités, même pathologiques, pour entretenir dans cette classe d'individus un certain sentiment de responsabilité et une certaine initiative et pour éviter que, débordant les frontières de cette classe, le droit à l'assistance devienne un facteur de démoralisation pour le paupérisme non pathologique.

CONCLUSIONS

Le lecteur qui, en ouvrant ce livre, aura commencé par lire la table des matières aura pu être surpris de voir une étude de physique pure, une étude d'énergétique précéder le sujet principal de l'ouvrage, qui est la mise en lumière d'une loi biologique de premier plan, la loi d'option vitale.

Il aura pu être non moins surpris de voir ce sujet principal suivi d'un chapitre de sociologie.

Je pense que la lecture du texte aura dissipé sa surprise.

En effet, il aura pu se rendre compte qu'il était nécessaire de rappeler dans leur expression la plus concrète les deux grandes lois physiques qui président à l'évolution des mondes, pour montrer *que ces deux lois ne suffisent pas à expliquer la vie et l'évolution de la matière vivante*, même si on leur adjoint les formules de probabilités qui ne sauraient rendre compte des directives découvertes au fond de tous les phénomènes vitaux.

Il aura pu se rendre compte de l'utilité qu'il y avait à montrer que si tous ces phénomènes demeurent tributaires de la loi de Carnot et impliquent une dégradation de l'energie mise en jeu dans leur production, *le deuxième principe de l'energétique ne renferme pas implicitement les directives qui justifient l'évolution des êtres.*

Tout ce qui étonne dans l'évolution de la matière

vivante, le rôle actif des unités organisées, le maintien de la forme et des caractères chimiques et physiques au cours de la vie individuelle, la pérennité de ces caractères grâce à l'hérédité, la fixation des facteurs de progrès, toutes les propriétés qui ont poussé de nombreux biologistes et non des moindres à admettre l'existence d'un principe propre aux individualités vivantes, d'un principe vital directeur de l'évolution de la matière organisée et agent des manifestations étonnantes de la cérébralité chez les animaux, tout cela à l'analyse se réduit à une manifestation simple de l'irritabilité : l'*option*, réductible elle-même à la plus facile répétition du déjà fait, à la mémoire matérielle des phénomènes déjà accomplis.

Ce phénomène de l'option n'aurait pu être apprécié tel qu'il est, si le lecteur n'avait eu parfaitement présentes à l'esprit les lois de l'énergétique générale.

Après avoir montré *comment cette option devient fatalement dirigée dans un certain sens*, soit dans la vie chimique, soit dans la vie de relation, j'ai cru devoir insister assez longuement sur la façon dont elle se révèle à nous dans les phénomènes de cette vie de relation. J'ai montré comment les mouvements spontanés, les actes inconscients, les actes instinctifs chez les animaux en général et les actes volontaires chez les animaux supérieurs, et chez l'homme en particulier, impliquaient dans leur orientation une manifestation des directives renfermées dans l'option vitale.

Ainsi *les directives de la cérébralité supérieure, le sens moral*, nous sont-ils apparus comme des *aspects speciaux des facteurs d'option.*

Arrivé à cette étape de notre raisonnement, on pouvait considérer comme terminée l'œuvre de vulgarisation scientifique proprement dite. A mon sens, elle aurait présenté une lacune regrettable. Dès lors que la loi morale nous apparaissait *comme un aspect subjectif de la loi d'option*, ce qui est, je crois, une façon assez neuve de la considérer, il fallait tirer de ce fait toutes les déductions rationnelles qu'il comporte et faire entrer délibérément l'étude du Sens Moral et des directives de la conduite humaine dans le domaine de la biologie. C'est ce que j'ai fait.

J'espère avoir montré que, si objectivement aucun doute ne plane sur la nécessité des obligations morales, subjectivement même la nécessité d'obéissance est suffisamment établie par la conception de la loi d'option et du progrès indéfini qu'elle entraîne, doublée de certaines hypothèses chères à chacun et plus ou moins compatibles avec les données de la science.

Mais dès lors qu'un vulgarisateur touche à ces questions de finalité morale, il doit faire plus encore et envisager les conséquences pratiques de ses déductions, c'est-à-dire étudier en quoi ces déductions peuvent justifier les directives qui aiguillent l'activité humaine vers des objectifs définis.

C'est pour cela que le lecteur aura, je pense, compris la raison qui m'a fait terminer l'ouvrage par l'exposé sommaire de deux problèmes importants de la sociologie : celui de la culture du sens moral à l'école et celui de la culture des qualités morales, des facteurs cérébraux d'évolution vers le progrès, dans les foules, par l'orientation des lois économiques et sociales.

Je souhaite que cette étude apporte, après la phase critique que la France et les peuples victimes de l'agression allemande ont traversée, sa faible part contributive à l'œuvre réparatrice des désastres subis et au redressement de certaines erreurs qui préparaient la désorganisation de nos sociétés civilisées durant les années qui ont précédé le grand conflit mondial.

FIN

TABLE DES MATIÈRES

PREMIÈRE PARTIE

LES LOIS D'ÉVOLUTION DES PHÉNOMÈNES DE LA NATURE

DEUXIÈME PARTIE

LA LOI PARTICULIÈRE AUX PHÉNOMÈNES DE LA VIE. L'OPTION VITALE

4695-8-19. — PARIS. — IMP. HEMMERLÉ & Cie
Rue de Damiette, 2, 4 et 4 *bis*.

2° PSYCHOLOGIE ET PHILOSOPHIE

APERT (Dr). **L'Hérédité morbide.**

AVENEL (Vicomte Georges d'). **Le Nivellement des Jouissances** (5e mille).

BALDENSPERGER (F.), chargé de cours à la Sorbonne. **La Littérature** (5e mille).

BELLET (Daniel), professeur à l'École libre des Sciences politiques. **Le Mépris des lois et ses conséquences sociales.**

BERGSON, POINCARÉ, Ch. GIDE, Etc. **Le Matérialisme actuel** (8e mille).

BINET (A.), directeur de Laboratoire à la Sorbonne. **L'Ame et le Corps** (10e mille).

BINET (A.). **Les Idées modernes sur les enfants** (15e mille).

BOHN (Dr G.). **La Naissance de l'intelligence** (40 figures) (6e mille).

BOUTROUX (E.), de l'Institut. **Science et Religion** (18e mille).

CRUET (J.), avocat à la Cr d'appel. **La Vie du Droit et l'impuissance des Lois** (5e m.).

DAUZAT (Albert), docteur ès lettres. **La Philosophie du Langage** (4e mille).

DROMARD (Dr G.). **Le Rêve et l'Action** (4e m.).

DUGAS (L.), agrégé de Philosophie. **La Mémoire et l'Oubli** (5e mille).

DWELSHAUVERS (Georges), professeur à l'Université de Bruxelles. **L'Inconscient** (5e m).

GAULTIER (Paul). **Leçons morales de la guerre** (5e mille).

GUIGNEBERT (C.), chargé de cours à la Sorbonne. **L'Evolution des Dogmes** (6e m.).

HACHET SOUPLET (P.), directeur de l'Institut de Psychologie. **La Genèse des Instincts** (4e mille).

JAMES (William), de l'Institut. **Philosophie de l'Expérience** (9e mille).

JAMES (William). **Le Pragmatisme** (8e m.).

JAMES (William). **La Volonté de Croire** (6e m.).

JANET (Dr Pierre), de l'Institut, professeur au Collège de France. **Les Névroses** (8e m.).

JULLIOT (Ch.). **L'Éducation de la Mémoire.**

LE BON (Dr Gustave). **Psychologie de l'Éducation** (24e mille).

LE BON (Dr Gustave). **La Psychologie politique** (16e mille).

LE BON (Dr Gustave). **Les Opinions et les Croyances** (14e mille).

LE BON (Dr Gustave). **La Vie des Vérités** (9e mille).

LE BON (Dr Gustave). **Enseignements Psychologiques de la Guerre** (31e mille).

LE BON (Dr Gustave). **Premières Conséquences de la Guerre** (24e mille).

LE BON (Dr Gustave). **Hier et Demain. Pensées brèves** (10e mille).

LE DANTEC. **Savoir!** (9e mille).

LE DANTEC. **L'Athéisme** (17e mille).

LE DANTEC. **Science et Conscience** (8e m.).

LE DANTEC. **L'Égoïsme** (11e mille).

LE DANTEC. **La Science de la Vie** (6e m.).

LEGRAND (Dr M.-A.). **La Longévité** (4e m.).

LOMBROSO. **Hypnotisme et Spiritisme** (8e mille).

MACH. **La Connaissance et l'Erreur** (6e m.).

MAXWELL. **Le Crime et la Société** (5e m.).

PICARD (Edmond). **Le Droit pur** (7e mille).

PIERON (H.), Me de Confce à l'École des Htes Études. **L'Evolution de la Mémoire** (5e mil.).

RAGEOT (Gaston), professeur de philosophie. **La Natalité, ses lois économiques et psychologiques.**

REY (Abel), professeur agrégé de Philosophie. **La Philosophie moderne** (12e mille).

VASCHIDE (Dr). **Le Sommeil et les Rêves** (5e mille).

VILLEY (Pierre), professeur agrégé de l'Université. **Le Monde des Aveugles** (4e m.).

www.ingramcontent.com/pod-product-compliance
Ingram Content Group UK Ltd.
Pitfield, Milton Keynes, MK11 3LW, UK
UKHW020431200726
13857UKWH00002B/380